高等院校新课程体系计算机基础教育规划教材

Visual FoxPro 程序设计与应用教程

（第二版）

孔庆彦　王喻红　任向民　等编著

中国铁道出版社
CHINA RAILWAY PUBLISHING HOUSE

内 容 简 介

本书本着通俗易懂的原则，以 Visual FoxPro 6.0 使用为核心，按照应用数据库的逻辑顺序组织教材内容。全书共分为 10 章：第 1 章数据库系统基础，包含了数据库的理论基础、操作基础，是本教材的基础知识部分；第 2 章介绍了数据库与表的基本操作；第 3 章结构化程序设计，阐述了结构化程序设计的 3 种结构和模块化程序设计；第 4 章按从简单到复杂的顺序介绍了关系数据库标准语言 SQL 命令的功能；第 5 章表单设计和应用，以大量的实例说明控件的主要属性、事件和方法的用法；第 6 章查询和视图，重点阐述了查询和视图的区别；第 7 章报表阐述了利用快速报表、报表向导建立报表的方法；第 8 章菜单设计以实例介绍菜单的建立过程；第 9 章介绍了项目管理器；第 10 章介绍了应用程序系统开发。

本书以突出应用、强调技能为出发点，以熟练掌握 Visual FoxPro 数据库基础知识和撑作为目标，适合作为各类高等学校非计算机专业计算机基础课程的教材，也可作为高等学校成人教育的培训教材或自学参考书。

图书在版编目（CIP）数据

Visual FoxPro 程序设计与应用教程 / 孔庆彦等编著. —2
版. —北京：中国铁道出版社，2009.4
高等院校新课程体系计算机基础教育规划教材
ISBN 978-7-113-09943-5

Ⅰ.V⋯ Ⅱ.孔 Ⅲ.关系数据库—数据库管理系统，
Visual FoxPro—高等学校—教材 Ⅳ.TP311.138

中国版本图书馆CIP 数据核字（2009）第 060761 号

书　　名：Visual FoxPro 程序设计与应用教程（第二版）
作　　者：孔庆彦　王喻红　任向民　等编著

策划编辑：秦绪好　杨　勇
责任编辑：秦绪好　　　　　　　　　编辑部电话：(010) 63583215
编辑助理：郗霁江
责任印制：李　佳　　　　　　　　　封面制作：白　雪

出版发行：中国铁道出版社（北京市宣武区右安门西街 8 号　　邮政编码：100054）
印　　刷：河北省遵化市胶印厂
版　　次：2009 年 5 月第 2 版　2009 年 5 月第 5 次印刷
开　　本：787mm×1092mm　1/16　印张：17　字数：391 千
印　　数：5 000 册
书　　号：ISBN 978-7-113-09943-5/TP · 3233
定　　价：26.00 元

第二版前言

2007 年，我们编写了 Visual FoxPro 程序设计与应用教程教材，包括《Visual FoxPro 程序设计与应用教程》和《Visual FoxPro 程序设计与应用实践教程》。教材出版后，得到全国高校的普遍认可和广泛的应用，同时也得到了专家和教师的好评，在此，对一直支持我们工作的学校、专家和教师表示衷心的感谢。

Visual FoxPro 程序设计语言作为高校的计算机基础课程，在学生学习过程中，如何能够通过本课程的学习，对学生的自主学习能力、思维能力有一定的促进作用，是再版时重点考虑的因素。再版除了对有些内容的语言叙述更加规范外，对下列内容作了修订。

（1）程序设计一章，对算法进行完善，用一题多解的形式引导学生积极动脑，勤于思考。增加了关于程序调试方面的知识，程序调试能力是学习程序设计语言应该具备的能力。

（2）在数据库和表的操作中，给出了与实践教程相符的例题。使学生在教程的学习过程中用例题更好的理解所学内容。

（3）更加完善了面向对象程序设计的有关内容，对可视化编程做了更深入的阐述。

（4）对报表输出设置补充了更多的实用知识。

（5）以附录的形式增加了国家计算机等级考试的公共基础知识内容。

通过以上的修订，使得教材在内容，知识点的层次上更加易于教师教与学生学。

本书内容共 10 章，孔庆彦、王喻红、任向民、金巨波等参加了编写工作，最后由孔庆彦、王喻红、任向民统稿、定稿。再版工作的顺利进行，要感谢贾宗福教授、中国铁道出版社、以及参加编写工作的教师所在的单位。

由于时间仓促和编者水平所限，书中难免有不妥之处，敬请专家、读者不吝批评指正。

E-mail: KQY@hrbcu.edu.cn。

编　者
2009 年 1 月

第一版前言

为进一步推动高等学校的计算机基础教学改革和发展,提高教学质量,适应信息时代新形势下对高级人才的需求,深入贯彻落实教育部高等学校非计算机专业计算机基础课程教学指导分委员会提出的《关于进一步加强高等学校计算机基础教学的几点意见》(以下简称《意见》),编者根据《意见》中提出的计算机基础教学改革的指导思想,分类、分层组织教学的思路,教学内容的知识结构,以及有关"大学计算机基础"课程的教学要求和最新大纲,组织从事计算机基础教学工作的一线骨干教师编写了《Visual FoxPro 程序设计与应用教程》一书。

本书源于大学计算机基础教育的教学实践,凝聚了一线任课教师的教学经验与科研成果。本书具有以下特点。

- 充分体现知识内容的基础性和系统性,突出应用,强调技能。

- 知识内容具有先进性,特别是技术性、应用性内容。

- 知识内容的深度和广度符合最新的全国高校非计算机专业计算机基础教学大纲要求。

- 本书配有集学习指导、实验、测试练习和常见错误及难点分析为一体的指导书《Visual FoxPro 程序设计与应用实践教程》,该书具有以下特点。

  ➤ 对教材的知识点、技术或方法进行提炼、概括和总结,便于学生巩固复习。

  ➤ 操作步骤采用易于理解的流程图表示,便于学生掌握和上机实践。

  ➤ 配合相应的实验使理论与实践紧密结合,突出对学生的动手能力、应用能力和技能的培养。

  ➤ 配有丰富的、不同难易程度的测试练习题及参考答案,供教师和学生进行测试和练习。

  ➤ 对学生实验过程中常见错误予以解答并分析问题。

本书以易于学生学习为主干线,将整个教材分为 10 章,主要包括数据库系统基础、数据库与表的基本操作、结构化程序设计、关系数据库标准语言 SQL、表单设计和应用、查询和视图、报表、菜单设计、项目管理器和应用程序系统开发等内容。本书内容的组织方式深入浅出,循序渐近,选用种类繁多且内容丰富的应用实例,对基本概念、基本技术与方法的阐述力求准确明晰,通俗易懂。

本书内容共 10 章,第 1 章由孔庆彦编写,第 2 章由孔庆彦、陈元惠编写,第 3~8 章由孔庆彦编写,第 9 章由孙宏文、王革非和王雪梅共同编写,第 10 章由任向民编写,最后由孔庆彦、任向民和王革非统稿、定稿。本书在编写过程中得到了中国铁道出版社及编者所在学校和单位的大力支持和帮助，在此表示衷心的感谢；同时对在编写过程中所参考的大量文献资料的作者表示感谢。

由于时间仓促和编者水平所限，书中难免有不妥之处，敬请专家、读者不吝批评指正。
E-mail：KQY@hrbcu.edu.cn。

编　者

2007 年 1 月

目 录

第1章 数据库系统基础

学习目标

- 理解数据库系统的基本概念、数据模型和关系数据库。
- 掌握 Visual FoxPro 的安装和启动方法。
- 掌握 Visual FoxPro 窗口中各组成部分的作用。
- 了解 Visual FoxPro 的操作方式，能够根据需要设置必要的运行环境。
- 掌握 Visual FoxPro 的数据类型、常量、变量、函数及表达式。
- 了解 Visual FoxPro 命令结构和用法要求。

1.1 数据库系统基础知识概述

人类进入信息时代的重要标志之一就是计算机技术的高速发展。在信息时代，人们需要对大量的信息进行采集、加工处理和存储，在这一过程中形成了专门的信息处理理论及数据库技术。从某种意义上说，数据库技术正是计算机技术和信息时代相结合的产物，是信息处理或数据处理的核心。数据库技术的应用范围不断扩大，它不仅应用于事物处理，还应用于社会的各个领域。如今，数据库系统已经成为计算机应用系统的重要组成部分之一。

1.1.1 数据库系统的基本概念

1. 数据、数据库、数据库管理系统

数据（data）是描述事物的符号记录。计算机中的数据根据存在的时间分为两部分，一部分与程序仅有短时间的交互关系，随着程序的结束而消亡，这类数据一般存放在计算机内存中，称为临时性数据；另一部分数据则对系统起着长久的作用，称为持久性数据。数据库系统中处理的数据就是持久性数据。

软件中的数据是有一定结构的。数据有型和值之分，数据的型给出了数据表示的类型，数据的值给出了符合给定类型的值。随着数据库技术应用和需求的扩大，数据的型也在扩大。

数据库（database，DB）是数据的集合，它具有统一的结构形式，并存放于统一的存储介质内，是多种类型数据的集成。它不仅包括描述事物的数据本身，而且还包括相关事物之间的关系。

数据库管理系统（database management system，DBMS）是系统软件，负责数据库中数据组织、数据操纵、数据维护、控制及保护和数据服务等。

数据库管理员（database administrator，DBA）是负责对数据库的规划、设计、维护、监视等工作的人员。

数据库系统（database system，DBS）由数据库、数据库管理系统、数据库管理员、计算机系统构成，它们共同构成了以数据库为核心的完整运行实体。

数据库应用系统（database application system，DBAS）是利用数据库系统进行应用开发的软件系统。

2. 数据库系统的发展

数据库系统的产生和发展与数据库技术的发展是相辅相成的。数据库技术就是数据管理技术，是对数据的分类、组织、编码、存储、检索和维护的技术。数据库系统的产生和发展与计算机技术及其应用和发展联系在一起。

数据管理发展至今，经历了 3 个阶段：人工管理阶段、文件系统阶段和数据库系统阶段。

（1）人工管理阶段

人工管理阶段指 20 世纪 50 年代中期以前，计算机主要用于科学计算，硬件设备中没有磁盘等直接存取的外存储器，软件中没有对数据进行管理的系统程序。在这一阶段，对数据的管理是由编程人员个人考虑和安排的，程序和数据是一个整体，一个程序中的数据无法被其他程序使用，造成程序之间存在大量的数据重复，数据的一致性无法保证。

（2）文件系统阶段

文件系统阶段发展于 20 世纪 50 年代后期～20 世纪 60 年代中后期，计算机开始大量应用于数据管理。硬件上使用了直接存取的大容量存储器，软件上出现了操作系统，其中就包含了文件管理系统。文件系统阶段是数据库系统发展的初级阶段，它提供了简单的数据共享与数据管理功能，但无法提供完整的、统一的管理和数据共享功能，并且数据的冗余度大。

（3）数据库系统阶段

这一阶段是指从 20 世纪 60 年代中期至今。随着计算机硬件和软件技术的飞速发展，计算机用于管理的规模更为庞大、应用越来越广泛、数据量急剧增长、数据的共享要求越来越高，数据库技术应运而生了。与文件系统相比，数据库系统有一系列的特点，具体表现在以下几个方面：

① 数据库系统向用户提供高级的接口。在文件系统中，用户要访问数据，必须了解文件的存储格式、记录的结构等。而在数据库系统中，系统为用户处理了这些具体的细节，向用户提供非过程化的数据库语言（即通常所说的 SQL 语言），用户只要提出需要什么数据，而不必关心如何获得这些数据，对数据的管理完全由数据库管理系统来实现。

② 查询的处理和优化。查询通常指用户向数据库系统提交的一些对数据操作的请求。由于数据库系统向用户提供了非过程化的数据操纵语言，因此对于用户的查询请求就由数据库管理系统来完成，查询的优化处理就成了数据库管理系统的重要任务。

③ 并发控制。文件系统一般不支持并发操作，这样大大地限制了系统资源的有效利用。现代的数据库系统都有很强的并发操作机制，多个用户可以同时访问同一个数据库，甚至可以同时访问同一个表中的不同记录，这极大地提高了计算机系统资源的利用率。

④ 数据的完整性约束。凡是数据，都要遵守一定的约束，最简单的例子就是数据类型，例如，定义成整型的数据就不能是浮点数。由于数据库中的数据是持久和共享的，因此对于使用这些数据的单位来说，数据的正确性显得尤为重要。

根据数据库技术的发展，又可以将数据库系统的发展划分为 3 个阶段。

① 层次、网状数据库系统。第一代数据库系统的代表是 1969 年 IBM 公司研制的层次模型的数

据库管理系统和 20 世纪 70 年代美国数据系统语言协会（conference on data system language，CODASYL）的下属组织数据库任务组（database task group，DBTG）提出的关于网状模型的数据库管理系统的信息管理系统（information management system，IMS）。

层次数据库的数据模型是有根的定向有序树。IMS 允许多个 COBOL 程序共享数据库，但其设计是面向程序员的，操作难度较大，只能处理数据之间一对一和一对多的关系。

网状数据库系统的数据模型是网状模型，网状模型对应的是有向图。网状模型可以描述现实世界中数据之间的一对一、一对多和多对多的关系，但要处理多对多的关系还要进行转换，操作也不方便。

这两种数据库奠定了现代数据库发展的基础。

② 关系数据库系统（relational database system，RDBS）。第二代数据库系统的主要特征是支持关系数据模型（数据结构、关系操作、数据完整性）。1970 年 6 月，IBM 公司的 San Jose 研究所的 E.F.Codd 发表了"大型共享数据库的数据关系模型"论文，提出了关系数据库模型的概念，奠定了关系数据库模型的理论基础，使数据库技术成为计算机科学的重要分支，开始对数据库的关系方法和关系规范化的研究。关系方法由于其完美的理论和简单的结构，对数据库技术的发展起到了关键性的作用。从此一些关系数据库系统陆续地出现：1974 年，San Jose 研究所研制成功了关系数据库管理系统 System R，并应用于 IBM 370 系列机上。1984 年，David Marer 所著《关系数据库理论》一书标志着关系数据库理论的成熟。20 世纪 80 年代是关系数据库发展的鼎盛时期。关系数据库的最大优点：使用非过程化的数据库语言 SQL；具有很好的形式化基础和高度的数据独立性；使用方便，二维表可直接处理多对多的关系。目前，我国应用较多的关系数据库系统有 Oracle、SQL Server、Informix、DB2、Sybase 等。

③ 以面向对象为主要特征的数据库系统。第三代数据库系统产生于 20 世纪 80 年代，随着科学技术的不断发展，各个领域对数据库技术提出了更高的要求，关系型数据库已经不能完全满足需求，于是产生了第三代数据库系统。第三代数据库系统主要有以下特征：

- 支持数据管理、对象管理和知识管理。
- 保持和继承了第二代数据库系统的技术。
- 对其他系统开放，支持数据库语言标准，支持标准网络协议，有良好的可移植性、可连接性、可扩展性和互操作性等。

第三代数据库系统支持多种数据模型，并与诸多新技术相结合（如分布处理技术、并行计算技术、人工智能技术、多媒体技术、模糊技术、网络技术等），广泛应用于多个领域（如商业管理、地理信息系统、计划统计、决策支持等），由此也衍生出了多种新的数据库。另外近些年，数据仓库和数据挖掘技术成为数据库技术的一个发展趋势。

目前，第三代数据库主要有以下几种：

- 分布式数据库：把多个物理分开的、通过网络互连的数据库当做一个完整的数据库。
- 并行数据库：数据库的处理主要通过 cluster（簇）技术把一个大的事务分散到 cluster 中的多个结点去执行，从而提高了数据库的吞吐量和容错性。
- 多媒体数据库：提供了一系列用来存储图像、音频和视频对象类型的数据库，更好地对多媒体数据进行存储、管理和查询。
- 模糊数据库：存储、组织、管理和操纵模糊数据的数据库，可以用于模糊知识处理。
- 时态数据库和实时数据库：适应查询历史数据或实时响应的要求。

- 演绎数据库、知识库和主动数据库：主要与人工智能技术结合解决问题。
- 空间数据库：主要应用于 GIS 领域。
- Web 数据库：主要应用于 Internet 中。

目前，数据库技术虽然有很大的发展，但有些技术并未成熟，有些理论尚未完善。每隔几年，国际上一些资深的数据库专家就会齐聚一堂，探讨数据库的现状、存在的问题和未来需要关注的新的技术焦点。

3. 数据库系统的基本特点

数据库系统是在文件系统的基础上增加了数据设计、管理、操作等功能，从而使得数据库系统具有以下特点：

（1）数据的集成性

数据库系统的数据集成性主要表现在以下几个方面：

- 在数据库系统中采用统一的数据结构方式，如在关系数据库中采用二维表作为统一结构方式。
- 在数据库系统中按照多个应用的需要组织全局统一的数据结构。
- 数据库系统中的数据模型是多个应用共同的、全局的数据结构。

（2）数据的高共享性与低冗余性

数据的集成性使得数据可为多个应用所共享，数据共享又可极大地降低数据的冗余性。

（3）数据的独立性

数据库中的数据独立于应用程序而不依赖于应用程序，使得数据的逻辑结构、存储结构与存取方式的改变不会影响应用程序。

1.1.2 数据模型

1. 基本术语

（1）实体

现实世界中的客观事物称为实体。它可以指人，如一名教师；也可以指物，如一本书；还可以指抽象的事件，如一次借书。相同类型的实体集合称为实体集。

（2）实体的属性

属性描述了实体某一方面的特性，如描述教师实体可以用姓名、出生日期、工资等属性。对具体的某一实体，属性有具体的值，如描述某一教师的属性值分别为李利、1966 年 2 月 12 日、2789.89。不同的实体具有不同的属性值。

（3）域

实体属性值的变化范围称为属性值的域。

（4）实体间的关系

实体间的对应关系称为实体间的关系，即一个实体集中可能出现的每一个实体与另一个实体集中若干个实体间存在的关系。实体间的关系有 3 种类型如下：

- 一对一关系（1:1）：一个实体集中的每一个实体在另一个实体集中有且只有一个实体与之有关系，反之亦然。
- 一对多关系（1:n）：一个实体集中的每一个实体在另一个实体集中有多个实体与之有关系；反之，另一个实体集中的每一个实体在实体集中最多只有一个实体与之有关系。

- 多对多关系（ *n:m* ）：一个实体集中的每个实体在另一个实体集中有多个实体与之有关系，反之亦然。

例如：有班长实体集、班级实体集、学生实体集和图书实体集，如表 1-1～表 1-4 所示。其中，表示班长的实体集和表示班级的实体集间的关系就是一对一关系，一个班级只能有一个班长。反之，一个学生只能在一个班级中当班长；表示班级的实体集和表示学生的实体集间就是一对多关系，一个班级中可以有多名学生，但一名学生只能属于一个班级；表示图书的实体集和表示学生的实体集间的关系就是多对多关系，一名学生可以借阅多本图书，反之，一本图书可以由多名学生借阅。

表 1-1 班长实体集

班 级 编 号	班 长 姓 名	班 级 编 号	班 长 姓 名
20030101	黎明	20040101	海军
20030102	留洋	20040102	姚丽

表 1-2 班级实体集

班 级 编 号	班 级 名 称	班 级 人 数
20030101	03 计算机 1 班	30
20030102	03 计算机 2 班	31
20040101	04 计算机 1 班	30
20040102	04 计算机 2 班	32

表 1-3 学生实体集

学 号	姓 名	性 别	入 学 成 绩
2003010101	黎明	女	480
2003010102	刘洋	男	478
2003010103	海军	男	500
2003010104	姚丽	女	512
2003010201	李芳	女	522
2003010202	刘建	男	533

表 1-4 图书实体集

图 书 编 号	书 名	册 数
007871	计算机原理	2
007872	数据库原理	3
007873	数据结构	3

2．数据模型的概念

从现实世界到信息世界和信息世界到数据世界这两个转换过程，是数据不断抽象化、概念化的过程，这个抽象和表达的过程就是依靠数据模型实现的。

一个完整的数据模型必须包括数据结构、数据操作及数据完整性约束 3 部分，即数据结构描述实体之间的构成和联系；数据操作是指对数据库的查询和更新操作；数据的完整性约束则是指施加在数据上的限制和规则。

　　数据模型是对客观事物及其联系的数据描述，反映实体内部和实体之间的关系。在数据库系统中，常用的数据模型有层次模型、网状模型和关系模型。

　　（1）层次模型

　　层次模型是用树形结构表示实体及实体间关系的模型。在这种模型中，数据被组织成由"根"开始的"树"，上级结点与下级结点之间为一对多的关系。图1-1给出了层次模型的例子。

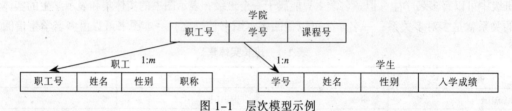

图 1-1　层次模型示例

　　（2）网状模型

　　网状模型是用以实体为结点的有向图表示各实体及实体间关系的模型。图1-2给出了网状模型的例子。

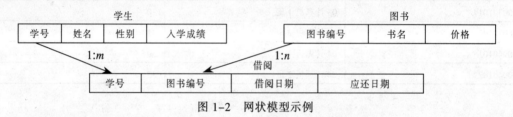

图 1-2　网状模型示例

　　（3）关系模型

　　关系模型是用规则的二维表表示实体及实体间关系的模型。在关系模型中，把实体集看成是一个二维表，每一个二维表称为一个关系，每个关系有一个名称，称为关系名，图1-3给出了关系模型的例子。

　　关系模型的主要特点如下：

　　① 关系中的每一个数据项不可再分，是最基本的单位。

　　② 每一列数据项属性相同，列数根据需要设置，且各列的顺序是任意的。

　　③ 每一行记录由一个实体的诸多属性项构成，记录的顺序也可以是任意的。

　　④ 一个关系就是一张二维表，不允许有相同的字段名。

学号	姓名	性别	出生日期	入学日期	入学成绩	是否党员
0101	王嘉美	女	10/12/82	09/09/05	500	F
0102	于洋	男	05/25/83	09/09/05	498	T
0103	刘璐	女	09/12/83	09/09/05	512	F
0201	杨文博	男	06/23/82	09/09/05	530	T
0202	杨鹏	男	04/30/81	09/09/05	496	F
0203	温丹	女	06/06/82	09/09/05	479	T
0204	孙明辉	男	07/09/82	09/09/05	510	F
0301	张维新	男	03/28/83	09/09/05	499	T
0302	王继东	男	09/18/83	09/09/05	488	F
0303	栾杨	女	05/06/82	09/09/05	519	F
0304	南宫京福	男	09/24/81	09/09/05	502	T
0305	汤永永	男	04/29/83	09/09/05	508	F
0306	殷如	女	07/22/83	09/09/05	509	T

图 1-3　关系模型示例

1.1.3　关系数据库

基于关系模型建立的数据库就是关系数据库。关系数据库中可以包含若干个关系，每个关系包含若干个属性和属性对应的域。

1．基本术语

- 关系：关系就是一张规则的、没有重复行或重复列的二维表格。每个关系用关系名表示。在 Visual FoxPro 中，一个关系对应一个表文件，其扩展名为.DBF。
- 元组：关系中的每一行称为一个元组。在 Visual FoxPro 中，一个元组对应表中的一条记录。
- 属性：关系中的每一列称为属性，每一个属性都有属性名和属性值。在 Visual FoxPro 中，一个属性对应表中一个字段，属性名对应字段名，属性值对应字段值。
- 域：属性的取值范围称为域。
- 关键字：关系中能够唯一区分不同元组的属性或属性组合称为该关系的一个关键字。
- 候选关键字：凡在关系中能够唯一区分不同元组的属性或属性组合，都可以称为候选关键字，候选关键字可以有多个。
- 主关键字：在候选关键字中选定其中一个作为关键字，则称该候选关键字为该关系的主关键字，主关键字只能有一个。
- 外部关键字：关系中某个属性或属性组合不是该关系的关键字，而是另一个关系的主关键字，则此属性或属性的组合称为外部关键字。

2．关系运算

关系运算分为传统的集合运算和专门的关系运算两大类。

传统的集合运算将关系看做是元组的集合，设有关系 R 和关系 S 都是 n 元关系，且相应的属性值取自同一个值域，则可以定义并运算（∪）、交运算（∩）和差运算（−）。

关系 R 和关系 S 的并运算如下：

```
R∪S
```

并运算产生一个新的关系，它由属于关系 R 和属于关系 S 的所有元组组成。

关系 R 和关系 S 的交运算如下：

```
R∩S
```

交运算产生一个新的关系，它由既属于关系 R 又属于关系 S 的共有元组组成。

关系 R 和关系 S 的差运算如下：

```
R-S
```

差运算产生一个新的关系，它由属于关系 R 但不属于关系 S 的元组组成。

传统的集合运算如图 1-4 所示。

专门的关系运算主要包括选择、投影和连接 3 种运算。

（1）选择运算

选择运算是从指定的关系中选择某些元组形成一个新的关系，被选择的元组是通过满足某个逻辑条件来指定的。

选择运算在表中是关于行的运算，从指定的二维表中选择满足条件的行构成新的关系。

关系 R		
A	B	C
a	1	a
b	1	b
a	1	d
b	2	f

关系 S		
A	B	C
a	1	a
a	3	f

R∪S		
A	B	C
a	1	a
b	1	b
a	1	d
b	2	f
a	3	f

R∩S		
A	B	C
a	1	a

R-S		
A	B	C
b	1	b
a	1	d
b	2	f

图 1-4　传统的集合运算

例如，从图 1-3 中选择"性别"是"男"的元组，组成一个新的关系，如图 1-5 所示。

（2）投影运算

投影运算是对指定的关系选取若干个属性的操作，根据指定的关系分两步产生一个新的关系。

① 选择指定的属性，形成一个可能含有重复行的表格。

② 删除重复行，形成新的关系。

投影运算是关于表中列的运算，从指定的二维表中抽取某些列，并去掉重复行后构成新的关系。例如，从图1-3中选择"学号"、"姓名"和"入学成绩"3列，组成一个新的关系，如图1-6所示。

图 1-5　关系的选择运算示例　　　　图 1-6　关系的投影运算示例

（3）连接运算

连接运算由连接属性控制，连接属性是出现在不同关系中的公共属性。连接运算是按连接属性值相等的原则将两个关系拼接成一个新的关系。

例如，在图1-7中，关系教师情况表和关系课程情况表按教师编号进行连接运算，连接结果为关系 Q。

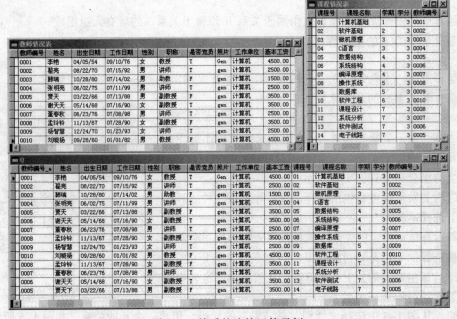

图 1-7　关系的连接运算示例

3. 数据完整性

数据完整性是为保证数据库中数据的正确性和相容性而对关系模型提出的某种约束条件和规则。数据完整性通常包括实体完整性、域完整性和参照完整性。

（1）实体完整性

实体完整性是通过关系的主关键字实现的，要求关系的主关键字不能取空值，以保证关系中的数据具有唯一性的特性，即在一个关系中不允许有重复的数据。

（2）域完整性

域完整性包括关系中属性的定义及属性的取值范围等约束规则。

（3）参照完整性

参照完整性是定义建立关系的主关键字与外部关键字而引用的约束条件。

1.2　Visual FoxPro 操作基础

1.2.1　Visual FoxPro 简介

Visual FoxPro 是美国 Microsoft 公司为处理数据库和开发数据库应用程序而设计的、功能强大的、面向对象的可视化开发环境。Visual FoxPro 既是数据库管理系统，也是数据库应用系统开发工具。它支持关系数据库的建立和管理，具有数据处理速度快、丰富的工具、友好的图形用户界面、简单的数据存取方式、良好的兼容性、方便的跨平台特性以及真正的可编译性等特点。

Visual FoxPro 作为数据库管理系统具有以下功能：

① 可以建立数据库，在数据库中建立表和视图等数据库对象，能够定义数据库中表之间的关系，定义数据的完整性约束条件，保证数据完整性的触发机制等。

② 可以操纵数据库中的数据，包括插入、删除、修改数据，索引和排序，数据的导入和导出等。

③ 具有灵活的查询功能，支持关系数据库标准语言 SQL。

④ 提供事务处理支持、完整性控制、多用户共享环境下的并发控制等功能。

⑤ 能够运行于网络环境下，支持客户机/服务器模式的应用开发。

1.2.2　Visual FoxPro 的安装与启动

本小节以 Visual FoxPro 6.0 为例，介绍 Visual FoxPro 的安装过程。

1. 运行环境

Visual FoxPro 6.0 能够运行在 Windows 95/98/2000/XP/NT 等操作系统下，具有很强大的功能。其运行环境基本要求如下：

- 处理器（CPU）：486/66MHz 以上的处理器。
- 内存：最小 16MB 内存，建议使用更大容量的内存。
- 硬盘：典型安装需要 85MB 硬盘空间，完全安装需要约 190MB 硬盘空间。
- 操作系统：Windows 95 以上版本的操作系统。

2. 安装过程

Visual FoxPro 6.0 既可以从网络上安装，也可以从本地磁盘上安装，本小节介绍通过 CD-ROM/DVD 安装 Visual FoxPro 6.0 的过程。

① 将 Visual FoxPro 6.0 系统光盘放入 CD-ROM/DVD 驱动器。

② 从"资源管理器"或"我的电脑"中找到光盘中的系统安装文件 SETUP.EXE，双击该文件，启动安装向导，显示如图 1-8 所示的"安装向导-最终用户许可协议"对话框。在对话框中选择"接受协议"单选按钮，单击【下一步】按钮，显示如图 1-9 所示的"安装向导-产品号和用户 ID"对话框。

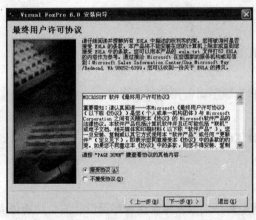
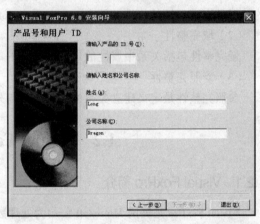

图 1-8 "安装向导-最终用户许可协议"对话框　　　图 1-9 "安装向导-产品号和用户 ID"对话框

③ 在图 1-9 所示的"安装向导-产品号和用户 ID"对话框中输入产品的 ID 号、姓名和公司名称，单击【下一步】按钮，在弹出的对话框中单击【确定】按钮，显示如图 1-10 所示的"Visual FoxPro 6.0 安装程序"对话框。单击【更改文件夹】按钮可以更改 Visual FoxPro 6.0 的安装位置，单击【典型安装】图标按钮或【自定义安装】图标按钮，进入 Visual FoxPro 6.0 系统的安装过程。"自定义安装"可以选择要安装的组件，这种安装类型适用于对 Visual FoxPro 6.0 熟悉的用户，"典型安装"只安装最常用的组件。

图 1-10 "Visual FoxPro 6.0 安装程序"对话框

在 Visual FoxPro 6.0 的安装过程中，注意下面几项操作：

- 在"安装向导-最终用户许可协议"对话框中应选择"接受协议"单选按钮。
- 在"安装向导-产品号和用户 ID"对话框中输入正确的产品 ID 号和用户信息，才能继续安装。
- Visual FoxPro 6.0 的安装位置默认为 C:\Program Files 文件夹下，但可以更改安装位置。
- 单击【典型安装】图标按钮或【自定义安装】图标按钮才可以进入安装过程。

3. Visual FoxPro 6.0 的启动

Visual FoxPro 6.0 的启动与 Windows 环境下的应用程序启动方法相同，常用的启动方法有以下几种：

- 在"开始"菜单的"程序"选项中选择"Visual FoxPro 6.0"命令。
- 如果在桌面上有 Visual FoxPro 6.0 的快捷方式，则双击该快捷方式即可。
- 通过"资源管理器"或"我的电脑"，在 Visual FoxPro 6.0 安装位置找到 VFP6.EXE，双击该程序文件。

　　第一次启动 Visual FoxPro 6.0 时，显示如图 1-11 所示的对话框，可以选择"以后不再显示此屏"复选框，并单击"关闭此屏"超链接，进入 Visual FoxPro 6.0 应用程序窗口。

图 1-11　Visual FoxPro 6.0 第一次启动时显示的界面

4．Visual FoxPro 6.0 的退出

退出 Visual FoxPro 6.0 时，可以采用下列方法之一。

- 选择系统控制菜单中的"关闭"命令。
- 单击 Visual FoxPro 6.0 应用程序窗口的【关闭】按钮 ✕ 。
- 选择"文件"菜单中的"退出"命令。
- 在命令窗口中输入"QUIT"命令。
- 使用【Alt+F4】组合键。
- 双击标题栏中的控制菜单图标。

1.2.3　Visual FoxPro 集成开发环境

　　Visual FoxPro 6.0 启动后，进入 Visual FoxPro 6.0 应用程序集成开发环境窗口，如图 1-12 所示。窗口主要包括标题栏、菜单栏、工具栏、状态栏、命令窗口、输出区域等内容。

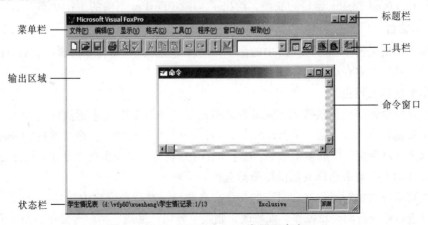

图 1-12　Visual FoxPro 6.0 应用程序窗口

1．标题栏

标题栏用于显示正在编辑的文件名，最左端是系统控制菜单图标，最右端是窗口的最小化、最大化或还原、关闭按钮。

2．菜单栏

菜单栏是 Visual FoxPro 提供的命令及操作的集合，并按功能进行分组。菜单栏中包含的菜单项会随着当前操作的状态作相应变化。

3．工具栏

Visual FoxPro 的工具栏有两种类型：一种是"常用"工具栏，由常用命令的快捷按钮组成，通过快捷按钮，可以快速访问相应的菜单命令，如图 1-12 的工具栏所示。另一种是具有专门用途的工具栏，如"表单控件"工具栏、"报表控件"工具栏、"报表设计器"工具栏、"表单设计器"工具栏等。

工具栏可以显示和隐藏，选择"显示"菜单中的"工具栏"命令，打开如图 1-13 所示的"工具栏"对话框，单击要显示或隐藏的工具栏，然后单击【确定】按钮即可；或右击窗口中的工具栏，弹出如图 1-14 所示的快捷菜单，选择所需的工具栏即可。

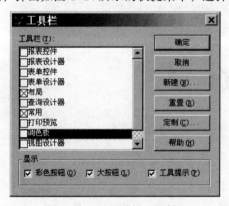

图 1-13　"工具栏"对话框

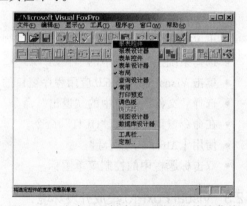

图 1-14　右击工具栏中按钮弹出的快捷菜单

4．状态栏

状态栏在 Visual FoxPro 窗口的底部，给出了 Visual FoxPro 当前的工作状态。

5．命令窗口

命令窗口用来接收 Visual FoxPro 中的命令，是以交互方式执行命令的窗口。Visual FoxPro 中的命令大部分都可以在命令窗口中执行。

（1）命令窗口的特点

- 可以在命令窗口中直接输入 Visual FoxPro 的命令并按【Enter】键执行。
- 如果要重复执行命令窗口中已有的命令，可以将光标定位到此命令行并按【Enter】键执行。
- 可以选择命令窗口中的多条命令，按【Enter】键执行。选择多条命令的方法是按住【Shift】键，移动上下箭头选择或用鼠标拖动选择。
- 通过菜单方式执行操作时，对应的命令会自动显示在命令窗口中。
- 可以进行命令行的编辑操作，如修改、删除、剪切、复制、粘贴等操作，便于命令的录入和修改。

（2）显示命令窗口
- 选择"窗口"菜单中的"命令窗口"命令。
- 单击"常用"工具栏中的【命令窗口】按钮■。

（3）关闭命令窗口
- 单击命令窗口中的【关闭】按钮 ⊠ 。
- 单击"常用"工具栏中的【命令窗口】按钮■。
- 选择"窗口"菜单中的"隐藏"命令。

6．输出区域

输出区域是输出程序或命令运行结果的区域。

1.2.4 Visual FoxPro 的操作概述

Visual FoxPro 是一个简单、快速的开发工具，它不但提供了多种操作方式，而且也提供了可视化的设计工具。

1．Visual FoxPro 的操作方式

Visual FoxPro 有 3 种工作方式。
- 菜单方式：利用菜单系统或工具栏按钮执行命令。
- 命令方式：在命令窗口直接输入命令进行交互操作。
- 程序方式：编写程序或利用生成器自动生成程序代码，再执行程序。

其中，菜单方式和命令方式属于交互工作方式，能够立即获得命令的执行结果；程序方式为批命令方式，将一些命令按照一定的逻辑顺序和程序结构，组织成一个程序文件，然后一次性执行这些命令程序。下面主要介绍菜单方式和命令方式的操作，程序方式将在第 3 章介绍。

（1）菜单方式

菜单操作方式能够在交互方式下实现人机对话，完成菜单操作可以采用以下 3 种方法中的一种。
- 鼠标操作：单击菜单，再选择下拉菜单中的子菜单。
- 键盘操作：按住【Alt】键的同时按下所选菜单对应的热键，激活主菜单，再按下子菜单的热键，如在按住【Alt】键的同时按下【F】键，激活"文件"主菜单，再按下【O】键，激活"打开"子菜单，就执行打开操作；或在按住【Ctrl】键的同时，直接按下子菜单的热键，如在按住【Ctrl】键的同时按下【O】键，直接执行打开操作。
- 方向键操作：首先用【Alt】键激活菜单栏，通过左右方向键定位主菜单，再按【Enter】键激活子菜单，其次通过上下方向键定位子菜单项，再按【Enter】键即可执行相应的操作。

（2）命令方式

在命令窗口中直接输入要执行的命令，再按【Enter】键，即可立即执行该命令了。

（3）程序方式

将完成某一功能的命令语句按照一定的顺序排列，并保存在程序文件中一次性连续执行。这种一次性连续执行的方式称为程序方式。

2．Visual FoxPro 可视化设计工具

Visual FoxPro 提供了各种向导、设计器和生成器等可视化设计工具，帮助用户方便、灵活、快速地开发应用程序。其中，向导是通过交互方式提问、用户回答来完成设计任务的；设计器是可视

化的开发工具，以窗口的形式提供了创建或修改数据库、表、查询、视图、表单、报表、标签等操作的平台；生成器是简化开发过程的另一种工具，是一种带有选项卡的、可以简化表单及表单中复杂控件等设置操作的工具。大家在后续章节的学习过程中将体会到可视化设计工具带来的便利。

3. Visual FoxPro 系统环境的设置

Visual FoxPro 系统环境可以在"工具"菜单下的"选项"命令的对话框中设置，如图 1-15 所示。系统环境设置包括很多方面，常用的系统环境设置包括以下几个方面：

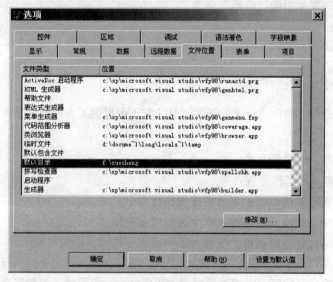

图 1-15 "选项"对话框

（1）文件位置

"文件位置"选项卡包括了 Visual FoxPro 中各种类型的文件位置，一般需要对"默认目录"进行设置，让系统到指定的工作路径去存取文件。

在"选项"对话框的"文件位置"选项卡中，单击"文件类型"列表框中的"默认目录"选项，单击【修改】按钮，弹出如图 1-16 所示的"更改文件位置"对话框。选择"使用默认目录"复选框，单击"定位默认目录"文本框旁的按钮，弹出如图 1-17 所示的"选择目录"对话框，选择默认目录所在的驱动器和目录后，单击【选定】按钮返回"更改文件位置"对话框。在"更改文件位置"对话框中单击【确定】按钮，返回"选项"对话框，在"选项"对话框中单击【设置为默认值】按钮，完成默认目录的设置，单击【确定】按钮，退出"选项"对话框。

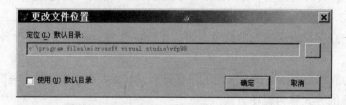

图 1-16 "更改文件位置"对话框

（2）日期和时间

在如图 1-18 所示的"区域"选项卡中设置日期和时间格式以及货币和数字格式。

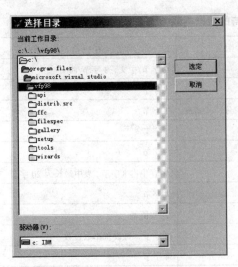

图 1-17　"选择目录"对话框

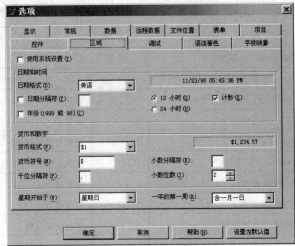

图 1-18　"区域"选项卡

（3）2000 年兼容性

在如图 1-19 所示的"常规"选项卡中可以设置 2000 年兼容性的严格日期级别。

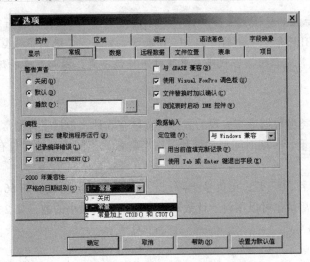

图 1-19　"常规"选项卡

1.3　Visual FoxPro 数据元素

1.3.1　数据类型

Visual FoxPro 管理和操作的数据类型共有 13 种，这些数据类型又分为两大类，一类既适用于内存变量，又适用于表中的字段变量，这类变量包括数值型、字符型、日期型、日期时间型、逻辑型和货币型 6 种；另一类只适用于表中的字段变量，包括双精度型、浮点型、通用型、整型、备注型、二进制字符型和二进制备注型。表 1-5 给出了常用数据类型的数据组成、类型符、宽度等。

表 1-5　Visual FoxPro 支持的数据类型

数 据 类 型	类型符	说　　明	所 占 字 节
Character（字符型）	C	任何字符	2 字节/中文，1 字节/西文
Date（日期型）	D	由年、月、日构成	8 字节
DateTime（日期时间型）	T	由年、月、日、时、分、秒构成	8 字节
Logical（逻辑型）	L	.T.或.F.	1 字节
Currency（货币型）	Y	数值型数据前加$	8 字节
Numeric（数值型）	N	整数或实数	内存中占 8 字节，表中最长为 20 字节
Integer（整型）	I	整数值	4 字节
Float（浮点型）	F	同数值型	同数值型
Double（双精度型）	B	双精度浮点数	8 字节，可设置小数位数
General（通用型）	G	任意的二进制数	4 字节
Memo（备注型）	M	大块文本数据	4 字节
Binary Character（二进制字符型）	C	任何字符	2 字节/中文，1 字节/西文
Binary Memo（二进制备注型）	M	大块文本数据	4 字节

注意：整型、浮点型、双精度型用 VARTYPE()函数测试，返回的类型符用 N 表示，但在 SQL 语言的 CREATE TABLE 命令中分别用 I、F、B 表示类型符。二进制字符型和二进制备注型变量是以二进制格式保存其内容的，当代码页更改时字符值不变，因而有着特殊的功能。

1.3.2　常量

常量是指以相应类型数据形态表现的数据。常量有 6 种，包括字符型常量、数值型常量、货币型常量、日期型常量、日期时间型常量和逻辑型常量，不同类型的常量有不同的表现形式。

（1）数值型常量

数值型常量由数字“0～9”、正负号“+ / −”及小数点“.”组成。如 56、45.9、−90.8 等均是数值型常量。数值型常量也可以用科学计数形式表示很大或很小的数，如 2.34E6 表示 2.34×10^6，2.34E−6 表示 2.34×10^{-6}。

（2）货币型常量

货币型常量是在数值型常量的前面加前置符号“$”。如$24.46 表示的就是货币型常量，货币型常量不能用科学计数形式表示。

（3）字符型常量

字符型常量是用字符型常量的界限符“" "”、“[ ]”和“' '”将字母、数字、空格、符号及标点等括起来的数据。如"李艳"、'23X478'、[UI.89^&%%]等均为字符型常量。如果界限符本身是字符型常量的一部分，则应该使用其他界限符，如["计算机"]。

（4）日期型常量

日期型常量用日期型常量的定界符“{}”把表示年、月、日序列的数据括起来，表示年、月、日序列的数据用“/”、“−”、“.”和空格等分隔。日期型常量有传统的日期格式和严格的日期格式两种。

传统的日期格式用形如{yy/mm/dd}、{yyyy/mm/dd}、{ mm/dd/yy }或{ mm/dd/yyyy }等格式表示，其中，年可以用 2 位或 4 位数字表示，月和日均用 2 位数字表示。如{67−04−23}、{1967.04.23}、

{67 04 23}均表示日期型常量1967年4月23日。采用年月日形式还是日月年等形式与"工具"菜单"选项"对话框中"区域"选项卡的日期和时间设置有关。

严格的日期格式用形如{^yyyy/mm/dd}的格式表示，其中年必须用4位表示，如{^1967-04-23}。

在Visual FoxPro中，严格日期格式在任何情况下均可以使用，而传统日期格式只能在SET STRICTDATE TO 0状态下使用。当设置SET STRICTDATE TO 1或SET STRICTDATE TO 2时，只能使用严格日期格式，若使用传统日期格式，系统会给出如图1-20所示的对话框。

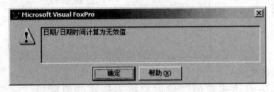

图1-20   日期格式无效时的对话框

设置日期格式可以选择"工具"菜单中的"选项"命令，在"选项"对话框中选择"常规"选项卡，在"2000年兼容性"区域中设置严格的日期级别，若选择0，则可以使用传统日期格式；若选择1，则必须使用严格日期格式；若选择2，则可以使用严格日期格式或用CTOD()函数表示日期型常量。

（5）日期时间型常量

日期时间型常量是在日期型常量后面加上表示时间的序列hh:mm:ss alp，其中hh表示小时，mm表示分钟，ss表示秒，a或p表示AM（上午）或PM（下午），严格的日期时间常量格式为{^yyyy-mm-dd[,][hh[:mm[:ss]][alp]]}，其中方括号中的内容是可选项，若不选则以00记，省略alp则默认为是AM。如{^2004-5-22   9:45AM}表示2004年5月22日上午9点45分。

（6）逻辑型常量

逻辑型常量有真和假两种值。其中，真用.T.、.t.、.Y.、.y.表示，假用.F.、.f.、.N.、.n.表示。

1.3.3 变量

变量是指其值可以改变的数据对象。在Visual FoxPro中，变量分为内存变量、字段变量和系统变量。其中，字段变量是依赖于表而存在的变量，是多值变量；内存变量是不依赖于表，可以单独存在的变量，是单值变量。系统变量是由Visual FoxPro系统定义的变量，用户在需要的时候可以直接使用。本小节主要介绍内存变量，字段变量将在第2章介绍。在Visual FoxPro中，内存变量又分为简单变量和数组变量。在使用简单内存变量时，不需要对简单内存变量进行说明。定义简单内存变量是通过给变量赋值来完成的，即在给简单内存变量赋值时，就确定了变量的值和数据类型。

1. 变量的命名

变量的值是可以改变的，使用变量时，首先应给变量命名。在Visual FoxPro中，给变量命名的基本原则是以字母、汉字、下画线开头，可以包含字母、数字、汉字、下画线；不能用Visual FoxPro中的系统保留字作变量名；尽量按照见名知意的原则为变量命名。

内存变量名和字段变量名相同时，字段变量优先，需要用如下形式访问内存变量：

```
    M.内存变量名  或  M->内存变量名
    例如：XSB.DBF 表中有姓名字段变量，下列操作分别针对内存变量和字段变量
    姓名="陈力"    && 姓名为内存变量
use xsb
```

```
?姓名                    && 姓名为字段变量
?m->姓名                 && 姓名为内存变量
```

2．内存变量的类型

在给变量赋值时，数值的类型就确定了变量的类型，无须预先定义说明。在 Visual FoxPro 中有 6 种类型内存变量：数值型变量、货币型变量、字符型变量、逻辑型变量、日期型变量和日期时间型变量。

3．内存变量的赋值

（1）用"="赋值

格式：

内存变量名=<表达式>

其作用是将"="右边表达式求值，然后再把表达式的值赋给"="左边的变量。

例如：

```
R=3
```

表示将数值型数据 3 赋给变量 R，R 为数值型变量。

```
STR="中国"
```

表示将字符型数据"中国"赋给变量 STR，STR 为字符型变量。

```
BD={^1987/08/23}
```

表示将日期型数据{^1987/08/23}赋给变量 BD，BD 为日期型变量。

（2）用 STORE 赋值

格式：

STORE <表达式> TO <内存变量名表>

"内存变量名表"是用逗号","分隔的多个内存变量。其作用是将表达式的值赋给"内存变量名表"中列出的变量，即"内存变量名表"中给出的变量具有相同的值。

例如：

```
STORE  "China" TO  STR1,STR2,STR3
```

表示将字符串"China"同时赋给变量 STR1、STR2 和 STR3。

（3）用 INPUT、ACCEPT、WAIT 语句赋值

命令格式：

```
INPUT  [提示信息]  TO <内存变量名>
ACCEPT  [提示信息]  TO <内存变量名>
WAIT  [提示信息]  [TO  <内存变量名>] [WINDOWS] [TIMEOUT <数值表达式>]
```

其中：

- INPUT 可以给数值型、字符型、货币型、日期型、日期时间型、逻辑型的变量赋值，赋值时用相应类型的常量形式输入，输入后按【Enter】键，表示赋值结束。
- ACCEPT 只可以给字符型变量赋值，赋值时不用加字符型数据的界限符，输入后按【Enter】键，表示赋值结束。
- WAIT 只接收单个字符，所接收的字符可以保存在内存变量中，也可以不保存在内存变量中，WAIT 赋值操作不需要按【Enter】键。
- WAIT 命令中 WINDOWS 短语表示提示信息以窗口形式显示，TIMEOUT 短语表示延时时间，到规定时间没有输入字符，则命令自动结束，数值表达式表示延时的秒数。
- "提示信息"通常为字符表达式。

例如：

```
INPUT "给 X 赋值" TO X
?"X 的值为",X
```

如果输入的值为"12"，则输出为：

```
X 的值为 12
```

如果输入的值为"男"，则输出为：

```
X 的值为 男
```

如果输入的值为.T.，则输出为：

```
X 的值为 .T.
```

如果输入的值为{^2005/10/10}，则输出为：

```
X 的值为 10/10/05
```

例如：

```
ACCEPT "给 X 赋值" TO X
?"X 的值为",X
```

如果输入的值为"男"，则输出为：

```
X 的值为 男
```

如果输入的值为""男""，则输出为：

```
X 的值为 "男"
```

例如：

```
WAIT
WAIT "输入 Y/N" TO X
?X
```

如果输入的值为"Y"，则输出为：Y

4．表达式值的显示

在 Visual FoxPro 中，显示表达式的值可以使用命令"?"或"??"，其命令格式为：

```
?[<表达式表>]
??[<表达式表>]
```

其功能为计算表达式的值并将结果输出。"?"和"??"的区别是："?"先换行，再输出表达式的值；"??"在当前位置输出表达式的值。

例如：

```
S=3
STORE "中国" TO ST
?S,ST
?S
??ST
```

输出结果为：

```
3 中国
3 中国
```

5．数组

数组是一组带下标的变量，同一数组中的变量具有相同的名称和不同的下标。用下标标识数组中的不同元素，数组中元素的值可以是任意类型的数据，且同一数组中的不同元素，数值的类型也可以不同。数组元素未明确赋值时，其值为逻辑值.F.。

（1）数组的定义

通常情况下，数组需要先定义，再使用。但在 Visual FoxPro 中，有时也可以不定义而直接使用。定义数组可以使用 DIMENSION 或 DECLARE 命令，两者作用相同，其命令格式为：

```
DIMENSION|DECLARE 数组名 1(下标 1[,下标 2])[,数组名 2(下标 1[,下标 2])]…
```

Visual FoxPro 支持一维数组和二维数组，定义数组时给出一个下标，表示定义的是一维数组；给出两个下标，表示定义的是二维数组。

例如：

```
DIMENSION STU(4),STUM(2,3)
```

定义了一维数组 STU 和二维数组 STUM。其中，STU 有 4 个元素，分别表示为 STU(1)、STU(2)、STU(3)、STU(4)；STUM 有 2×3 即 6 个元素，分别表示为 STUM(1,1)、STUM(1,2)、STUM(1,3)、STUM(2,1)、STUM(2,2)、STUM(2,3)。

注意：定义了数组，但未给数组元素赋值时，数组元素具有相同的值且为逻辑值.F.。

（2）数组的使用

数组在使用时，实际使用的是数组中的元素，而数组元素的作用与简单内存变量的使用方法一样，对简单变量操作的命令，均可以对数组元素进行操作，简单变量出现的位置，数组元素也可以出现。

例如：

```
STU(1)="王明"
STU(3)="刘畅"
?STU(1),STU(2),STU(3)
```

输出的结果为：

```
王明   .F.   刘畅
```

例如：

```
STUM(1,1)=78
STUM(2,2)={^1982/12/23}
STUM(2,3)=.F.
? STUM(1,1),STUM(1,2),STUM(2,2),STUM(5)
```

输出的结果为：

```
78  .F.   12/23/82   12/23/82
```

其中，STUM(5)是数组 STUM 排在第 5 个位置的元素，即 STUM(2,2)。

1.3.4 函数

Visual FoxPro 提供了大量函数，为解决问题提供了方便。函数是用来实现数据运算或转换功能的，每个函数都有特定的数据运算或转换功能。每个函数都有且必须有一个结果，称为函数值或返回值。调用函数通常用函数名加一对圆括号，并在括号内给出参数，即函数调用的一般形式如下：

```
函数名([<参数表>])
```

其中，有些函数在调用时不需要给出参数。

Visual FoxPro 中，函数大致可以分为数值函数、字符函数、日期和时间函数、类型转换函数、测试函数等。

1. 数值函数

数值函数是指函数值为数值的一类函数，它们的自变量与函数值通常也都是数值型数据。

（1）绝对值函数

格式：

　　ABS(<数值表达式>)

功能：用于返回<数值表达式>值的绝对值。

例如：

　　?ABS(2-11)

输出结果为：

　　9

（2）符号函数

格式：

　　SIGN(<数值表达式>)

功能：用于返回<数值表达式>值的符号。当表达式的结果为正数时函数返回值为 1，为负数时函数返回值为-1，为零时函数返回值为 0。

例如：

　　X=10

　　?SIGN(X-5)

输出结果为：

　　1

（3）取整函数

格式：

　　INT(<数值表达式>)

功能：对<数值表达式>的值进行取整，即舍掉表达式的小数部分。

例如：

　　?INT(10.123),INT(10.56)

输出结果为：

　　10　　　10

（4）向下取整函数

格式：

　　FLOOR(<数值表达式>)

功能：对<数值表达式>的值向下取整，即取小于或等于指定数值表达式的最大整数。

例如：

　　? FLOOR(10.123),FLOOR(-10.123)

输出结果为：

　　10　　-11

（5）向上取整函数

格式：

　　CEILING(<数值表达式>)

功能：对<数值表达式>的值向上取整，即取大于或等于指定数值表达式的最小整数。

例如：

　　?CEILING(10.123),CEILING(-10.123)

输出结果为：

　　11　　-10

（6）四舍五入函数

格式：

ROUND(<数值表达式 1>,<数值表达式 2>)

功能：对<数值表达式 1>根据<数值表达式 2>进行四舍五入处理。其中，<数值表达式 1>可以是一个数值表达式、数值型变量或数值型常量等；<数值表达式 2>是一个整数。<数值表达式 2>如果大于等于 0，则指定<数值表达式 1>要保留的小数位数；如果小于 0，则指定<数值表达式 1>整数部分的舍入位数；如果等于 0，则只保留<数值表达式 1>的整数部分。

例如：

?ROUND(1150.163,2),ROUND(1150.163,1),ROUND(1150.163,-2)

输出结果为：

1150.16   1150.2   1200

（7）平方根函数

格式：

SQRT(<数值表达式>)

功能：计算一个数的平方根。其中，<数值表达式>的值应该大于等于 0。

例如：

?SQRT(9)

输出结果为：

3

（8）求余函数

格式：

MOD(<数值表达式 1>,<数值表达式 2>)

功能：计算<数值表达式 1>除以<数值表达式 2>所得到的余数。函数结果的符号与除数相同。如果被除数和除数同号，则结果为两数相除的余数；否则，结果为两数相除的余数再加上除数的值。

例如：

?MOD(10,3),MOD(-10,3),MOD(10,-3)

输出结果为：

1   2   -2

（9）求最大值函数

格式：

MAX(<参数 1>,<参数 2>[,<参数 3>…])

功能：从所给的若干个参数中找出最大值。其中，各参数可以是数值型、字符型、货币型、日期型等各种类型，但在同一函数中，各参数的类型必须一致。

例如：

?MAX(10,20,15,40),MAX("a","20","bb","40"),MAX("a",20,"bb","40")

输出结果为：

40   bb

而 MAX("a",20,"bb","40")则是错误的，因为其中的参数类型不一致，运行时系统将给出出错信息。

（10）求最小值函数

格式：

MIN(参数 1,参数 2[,参数 3…])

功能：从所给的若干个参数中找出最小值。其中，各参数可以是数值型、字符型、货币型、日期型等各种类型，但在同一函数中，各参数的类型必须一致。

例如：

```
?MIN({^1998/10/12},{^1967/12/23},{^1985/01/10})
```

输出结果为：

```
12/23/67
```

2．字符函数

字符函数是用于对字符或字符串进行操作的函数，其返回值的类型可以是字符型、数值型或逻辑型等。

（1）取左子串函数

格式：

```
LEFT(<字符表达式>,<数值表达式>)
```

功能：从<字符表达式>的左部取<数值表达式>指定的若干个字符。其中，<字符表达式>的值是字符串，<数值表达式>的值是一个正整数。

例如：

```
?LEFT("Information",5)
```

输出结果为：

```
Infor
```

（2）取右子串函数

格式：

```
RIGHT(<字符表达式>,<数值表达式>)
```

功能：从<字符表达式>的右部取<数值表达式>指定的若干个字符。其中，<字符表达式>的值是字符串，<数值表达式>的值是一个正整数。

例如：

```
?RIGHT("Information",4)
```

输出结果为：

```
tion
```

（3）取子串函数

格式：

```
SUBSTR(<字符表达式>,<数值表达式 1>,<数值表达式 2>)
```

功能：在<字符表达式>中，从<数值表达式 1>指定位置开始取<数值表达式 2>个字符，组成一个新的字符串。其中，<字符表达式>的值是字符串，<数值表达式 1>是指定取子串位置的正整数，<数值表达式 2>是指定子串长度的正整数。

例如：

```
?SUBSTR("Information",4,2)
```

输出结果为：

```
or
```

（4）求字符串长度函数

格式：

```
LEN(<字符表达式>)
```

功能：计算字符串的长度，一个中文字符占两个字节，一个西文字符占一个字节。

例如：

```
?LEN("Information")
```

输出结果为：

    11

（5）求子串位置函数

格式：

    AT(<字符表达式 1>,<字符表达式 2> [,<数值表达式>])

或

    ATC(<字符表达式 1>,<字符表达式 2> [,<数值表达式>])

功能：计算<字符表达式 1>在<字符表达式 2>中出现的位置，如果<字符表达式 1>没有在<字符表达式 2>中出现，则返回 0。AT()和 ATC()函数的功能类似，区别仅在于比较子串时是否区分大小写，AT 区分大小写，ATC 不区分大小写。其中，<数值表达式>指出子串在字符串中第几次出现，默认值是 1。

例如：

    ?AT("for","Information")

输出结果为：

    3

例如：

    ?AT("Information","for")

输出结果为：

    0

例如：

    ?AT("n","Information",1)

输出结果为：

    2

例如：

    ?AT("n","Information",2)

输出结果为：

    11

（6）子串替换函数

格式：

    STUFF(<字符表达式 1>,<数值表达式 1>,<数值表达式 2>,<字符表达式 2>)

功能：在<字符表达式 1>中，从<数值表达式 1>所指位置开始的<数值表达式 2>个字符，用<字符表达式 2>替换。

例如：

    ?STUFF("Infomation",3,2,"for")

输出结果为：

    Information

（7）小写字母转换为大写字母函数

格式：

    UPPER(<字符表达式>)

功能：将字符串中的所有小写字母转换为大写字母。

例如：

    ?UPPER("Information")

输出结果为：

INFORMATION

（8）大写字母转换为小写字母函数

格式：

LOWER(<字符表达式>)

功能：将字符串中的所有大写字母转换为小写字母。

例如：

?LOWER("InforMation")

输出结果为：

information

（9）空格字符串生成函数

格式：

SPACE(<数值表达式>)

功能：生成<数值表达式>个空格组成的字符串。

例如：

?"S"+SPACE(5)+"S"

输出结果为：

S□□□□□S

（10）产生重复字符函数

格式：

REPLICATE(<字符表达式>,<数值表达式>)

功能：产生<数值表达式>指定个数的字符。其中，<字符表达式>给出了要产生的字符，<数值表达式>给出了要产生的字符个数。

例如：

?REPLICATE("*",5)

输出结果为：

*****

（11）删除首尾部空格函数

格式：

ALLTRIM(<字符表达式>)

功能：删除<字符表达式>首部和尾部的空格。

例如：

?"S"+ALLTRIM("   Information   ")+"S"

输出结果为：

SInformationS

（12）删除首部空格函数

格式：

LTRIM(<字符表达式>)

功能：删除<字符表达式>首部的空格。

例如：

?"S"+LTRIM("   Information   ")+S

输出结果为：

SInformation   S

（13）删除尾部空格函数

格式：

```
RTRIM(<字符表达式>)
```

功能：删除<字符表达式>尾部的空格。

例如：

```
?"S"+RTRIM("  Information     ")+"S"
```

输出结果为：

```
S  InformationS
```

（14）宏代换函数&

格式：

```
&字符型内存变量[.表达式]
```

功能：去掉字符型内存变量值的界限符。其中"."用来终止&函数的作用范围。

返回值：类型不确定，与字符型内存变量值的表现形式有关。

例如：

```
X="12"
?&X.1
```

输出结果为：

```
121
```

例如：

```
Y="{^2005/12/23}"
?&Y+5
```

输出结果为：

```
12/28/05
```

3．日期和时间函数

日期和时间函数的参数一般是日期型数据或日期时间型数据。

（1）系统日期函数

格式：

```
DATE()
```

功能：返回系统的当前日期，返回值的类型为日期型（D）。

（2）系统时间函数

格式：

```
TIME()
```

功能：返回系统的当前时间，返回值的类型为字符型（C）。

（3）系统日期时间函数

格式：

```
DATETIME()
```

功能：返回系统当前的日期和时间，返回值类型为日期时间型（T）。

（4）年份函数

格式：

```
YEAR(<参数>)
```

功能：取日期型或日期时间型数据对应的年份，返回值为整数数值（N），参数为日期型或日期时间型。

例如：

```
Y={^2005/12/23}
?YEAR(Y)
```

输出结果为：

```
2005
```

（5）月份函数

格式：

```
MONTH(<参数>)
```

功能：取日期型或日期时间型数据对应的月份，返回值为整数数值（N），参数为日期型或日期时间型。

例如：

```
Y={^2005/12/23}
?MONTH(Y)
```

输出结果为：

```
12
```

（6）天数函数

格式：

```
DAY(<参数>)
```

功能：取日期型或日期时间型数据对应月份的天数，返回值为整数数值（N），参数为日期型或日期时间型。

例如：

```
Y={^2005/12/23}
?DAY(Y)
```

输出结果为：

```
23
```

（7）星期名称函数

格式：

```
CDOW(<参数>)
```

功能：返回指定日期的英文星期名称，参数为日期型或日期时间型。

例如：

```
Y={^2005/12/23}
?CDOW(Y)
```

输出结果为：

```
Friday
```

4．类型转换函数

类型转换函数主要完成不同数据类型间的转换。

（1）数值型数据转换为字符型数据函数

格式：

```
STR(<数值表达式>[,<长度>[,<小数位数>]])
```

功能：将数值型数据转换为字符型数据。

参数：<数值表达式>是要转换为字符串的数值，<长度>给出转换后的字符串长度，<小数位数>指出保留的小数位数，并进行四舍五入处理。其中，<长度>和<小数位数>可以省略，省略小数位数时，转换的字符串只包含整数部分；省略长度时，转换的字符串长度为 10，此时<小数位数>必须省略；<长度>如果小于<数值表达式>整数部分的位数，则函数结果为用"*"表示的字符串。

例如：

```
?STR(3.1415926,6,4)
```

输出结果为：

```
3.1416
```

例如：

```
?STR(3141.5926,6)
```

输出结果为：

```
⌴⌴3142
```

例如：

```
?STR(3141.5926,3)
```

输出结果为：

```
***
```

例如：

```
?STR(3141.5926)
```

输出结果为：

```
⌴⌴⌴⌴⌴⌴3142
```

（2）字符串转换为数值函数

格式：

```
VAL(<字符型表达式>)
```

功能：将字符串前面符合数值型数据要求的数字字符转换为数值型数据。如果字符串前面无数字字符，则转换结果为 0。返回值中的小数点位数取决于 SET　DECIMAL　TO 命令设置的位数，默认小数位数为 2。

例如：

```
?VAL("3.1415风格看见了")
```

输出结果为：

```
3.14
```

（3）将 ASCII 码值转换成对应字符函数

格式：

```
CHR(<数值型表达式>)
```

功能：将<数值型表达式>的值作为 ASCII 码，给出其所对应的字符。

例如：

```
?CHR(67)
```

输出结果为：

```
C
```

（4）将字符转换成 ASCII 码函数

格式：

```
ASC(<字符型表达式>)
```

功能：给出<字符型表达式>最左边的一个字符的 ASCII 码值。

例如：

```
?ASC("C")
```

输出结果为：

    67

（5）字符串转换为日期函数

格式：

    CTOD(<字符型表达式>)

功能：将日期格式的字符串转换为日期型的数据。

例如：

    ?CTOD("12/23/78")

输出结果为：

    12/23/78

（6）将日期值转换为字符串函数

格式：

    DTOC(<日期型数据>)

功能：将日期值转换为字符串。

例如：

    ?DTOC({^1978/12/23})

输出结果为：

    12/23/78

5．与表有关的函数

通过与表有关的函数，可以了解表的相关数据的状态。

（1）计算表中记录个数函数

格式：

    RECCOUNT()

功能：计算并返回当前表或指定表中记录的个数。

（2）返回表中当前记录号函数

格式：

    RECNO()

功能：返回当前表或指定表的当前记录号。

（3）表文件首测试函数

格式：

    BOF()

功能：如果记录指针在表头，则返回.T.，否则返回.F.。表头指记录指针在逻辑上第一条记录处，再执行 SKIP −1 时的记录指针位置。记录指针在表头时，RECNO()的结果为1。

例如：

```
USE  学生情况表
SKIP−1
?BOF(),RECNO()
```

输出结果为：

    .T. 1

（4）表文件尾测试函数

格式：

    EOF()

功能：如果当前记录指针在表尾，则返回.T.，否则返回.F.。表尾指记录指针指向最后一条记录，再执行 SKIP 时的记录指针位置。记录指针在表尾时，RECNO() 的结果为表中记录个数+1。

例如（假设学生情况表中共有 10 条记录）：

```
USE  学生情况表
GO BOTTOM
SKIP
?EOF(),RECNO()
```

输出结果为：

```
.T.   11
```

（5）记录是否有删除标记函数

格式：

```
DELETED()
```

功能：测试当前记录是否有删除标记（*），如果有，则返回.T.，否则返回.F.。

（6）测试记录是否找到函数

格式：

```
FOUND()
```

功能：在表中执行查找命令时，测试查找结果，如果找到，则返回.T.，否则返回.F.。

6．测试函数

（1）条件测试函数

格式：

```
IIF(<逻辑表达式>,<表达式 1>,<表达式 2>)
```

功能：如果<逻辑表达式>的值为.T.，则<表达式 1>为函数的结果，否则<表达式 2>为函数的结果。其中，<表达式 1>和<表达式 2>可以是任意类型的数据。

例如：

```
是否党员=.T.
?IIF(是否党员=.T.,"是党员","不是党员")
```

输出结果为：

```
是党员
```

例如：

```
?IIF(3>4,"正确","错误")
```

输出结果为：

```
错误
```

（2）值域测试函数

格式：

```
BETWEEN(<表达式 1>,<表达式 2>,<表达式 3>)
```

功能：测试<表达式 1>的值是否在<表达式 2>和<表达式 3>范围内，如果在测试范围内，则函数结果为.T.，否则函数结果为.F.。其中，<表达式 1>是要测试的表达式，<表达式 2>是所测试范围的下限，<表达式 3>是所测试范围的上限，3 个参数的数据类型可以是任意类型，但要一致。

例如：

```
?BETWEEN("word","wead","wood")
```

输出结果为：

```
.F.
```

例如：

```
?BETWEEN(5,4,10)
```

输出结果为：

```
.T.
```

（3）数据类型测试函数

格式：VARTYPE(<表达式>,[<逻辑表达式>])

功能：测试<表达式>的数据类型，函数返回值的类型为字符型，返回用字母代表的数据类型。未定义或表达式错误，则返回字母 U。若表达式的值为 NULL，则根据函数中的逻辑表达式的值决定是否返回表达式的类型：如果逻辑表达式的值为.T.，则返回表达式的原数据类型；如果逻辑表达式的值为.F.或省略，则返回 X，表明表达式的运算结果是 NULL。

例如：

```
X=90
X=NULL
?VARTYPE(X),VARTYPE(X,.T.),VARTYPE(DATE())
```

输出结果为：

```
X   N   D
```

1.3.5　运算符和表达式

Visual FoxPro 中有多种数据类型，对于不同的数据类型，有不同的运算符，包括算术运算符、字符运算符、日期时间运算符、关系运算符和逻辑运算符等。表达式是通过运算符将常量、变量、函数等按一定规则合理地组合在一起的形式。

1．算术运算符及表达式

算术运算符用于算术运算。参加运算的数据一般是数值型常量、变量或函数值为数值型的函数，运算结果仍然是数值型。由算术运算符连接的表达式称为算术表达式。表 1-6 给出了算术运算符的含义及其运算实例。

表 1-6　算术运算符含义及运算实例

运 算 符	含 义	运 算 实 例	结 果
+	加	12+AX	15
−	减	100−DX	50
%	取余	DX%AX	2
*	乘	5*(DX−AX)	235
/	除	DX/10	5
^或**	乘方	AX^3	27

注：AX、DX 为数值型变量，且 AX=3，DX=50。

2．字符运算符及表达式

字符运算符主要包括连接运算符"+"和"−"，其中"+"运算是直接进行字符串连接，不处理尾部空格；而"−"运算则将第一个字符串尾部空格移到整个连接结果的尾部。表 1-7 给出了字符运算符的含义及其运算实例。

表 1-7　字符运算符含义及运算实例

运 算 符	含 义	运算实例	结 果
+	原样连接	A1+B1	"abcd␣␣efg"
−	第一个字符串尾部空格移到整个连接结果的尾部	A1−B1	"abcdefg␣␣"

注：A1、B1 为字符型变量，且 A1="abcd␣␣"，B1="␣efg"，␣表示一个空格。

3．日期和时间运算符及表达式

日期和时间运算符为"+"和"−"，由其连接的式子为日期和时间表达式。表 1-8 给出了日期运算符的含义及其运算实例。

表 1-8　日期运算符含义及运算实例

运 算 符	含 义	运算实例	结 果
+	日期加天数，结果为日期	D1+N	09/20/06
−	日期减天数，结果为日期	D1−N	08/31/06
−	两日期相减，结果为天数	D2−D1	30

注：D1、D2 为日期型变量，N 为数值型变量，表示天数，且 D1={^2006/09/10}，D2={^2006/10/10}，N=10。

日期时间型数据的运算规则与日期型数据的运算规则相同，将日期型数据换成日期时间型数据，N 表示秒数，两个日期时间型数据相减，结果为秒。

例如：

```
X={^1996/8/8 12:23:34 a}
Y=10                          &&Y 表示的是秒数
?X+Y
```

输出结果为：

```
08/08/96 12:23:44 AM
```

4．关系运算符及表达式

关系运算符用于表达式值的比较运算，进行比较运算的表达式可以是常量、变量或带运算符的式子，但参加关系运算的表达式值的数据类型必须相同，比较运算的结果为.T.或.F.。表 1-9 给出了关系运算符的含义及其运算实例。

表 1-9　关系运算符含义及运算实例

运 算 符	含 义	运算实例	说 明
>	大于	8>X	8 大于 X 不成立，表达式结果为.F.
>=	大于等于	100>=Y	100 大于等于 Y 成立，结果为.T.
<	小于	50<Z	50 小于 Z 成立，结果为.T.
<=	小于等于	X<=10	X 小于等于 10 成立，结果为.T.
=	等于	X=Y	X 等于 Y 不成立，结果为.F.
==	精确等于	"AS"=="AS"	"AS" 精确等于 "AS"，结果为.T.
!=或#或<>	不等于	X!=Y	X 不等于 Y 成立，结果为.T.
$	包含	"A" $ "GAF"	"A" 包含在 "GAF" 中，结果为.T.

注：X、Y、Z 为数值型变量，且 X=10、Y=80、Z=100。

其中"="在进行字符串比较时，其结果与 SET EXACT ON|OFF 的状态有关，若为 ON，则是精确比较，"="两边内容必须完全相同；若为 OFF，则 "="左边从第一个字符开始包含"="右边的字符串，结果就为.T.。系统默认为 SET　EXACT　OFF。

例如：

```
A="abcdef"
B="abc"
```

则命令：

```
?A=B
```

的输出结果在 SET EXACT OFF 状态下为.T.，在 SET EXACT ON 状态下为.F.。

5. 逻辑运算符及表达式

逻辑运算符包括 NOT（也可以用！表示 NOT 运算）、AND 和 OR 这 3 种运算符。要求运算的数据必须是逻辑值，运算结果也是逻辑值。表 1-10 给出了逻辑运算符的含义及其运算规则。

NOT 运算是一元运算，运算结果为运算数据的相反值，例如：

```
NOT X
```

当 X 的值为.F.时，运算结果为.T.；当 X 的值为.T.时，运算结果为.F.。

AND 运算是二元运算，只有当参加运算的数据两边都是.T.时，运算结果才为.T.，否则运算结果为.F.。例如：

```
X AND Y
```

只有 X 和 Y 的值都是.T.时，X AND Y 的结果才为.T.。

OR 运算是二元运算，只有当参加运算的数据两边都是.F.时，运算结果才为.F.，否则运算结果为.T.。例如：

```
X OR Y
```

只有 X 和 Y 的值都是.F.时，X OR Y 的结果才为.F.。

表 1-10　逻辑运算符含义及运算规则

X	Y	NOT Y	X AND Y	X OR Y
.T.	.T.	.F.	.T.	.T.
.T.	.F.	.T.	.F.	.T.
.F.	.T.	.F.	.F.	.T.
.F.	.F.	.T.	.F.	.F.

6. 运算符的优先级

在每一类运算符中，各个运算符都有优先级，而不同类型的运算符在同一个表达式中出现，也有运算的优先级。

- 不同类型的运算符优先级顺序为：先执行算术运算、字符运算和日期时间运算，其次执行关系运算，最后执行逻辑运算。

- 在同一类运算符中，算术运算符运算顺序为：先括号内的，再括号外的；首先执行^（或**），其次执行*、/、%，最后执行+、-。字符运算符优先级相同。关系运算符优先级相同。逻辑运算符优先级为：先执行 NOT 运算，再执行 AND 运算，最后执行 OR 运算。

例如：假设性别="男"，出生日期={^1969/10/5}，职称="教授"，基本工资=5000，表达式：

```
      性别="女"  OR INT((DATE()-出生日期)/365) >35 AND ;
      NOT(职称= "副教授"  OR  基本工资>6000)          && DATE()函数结果中的年按2008年计算
```

计算过程为：

```
      .F. OR  39>35 AND NOT(.F. OR .F.)
      .F. OR .T. AND NOT .F
      .F. OR .T. AND .T.
      .F. OR .T.
      .T.
```

1.3.6 Visual FoxPro 命令概述

Visual FoxPro 中的命令大部分既可以在命令窗口中运行，又可以在程序中运行，但有关程序控制结构的命令必须在程序中运行。Visual FoxPro 中的命令是有限的，将这些命令按照合理的规则组合起来，即可实现各种功能。要正确使用命令，必须按照命令的格式去使用，才能正确实现命令的功能。

1. Visual FoxPro 的命令结构

Visual FoxPro 中的命令大部分由命令动词和命令短语两部分组成。命令动词表示命令的功能，命令短语给出了命令执行所需的各种参数。命令短语包括必选短语和可选短语，在命令的格式中，通常用"< >"括起来的短语为必选短语，用"[ ]"括起来的短语为可选短语，用"|"分隔的短语表示任选其中的一项。

例如，显示表中记录的命令格式为：

```
      LIST [FOR <条件>] [WHILE<条件>] [ALL|NEXT N|REST|RECORD N]
```

其中：

- LIST 是命令动词，表示命令的功能是显示表中的记录。
- FOR <条件>是命令短语，用[ ]扩起来，表示在使用 LIST 命令时，可以选择 FOR 条件短语，条件用<>括起来，表示在 FOR 条件短语中，必须给出条件。
- ALL、NEXT N、REST 和 RECORD N 用"|"分隔，表示可以选择 4 项内容中的一项。

2. Visual FoxPro 命令的书写规则

Visual FoxPro 命令书写规则主要有以下几种：

① 每个命令必须以一个命令动词开头，命令短语的次序可以任意排列。

② 命令行中的各项内容以空格隔开。

③ 命令行的最大长度为 254 个字符，如果命令行的命令太长，可以使用续行符";"，然后回车换行，接着输入命令中的其他内容。

④ Visual FoxPro 中的命令不区分英文字母的大/小写。

⑤ Visual FoxPro 中的命令都是系统保留字，大部分命令只输入前 4 个英文字母即可被 Visual FoxPro 识别。

⑥ Visual FoxPro 中的输入命令是以回车键作为结束标志的。

⑦ Visual FoxPro 中的命令可以添加注释，增强程序的可读性。

第 2 章　数据库与表的基本操作

学习目标

- 理解数据库与表的关系。
- 掌握数据库的操作。
- 掌握表的操作。
- 理解索引并掌握索引的建立过程。
- 理解数据完整性并掌握实现数据完整性的操作。

2.1　数据库与表的概述

2.1.1　数据库

在 Visual FoxPro 中，数据库可以说是一个逻辑上的概念和实现，它通过一组系统文件将相互关联的数据库表及其相关的数据库对象统一组织和管理。建立 Visual FoxPro 数据库时，实际建立的数据库是扩展名为“.DBC”的文件，与之相关的，还会自动建立一个扩展名为“.DCT”的数据库备注文件和一个扩展名为“.DCX”的数据库索引文件，其中，“.DCT”和“.DCX”这两个文件是供 Visual FoxPro 数据库管理系统使用的，用户一般不能直接使用这些文件。

2.1.2　表

在关系数据库中，将关系称为表。在 Visual FoxPro 中，表就是规则的带有表头的二维表格，如图 2-1 所示。

表由表结构和表数据组成，表结构包括字段名、字段类型、字段宽度和小数位数等属性，表数据由表中的记录组成。表中的行称为记录，表中的列称为字段，字段由字段变量和字段值组成。表中的第一行由字段变量组成，称为表头，字段变量是多值变量。

在 Visual FoxPro 中，表文件的扩展名为“.DBF”，如果表中字段类型包括备注型或通用型，则系统自动产生一个与表名相同，扩展名为“.FPT”的文件。

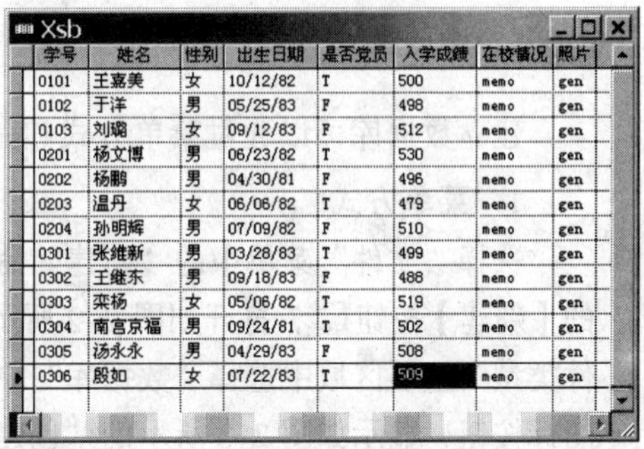

学号	姓名	性别	出生日期	是否党员	入学成绩	在校情况	照片
0101	王嘉美	女	10/12/82	T	500	memo	gen
0102	于洋	男	05/25/83	F	498	memo	gen
0103	刘璐	女	09/12/83	F	512	memo	gen
0201	杨文博	男	06/23/82	T	530	memo	gen
0202	杨鹏	男	04/30/81	F	496	memo	gen
0203	温丹	女	06/06/82	T	479	memo	gen
0204	孙明辉	男	07/09/82	F	510	memo	gen
0301	张维新	男	03/28/83	T	499	memo	gen
0302	王继东	男	09/18/83	F	488	memo	gen
0303	栾杨	女	05/06/82	T	519	memo	gen
0304	南宫京福	男	09/24/81	T	502	memo	gen
0305	汤永永	男	04/29/83	F	508	memo	gen
0306	殷如	女	07/22/83	T	509	memo	gen

图 2-1　Visual FoxPro 中的表

2.1.3 数据库与表

数据库管理的重要对象之一就是表，表既可以由数据库管理，也可以单独存在。归数据库管理的表称为数据库表，不归任何数据库管理的表称为自由表。自由表可以添加到数据库中，成为数据库表；反之，数据库表也可以从数据库中移出，成为自由表。在 Visual FoxPro 中，通过数据库可以将相互关联的数据库表统一管理。

用数据库管理相互存在关系的表时，可以享受到数据字典的各种功能。数据字典使得对数据库的设计和修改更加灵活。使用数据字典，可以设置字段级和记录级的有效性规则，保证主关键字字段值的唯一性，如果不用数据字典，这些功能就需要用户自己编程实现。

Visual FoxPro 数据字典可以创建和指定以下内容：

- 主关键字和候选索引关键字。
- 数据库表间的永久关系。
- 表和字段的长文件名。
- 各字段的标题，在浏览窗口中显示表数据时使用。
- 字段的默认值。
- 表单中使用的默认控件类。
- 字段的输入掩码和显示格式。
- 字段级规则和记录级规则。
- 触发器。
- 存储过程。
- 与远程数据源的连接。
- 本地视图和远程视图。

对每个字段、表和数据库的注释。

2.2　数据库的操作

数据库的基本操作主要包括数据库的建立、打开、修改、删除、指定当前数据库和关闭等。

2.2.1 建立数据库

建立数据库可以通过菜单方式和命令方式来完成。

1. 菜单方式

选择"文件"菜单中的"新建"命令或单击"常用"工具栏上的【新建】按钮 □，打开如图 2-2 所示的"新建"对话框；在"文件类型"选项区域中选择"数据库"单选按钮，单击【新建文件】图标按钮，显示如图 2-3 所示的"创建"对话框；在"保存在"下拉列表框中选择文件的存放位置，并在"数据库名"文本框中给出数据库文件名，单击【保存】按钮，显示如图 2-4 所示的"数据库设计器"窗口，即可完成数据库的建立过程。

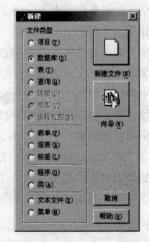

图 2-2　"新建"对话框

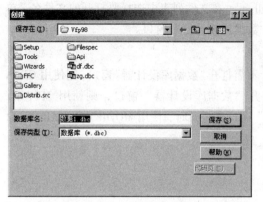

图 2-3 "创建"对话框   图 2-4 "数据库设计器"窗口

2．命令方式

用 CREATE DATABASE 命令建立数据库，其命令格式为：

CREATE DATABASE [<数据库文件名>|?]

其中：

- 数据库文件名：给出要建立的数据库文件名。
- 参数 "?"：如果不指定数据库文件名或使用参数 "?"，都会弹出如图 2-3 所示的 "创建" 对话框。

用命令方式建立数据库与菜单方式不同，使用命令方式建立数据库时，不打开 "数据库设计器" 窗口，数据库只是处于打开状态，可以用 MODIFY DATABASE 命令或选择 "显示" 菜单的 "数据库设计器" 命令打开 "数据库设计器" 窗口，也可以不打开数据库设计器继续以命令方式操作。

建立数据库后，在 "常用" 工具栏的数据库列表中显示新建立的数据库名或已打开的数据库。图 2-5 所示的是 "常用" 工具栏中的数据库列表。

图 2-5 "常用" 工具栏中的数据库列表

例如：建立两个数据库，文件名分别为学生数据库.DBC 和教师管理数据库.DBC。注意观察 "常用" 工具栏中数据库列表内容的变化

CREATE DATABASE 学生数据库
CREATE DATABASE 教师管理数据库

2.2.2 打开数据库

数据库的打开可以通过菜单方式和命令方式来实现，打开数据库和打开 "数据库设计器" 窗口含义是不一样的。打开数据库时，"数据库设计器" 窗口可以一同打开，也可以不打开，而 "数据库设计器" 窗口打开时，数据库一定是打开的。

1．菜单方式

选择 "文件" 菜单中的 "打开" 命令或单击 "常用" 工具栏上的【打开】按钮，显示如图 2-6 所示的 "打开" 对话框；在 "查找范围" 下拉列表框中选择数据库文件存放的位置，在 "文件类型"下拉列表框中选择文件类型为"数据库(*.dbc)"，在文件列表中选择要打开的文件名，单击【确定】按钮，即可打开数据库，同时也打开"数据库设计器"窗口。

2. 命令方式

用命令方式打开数据库时，如果只打开数据库，不需打开"数据库设计器"窗口，则使用 OPEN DATABASE 命令；如果既要打开数据库，也要打开"数据库设计器"窗口，则使用 MODIFY DATABASE 命令；在数据库打开而"数据库设计器"窗口未打开时，使用 MODIFY DATABASE 命令也可以将"数据库设计器"窗口打开。

命令格式：

```
OPEN  DATABASE [<数据库文件名>|?]
MODIFY  DATABASE [<数据库文件名>|?]
```

其中：

- 数据库文件名：给出要打开的数据库文件名。
- 参数"?"：如果给出参数"?"或不给参数，将弹出图 2-6 所示的"打开"对话框，选择要操作的数据库并单击【确定】按钮即可。

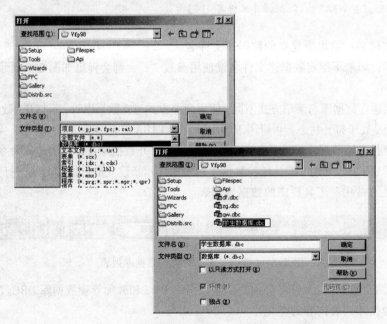

图 2-6 "打开"对话框

例如：打开学生数据库.DBC 和教师管理数据库.DBC。注意观察"常用"工具栏中数据库列表内容的变化。

```
CLOSE ALL
OPEN DATABASE 学生数据库
MODIFY DATABASE
MODIFY DATABASE 教师管理数据库
```

2.2.3 设置当前数据库

Visual FoxPro 在同一时刻可以打开多个数据库，但在同一时刻只能有一个当前数据库。也就是说，通常情况下所有作用于数据库的命令或函数都是对当前数据库而言的。指定当前数据库的命令是 SET DATABASE 命令。

命令格式：

```
SET DATABASE TO [<数据库文件名>]
```

其中：

- 数据库文件名：指定一个已经打开的数据库为当前数据库。
- 如果不指定任何数据库，即执行命令

```
SET DATABASE TO
```

将会使得所有打开的数据库都不是当前数据库。

注意：所有的数据库都没有关闭，只是都不是当前数据库。

另外，也可以通过"常用"工具栏中的数据库下拉列表来指定当前数据库。假设当前打开了两个数据库"学生数据库"和"教师管理数据库"，通过数据库下拉列表，单击要指定当前数据库的文件名来选择相应的数据库即可，如图 2-7 所示。

此外，当数据库与数据库设计器同时打开时，可通过单击数据库设计器的标题栏指定当前数据库。

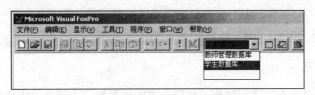

图 2-7　指定当前数据库方法之一

例如：用命令分别指定学生数据库和教师管理数据库为当前数据库。观察工具栏中数据库列表的变化。

```
SET DATABASE TO 学生数据库
SET DATABASE TO 教师管理数据库
```

2.2.4　关闭数据库

当数据库不再使用时应该关闭数据库。可以使用 CLOSE DATABASE 命令关闭当前数据库，也可以使用 CLOSE ALL 命令关闭所有打开的数据库。

命令格式：

```
CLOSE DATABASE
CLOSE ALL
```

注意：关闭"数据库设计器"窗口并不是关闭数据库。

例如：关闭学生数据库，再关闭所有数据库。

```
SET DATABASE TO 学生数据库
CLOSE DATABASE
CLOSE ALL
```

2.2.5　删除数据库

删除数据库文件时，首先关闭要删除的数据库，再执行删除数据库操作。删除数据库可以使用 DELETE DATABASE 命令。

命令格式：

```
DELETE DATABASE <数据库文件名>|?[DELETETABLES] [RECYCLE]
```

其中：

- 数据库文件名：指定要删除的数据库名。
- 参数"?"：用参数"?"会打开"删除"对话框，选择要删除的数据库文件，单击【删除】按钮即可。
- DELETETABLES：表示在删除数据库的同时，删除数据库中的表。
- RECYCLE：表示删除的内容放入回收站。

例如：删除教师管理数据库。

```
DELETE DATABASE 教师管理数据库    && 在执行此命令之前，需要先关闭此数据库。
```

2.3　表的基本操作

建立表时，如果存在当前数据库，则建立的表为数据库表，否则，建立的表就是自由表。表文件的扩展名为".dbf"，如果表中有备注型字段或通用型字段，系统会生成一个主名与表名相同、扩展名为".fpt"的文件。

2.3.1　表结构的建立

建立表时，应该首先建立表的结构，再输入表中的数据。表结构是由字段组成的，每个字段包括字段名、字段类型、字段宽度、小数位数等属性。

1．字段名

字段名是表中列的名称，必须以字母、汉字或下画线开头，可以包括字母、汉字、数字和下画线。数据库表的字段名最多可以是 128 个字节，自由表的字段名最多可以是 10 个字节。

2．字段类型

字段类型是表中每列输入数据的类型。字段类型可以是字符型（C）、数值型（N）、货币型（Y/8）、整型（I/4）、浮点型（F）、双精度型（B/8）、日期型（D/8）、日期时间型（T/8）、逻辑型（L/1）、备注型（M/4）、通用型（G/4）、二进制字符型（C）、二进制备注型（M/4）。

在确定字段类型时，可以考虑以下几方面：

对于像学号这样的字段，字段的值虽然由数字组成，但不需要用于数学计算，最好选择字符型，而不选择数值型。

对于字段的值文字内容比较多，文字内容不能限定宽度或超过允许的字符型字段宽度，可以把这样的字段类型定义为备注型。

对于字段值带有判断性的字段，且其字段值只有两个选项，可以把这样的字段类型定义为逻辑型。

3．字段宽度

字段宽度是表中每列数据的最大宽度，当字段类型为数值型、浮点型或字符型时，需要指定字段宽度，其他数据类型的字段宽度由系统规定。数值型和浮点型的宽度包括符号位、数字、小数点，各占一个字节；字符型和二进制字符型的宽度确定方法为汉字、全角字符占两个字节，半角字符、数字等占一个字节；货币型、双精度型、日期型、日期时间型的宽度为 8 个字节；逻辑型的宽度为 1 个字节；整型、备注型、二进制备注型和通用型的宽度为 4 个字节。

4．小数位数

数值型字段、浮点型字段和双精度型字段可规定小数位数，小数位数至少应比该字段的宽度值小 2。

5．NULL

在建立新表时，可以指定表字段是否接受 NULL 值，使用 NULL 值表示不确定的值。

6．建立表结构

建立表时，首先要确定表中各字段的上述属性，即确定表的结构。下面以建立一个名为 XSB.DBF 数据库表为例，表 2-1 给出了 XSB.DBF 表中各字段的属性。

表 2-1 XSB.DBF 表中各字段属性

字 段 名	类 型	宽 度	小 数 位 数
学号	C	4	—
姓名	C	8	—
性别	C	2	—
出生日期	D	8	—
是否党员	L	1	—
入学成绩	N	4	0
在校情况	M	4	—
照片	G	4	—

（1）菜单方式

选择"文件"菜单中的"新建"命令，打开如图 2-2 所示的"新建"对话框，在"新建"对话框中选择"表"单选按钮，单击【新建文件】图标按钮，显示与图 2-3 相似的"创建"对话框。在"创建"对话框中选择文件的保存位置，并给出表的文件名 XSB，单击【保存】按钮，显示如图 2-8 所示的"表设计器"对话框。

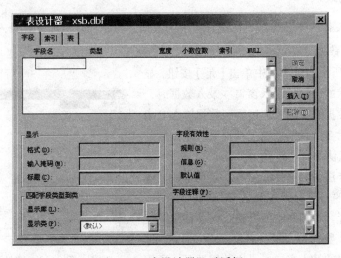

图 2-8 "表设计器"对话框

在"表设计器"对话框中确定每个字段的属性，如图 2-9 所示。定义好每个字段后，单击【确定】按钮，完成表结构的建立过程，显示如图 2-10 所示的对话框。

图 2-9 在"表设计器"中定义字段　　　　　图 2-10 建立表结构后的对话框

（2）命令方式

可以使用 CREATE 命令建立表文件。

命令格式：

```
CREATE  [<表文件名>|?]
```

（3）在数据库设计器中创建表

如果打开了数据库设计器，则可以通过右击数据库的空白区域，在弹出的快捷菜单中选择"新建表"命令建立表。

例如：建立 XSB.DBF 表，表的结构如表 2-1 所示。

```
CREATE XSB
```

2.3.2 表的数据录入

表中数据录入有两种方式，一种是直接录入数据，另一种是追加方式录入数据。

1. 直接录入数据

在如图 2-10 所示的对话框中单击【是】按钮，显示如图 2-11 所示的表数据录入窗口。录入数据时，字符型和数值型数据直接输入；逻辑型数据输入 F 表示.F.，输入 T 表示.T.；日期型数据根据系统中区域的日期格式输入，默认的日期格式为"mm/dd/yy"。区域的日期格式设置方法为：选择"工具"菜单中的"选项"命令，显示"选项"对话框，选择对话框中的"区域"选项卡，设置"日期和时间"格式。备注型字段接收字符型数据，数据录入时，只要双击 memo，即可打开备注型数据的录入窗口，录入数据即可。通用

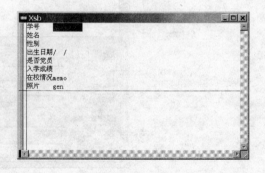

图 2-11 表数据录入窗口

型数据通常接收图形、图表等数据，数据录入时，只要双击 gen，既可打开通用型数据的录入窗口，在"编辑"菜单中选择"插入对象"命令，根据对话框的提示做出选择即可。字段如果接受 NULL 值，可以使用组合键【CTRL+0】输入。

2．追加录入数据

对于已经建立好的表，在浏览状态下，要录入数据而不能录入时，则可以采用追加方式录入，追加录入数据既可以使用菜单方式，也可以使用命令方式。

（1）菜单方式

在表的浏览状态下选择"显示"菜单中的"追加方式"命令，即可录入数据了。

（2）命令方式

可以使用 APPEND 命令追加数据。

命令格式：

```
APPEND  [BLANK]
```

短语 BLANK 表示追加一条空记录。

例如：在 XSB.DBF 表中追加一条空记录。

```
APPEND BLANK
```

3．插入记录

INSERT 命令可以在表的任意位置插入新记录，命令格式为：

```
INSERT [BEFORE] [BLANK]
```

短语 BEFORE 用于指出插入记录的位置是在当前记录的前面还是当前记录的后面，不使用 BEFORE 短语时在当前记录的后面插入新记录。

短语 BLANK 表示插入一条空记录。

例如：在当前记录的前面插入一条记录。

```
INSERT BEFORE
```

2.3.3 表的显示

表的显示包括表结构的显示和表记录的显示。

1．显示表结构

显示表结构可以采用下面几种方式：

（1）菜单方式

选择"显示"菜单中的"表设计器"命令。

（2）在数据库设计器中显示

在数据库设计器中右击要显示的数据库表，在弹出的快捷菜单中选择"修改"命令。

上面两种方式都能够把表设计器打开。

（3）命令方式

使用 LIST | DISPLAY STRUCTURE 命令显示表结构。

命令格式：

```
LIST | DISPLAY STRUCTURE
```

在使用命令显示表结构时，在输出区域显示表的结构，所显示的表中各字段的宽度总计比表中各字段实际的宽度之和多 1 个字节，多出的 1 个字节是用来存放删除标记的。

例如：用命令方式显示 XSB.DBF 表结构。观察命令执行结果中字段宽度的总计值。

```
LIST STRUCTURE
```

或

```
DISPLAY STRUCTURE
```

2．显示表记录

显示记录的命令是 LIST 和 DISPLAY。它们的主要区别在于不使用条件和范围短语时，LIST 显示全部记录，而 DISPLAY 则显示当前记录。

命令格式：

```
LIST | DISPLAY [[FIELDS] <字段名表>] [FOR <条件>]
        [WHILE <条件>] [<范围>] [<OFF>]
```

其中：

- 字段名表：用逗号隔开的字段名列表，省略时显示全部字段，在字段名表前可以选择 FIELDS 选项。
- 条件：关系或逻辑表达式，如果使用 FOR 短语指定条件，则显示满足条件的所有记录；如果使用 WHILE 短语指定条件，则遇到第一个不满足条件的记录即可结束命令。

例如（显示 XSB.DBF 表中所有女生的记录）：

```
LIST WHILE 性别="女"
LIST FOR 性别="女"
```

观察两个命令的执行结果。

例如（显示 XSB.DBF 表中入学成绩高于 510 分的学生记录）：

```
LIST FOR 入学成绩>=510
```

- 范围：范围短语有 4 个选项，即 ALL、NEXT N、RECORD N、REST。记录指针所指的记录称为当前记录，ALL 表示操作表中所有记录，NEXT N 表示操作从当前记录开始的 N 条记录，RECORD N 表示操作第 N 条记录，REST 表示操作从当前记录开始的所有记录。

例如（显示第 3 条记录）：

```
LIST RECORD 3
```

例如（显示从当前记录开始的所有记录）：

```
LIST REST
```

- OFF：显示记录时不显示记录号。

2.3.4 表的修改

表的修改包括修改表的结构和修改表中的数据。

1．修改表结构

修改表结构时需要打开表设计器，在表设计器中完成字段属性的更改、字段的插入、字段的删除等。打开表设计器可以采用以下方式：

（1）菜单方式

在表打开的状态下选择"显示"菜单中的"表设计器"命令。

（2）命令方式

使用 MODIFY STRUCTURE 命令修改表的结构。

命令格式：

```
MODIFY STRUCTURE
```

（3）在数据库设计器中修改

在数据库设计器中右击数据库表，在弹出的快捷菜单中选择"修改"命令。

2．修改表数据

在浏览状态下可以直接修改表中的数据，而对于有规律的大批数据的修改，可以使用 REPLACE 命令。

命令格式：

```
REPLACE <字段名 1> WITH <表达式 1> [,<字段名 2> WITH <表达式 2>…]
        [FOR <条件>] [<范围>]
```

该命令的功能是使用<表达式 1>的值替换<字段名 1>的值，从而达到修改记录值的目的。该命令一次可以用多个表达式的值修改多个字段的值。如果不使用 FOR 条件短语和范围短语，则只修改当前记录；如果使用 FOR 条件短语或范围短语，则修改指定范围内满足条件的所有记录。

例如：将 XSB.DBF 中的所有记录的入学成绩增加 10 分。

```
REPLACE  ALL   入学成绩  WITH  入学成绩+10
```

例如（将党员学生的入学成绩增加 5 分）：

```
REPLACE  入学成绩  WITH  入学成绩+5  FOR  是否党员=.T.
```

2.3.5　表的浏览

（1）菜单方式

在表打开的状态下选择"显示"菜单中"浏览"命令。

（2）命令方式

使用 BROWSE 命令浏览表中的数据。

命令格式：

```
BROWSE
```

（3）在数据库设计器中浏览

如果是数据库表，在数据库设计器中右击数据库表，在弹出的快捷菜单中选择"浏览"命令。

注意：在表的浏览状态下，有浏览和编辑两种显示形式，两种显示形式的切换方式在"显示"菜单中选择"浏览"命令或"编辑"命令进行切换。

2.3.6　表记录的删除

表中记录的删除包括逻辑删除和物理删除，逻辑删除记录是给要删除的记录加删除标记，逻辑删除的记录还可以恢复，即去掉删除标记。物理删除记录是将记录从表中真正删除，物理删除的记录不能再恢复。

1．逻辑删除记录

（1）菜单方式

在表浏览状态下选择"表"菜单中的"删除记录"命令，显示如图 2-12 所示的"删除"对话框，在"作用范围"下拉列表框中选择要删除记录的范围，在 For 文本框或 While 文本框中输入要删除记录满足的条件，单击【删除】按钮。图 2-13 给出了逻辑删除 XSB.DBF 表中所有女生记录后，XSB.DBF 表在浏览状态下的例子。

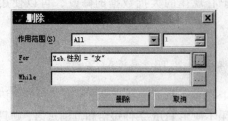

图 2-12　"删除"对话框　　　　　　图 2-13　逻辑删除记录示例

（2）命令方式

用 DELETE 命令逻辑删除表中的记录。

命令格式：

```
DELETE [FOR <条件>] [<范围>]
```

命令功能：逻辑删除指定范围内满足条件的记录，不给出范围和条件短语时，表示只删除当前记录。

可以用 DELETE( )函数检测记录的删除标记，如果带删除标记，函数返回值为.T.，否则函数返回值为.F.。

例如：逻辑删除 XSB.DBF 表中第 3 条记录，并测试 DELETE( )函数的值。

```
DELETE  RECORD 3
?DELETE()
```

2．恢复被逻辑删除记录命令

（1）菜单方式

在表浏览状态下选择"表"菜单中的"恢复记录"命令，显示"恢复记录"对话框，在对话框中选择恢复记录的范围和条件。

（2）命令方式

用 RECALL 命令恢复逻辑删除的记录。

命令格式：

```
RECALL [FOR <条件>] [<范围>]
```

命令功能：恢复（即去掉删除标记）指定范围内满足条件的记录，不给出范围和条件短语时，只恢复当前记录。

例如：恢复 XSB.DBF 表中所有逻辑删除记录。

```
RECALL  ALL
```

3．物理删除命令

（1）菜单方式

在表浏览状态下选择"表"菜单中的"彻底删除"命令。

（2）命令方式

格式 1（物理删除带删除标记的记录）：

```
PACK
```

格式 2（直接删除所有记录）：

```
ZAP
```

2.3.7　指针定位

在表中，记录指针用于指向某一条记录，记录指针所指的记录称为当前记录。指针定位是更改记录指针的位置。

在表浏览状态下要更改记录指针，可以单击某条记录，即可将记录指针指向该条记录。

指针定位也可以用命令方式完成。命令方式完成指针定位一般包括绝对定位、相对定位和条件定位 3 种。

1．绝对定位

绝对定位使用 GO 或 GOTO 命令，绝对定位与当前记录无关，GOTO 和 GO 命令是等价的。其命令格式为：

```
GO  n | TOP  | BOTTOM
```

其中：

- n 是记录号，即直接定位到记录号所指的记录。
- TOP 是指当不使用索引时记录号为 1 的记录，使用索引时是索引项排在最前面的记录。
- BOTTOM 是当不使用索引时记录号最大的那条记录，使用索引时索引项排在最后面的记录。

例如：将记录指针指向第 3 条记录，并显示当前记录。

```
GO 3
DISPLAY
```

或

```
3
DISPLAY
```

2．相对定位

在确定当前记录位置的情况下，可以用 SKIP 命令从当前记录向前或向后移动若干条记录，这种记录指针定位方式称为相对定位。

命令格式：

```
SKIP [N]
```

其中，N 可以是正整数或负整数。如果是正整数则从当前记录向后移动 N 条记录，如果是负整数则从当前记录向前移动 N 条记录。SKIP 是按逻辑顺序定位，即如果使用索引时，是按索引项的顺序定位的，不加参数的 SKIP 表示向后移动一条记录。

例如：将记录指针指向第 6 条记录并显示当前记录；将记录指针向前移动 3 条记录并显示当前记录；将记录指针向后移动 4 条记录并显示当前记录。

```
GO 6
DISPLAY
SKIP -3
DISPLAY
SKIP 4
DISPLAY
```

SKIP 通常与循环结构结合使用，表示对表中每一条记录进行操作，常用的结构为：

```
DO WHILE NOT EOF()
    <相关操作>
```

```
        SKIP
        <相关操作>
    ENDDO
```

3．条件定位

LOCATE 是按条件定位记录指针的命令。

命令格式：

```
    LOCATE [范围] FOR <条件>
```

其中，条件是定位的关系表达式或逻辑表达式。

该命令执行后将记录指针定位到指定范围内满足条件的第 1 条记录上。如果没有满足条件的记录，若给出范围短语，则指针指向范围内的最后一条记录，若未给出范围短语，则指针指向表尾。

如果要使指针指向下一条满足 LOCATE FOR 条件的记录，可以使用 CONTINUE 命令。同样，如果没有记录再满足条件，则指针指向表尾。

为了判别 LOCATE 或 CONTINUE 命令是否找到满足条件的记录，可以使用 FOUND()函数测试查找操作是否成功。若找到满足条件的记录，则函数返回.T.，否则返回.F.。

例如：将记录指针定位到非党员的第一条记录并显示该记录。并用 CONTINUE 查找下一条非党员的记录并显示该记录。

```
    LOCATE FOR 是否党员=.F.
    ? FOUND ()
    DISPLAY
    CONTINUE
    ? FOUND ()
    DISPLAY
```

LOCATE 命令常与循环结构结合使用，对表中所有满足条件的记录进行操作，常用的结构为：

```
    LOCATE FOR <条件>
    DO WHILE FOUND()    && 可以用 NOT EOF()代替 FOUND()
        <相关操作>
        CONTINUE
    END DO
```

即首先找到满足条件的第 1 条记录，接着在循环体内进行相关操作，然后使用 CONTINUE 命令找到下一条满足条件的记录，并进行处理。如此循环，一直到没有满足条件的记录为止。

2.3.8 表的打开与关闭

表的打开与关闭可以通过菜单方式和命令方式实现。

1．表的打开

（1）菜单方式

选择"文件"菜单中的"打开"命令，在"打开"对话框中选择打开文件的类型为"表(*.dbf)"，选择要打开的表文件，单击【确定】按钮。或选择"窗口"菜单中的"数据工作期"命令，在打开的"数据工作期"窗口中单击【打开】按钮。

注意：在"打开"对话框中，打开表文件时，选择"独占"复选框，否则表是以只读方式打开的，不能修改。

（2）命令方式

使用 USE 命令打开表。

命令格式：

```
USE <表文件名>
```

2．表的关闭

当新建一个表或打开一个表时，原来打开的表会自动关闭，也可以用命令方式关闭表。

命令格式：

```
USE
```

另外，也可以在"数据工作期"窗口中选择要关闭的表，单击【关闭】按钮。

2.3.9　表的复制

表的复制可以只复制表的结构，也可以同时复制表的结构和表中的记录。

1．复制表的结构

复制表结构是将当前表的结构复制到指定的表中。命令格式为：

```
COPY STRUCTURE TO <新表名> [FIELDS <字段名表>]
```

执行复制结构操作后，新的表处于关闭状态，要使用命令操作表，需要首先打开表。

例如：打开 XSB.DBF 表，复制其结构到表 XS.DBF 中，XS.DBF 表中包括学号、姓名和入学成绩三个字段。打开 XS.DBF 表，显示表结构。

```
USE XSB
COPY STRUCTURE TO XS FIELDS 学号,姓名,入学成绩
USE
USE XS
LIST STRUCTURE
USE
```

2．复制表

复制表是将当前表的结构和数据一起复制到指定的表中。命令格式为：

```
COPY TO <新表名> [FIELDS <字段名表>] [<范围>] [FOR <条件>]
```

执行表复制操作后，新的表处于关闭状态，要使用命令操作表，需要首先打开表。

例如：复制 XSB.DBF 表中女生记录到 X.DBF 表中。

```
COPY TO X FOR 性别="女"
USE X
LIST
USE
```

3．从其他文件向表中添加数据

使用 APPEND FROM 命令可以从其他表文件中添加数据到当前打开的表中，新的数据添加在表的末尾。命令格式为：

```
APPEND FROM <表文件名> [FIELDS <字段名表>] [FOR <条件>]
```

- 表文件名所指出的表是提供数据的表。
- 如果在命令中给出了 FIELDS <字段名表>选项，数据只添加到<字段名表>中给出的 字段中。
- 原表文件中的字段和提供数据的表中字段在字段类型、宽度和顺序上要一一对应。

例如：将 XSB.DBF 表中的数据添加到 XS.DBF 表中。

```
USE XS
APPEND FROM XSB FIELDS 学号,姓名,入学成绩
LIST
USE
```

4．表和数组间数据的传递

表和数组间数据的传递，即可以将表中一条记录的数据传送到数组中，也可以将数组中的数据作为一条记录的值传送到表中。即可以将表中多条记录的数据传送到数组中，也可以将数组中的一批数据传送到表中。

（1）将表中数据传送到数组中

将表中数据传送到数组中使用 SCATTER 命令，命令格式为：

```
SCATTER [FIELDS <字段名表>] TO <数组名>
```

命令中如果给出了 FIELDS <字段名表>选项，就按<字段名表>的顺序将当前记录指定字段的值依次存入数组，如果没有给出 FIELDS <字段名表>选项，将按表中字段的顺序将当前记录中除备注型和通用型字段以外的字段值依次存入数组。

例如：将 XSB.DBF 表中第 2 条记录的学号、姓名和入学成绩字段的值传送到数组 AX 中。

```
USE XSB
GO 2
SCATTER TO AX FIELDS 学号,姓名,入学成绩
?AX(1),AX(2),AX(3)
USE
```

（2）将数组中数据传送到表中

将数组中数据传送到表中使用 GATHER 命令，命令格式为：

```
GATHER FROM <数组名> [FIELDS <字段名表>]
```

命令中如果给出 FIELDS<字段名表>选项，命令就只向指定的字段中添加数据，如果未指定 FIELDS <字段名表>选项，命令就按表中字段顺序添加数据。

例如：将上面例题中数组 AX 中的数据添加到表 XS.DBF 中。

```
USE XS
APPEND BLANK
GATHER FROM AX
LIST
USE
```

（3）将表中的一批数据传送到数组中

命令格式为：

```
COPY TO ARRAY <数组名> [FIELDS <字段名表>] [<范围>] [FOR <条件>]
```

命令功能是将当前打开的表中，指定范围内满足条件的记录复制到指定的数组中。

例如：将 XSB.DBF 表中男生学号、姓名和入学成绩字段的值传送到数组 BX 中。

```
USE XSB
COPY TO ARRAY BX FIELDS 学号,姓名,入学成绩
?BX(1,1),BX(1,2),BX(1,3)
?BX(2,1),BX(2,2),BX(2,3)
USE
```

（4）将数组中的一批数据传送到表中

命令格式为：

```
APPEND FROM ARRAY <数组名> [FIELDS <字段名表>] [FOR <条件>]
```

命令功能是将满足条件的数组中的数据按记录形式依次添加到当前打开的表中。

例如：将上面例题中 BX 数组中的数据传送到表 XS.DBF 中。

```
USE XS
LIST
APPEND FROM ARRAY BX FIELDS 学号,姓名,入学成绩
```

```
LIST
USE
```

2.3.10　自由表

不属于数据库而单独存在的表是自由表。自由表和数据库表的操作命令基本是通用的。前面讲到的对表操作的命令，包括表的建立、表的修改、显示、指针定位、追加、删除等操作，对数据库表和自由表的使用规则是相同的。

自由表与数据库表的主要区别表现在以下几方面：

- 数据库表可以使用长表名，在表中可以使用长字段名。
- 自由表不能建立主索引，而数据库表可以建立主索引。
- 数据库表间可以建立永久关系，而自由表间只可以建立临时关系。
- 数据库表可以建立字段有效性规则等，而自由表不可以。

1. 添加自由表到数据库中

自由表可以添加到数据库中，归数据库管理，成为数据库表。

（1）在数据库设计器中添加表

打开数据库设计器，右击数据库的空白区域，在弹出的快捷菜单中选择"添加表"命令，显示"打开"对话框，在"打开"对话框中选择要添加的表，单击【确定】按钮。

（2）命令方式

可以使用 ADD TABLE 命令添加一个自由表到当前数据库中。

命令格式：

```
ADD  TABLE  [<自由表名>|?]
```

注意：不能把已经存在于其他数据库中的表添加到当前数据库中。否则，添加表时会给出如图 2-14 所示的提示框。

图 2-14　添加非自由表的提示框

（3）菜单方式

打开数据库设计器，选择"数据库"菜单中的"添加表"命令，在"打开"对话框中选择要添加的表，单击【确定】按钮。

例如：建立自由表 XZ.DBF，表结构和表数据自己规定。将其添加到学生数据库.DBC 中。

```
SET DATABASE TO
CREATE XZ
MODIFY DATABASE 学生数据库
ADD TABLE XZ
```

2. 从数据库中移出表

（1）在数据库设计器中移出表

打开数据库设计器，右击要移出数据库的表，在弹出的快捷菜单中选择"删除"命令，显示如图 2-15 所示的对话框，在对话框中选择要完成的操作。其中，【移去】按钮表示将表移出数据库，成为自由表；【删除】按钮表示将表移出数据库的同时，删除该表；【取消】按钮表示取消移出表的操作。

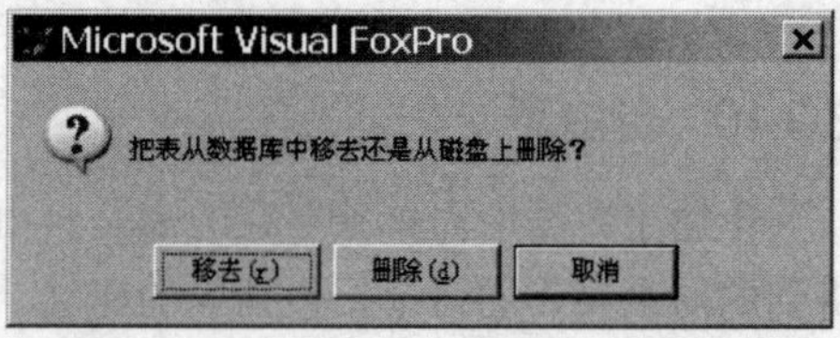

（2）命令方式

可以使用 REMOVE TABLE 命令将表从数据库中移出。

命令格式：

```
REMOVE TABLE <表名> [<DELETE>] [<RECYCLE>]
```

其中：

DELETE：表示移出表的同时删除表。

RECYCLE：表示将删除的内容放入回收站。

（3）菜单方式

在数据库设计器中单击要移去的表，选择"数据库"菜单中的"移去"命令，在显示的对话框中单击【移去】按钮。

例如：从学生数据库.DBC 中将 XZ. DBF 移出。

```
REMOVE TABLE XZ
```

3. 删除自由表

删除自由表使用 DELETE FILE 命令，命令格式为：

```
DELETE FILE 表名
```

例如：删除 XZ.DBF 表。

```
DELETE FILE XZ.DBF
```

2.3.11 工作区与同时使用多个表

1. 工作区的概念

在 Visual FoxPro 中事先分配好若干个工作区，可以将一个表在任意工作区中打开，并通过工作区引用指定的表或表中的字段。

2. 工作区的表示

工作区可以用工作区号表示，最小的工作区号用 1 表示，最大的工作区号用 32 767 表示。

另外，工作区的表示也可以用别名表示，别名可以是系统规定的工作区别名，用 A～J 表示前 10 个工作区，用 W11～W32767 表示其他工作区。别名也可以由用户定义，在使用 USE 命令打开表的同时，确定打开的表所在工作区的别名，即在打开表的命令中使用了 ALIAS 短语指定别名。

例如：

```
USE XSB    ALIAS   XB
```

则表示 XB 为 XSB 表所在工作区的别名。也可以省略 ALIAS 短语，此时的表名就是工作区的别名。

3. 指定工作区

指定工作区使用 SELECT 命令。

命令格式：

```
SELECT <工作区号 >| <工作区别名>
```

图 2-15　移出表对话框

其中，工作区号是一个大于等于 0 的数字，用于指定工作区号。如果这里指定为 0，则选择编号最小的尚未使用的工作区；工作区别名可以是系统规定的别名，也可以是打开表时用户指定的别名。

4．使用不同工作区的表

除了可以用 SELECT 命令切换工作区使用不同的表以外，Visual FoxPro 也允许在一个工作区中使用另外一个工作区中的表。

在打开表时选择 IN 短语，可以在当前工作区不变的情况下在 IN 短语指出的工作区中打开表，其命令格式为：

```
IN  <工作区号> | <别名>
```

例如：

```
SELECT 1
USE XSB
USE XSCJB IN 2
```

表示在 1 号工作区打开表 XSB，在 2 号工作区打开表 XSCJB，但当前工作区仍然是 1 号工作区。

在一个工作区中还可以通过别名来引用另一个工作区中表的字段，其具体方法是在别名后加上分隔符"."或"->"，后接字段名。

例如：

```
SELECT 1
B.成绩
```

或

```
SELECT 1
XSCJB->成绩
```

表示在 1 号工作区中使用 2 号工作区中 XSCJB 表的"成绩"字段。

5．使用数据工作期

"数据工作期"窗口对多表操作提供了便利条件。在"数据工作期"窗口中，可以方便的打开表、关闭表、浏览表，还可以对已经排序的两个表建立关系。

选择"窗口"菜单中的"数据工作期"命令，可以打开"数据工作期"窗口，如图 2-16 所示。

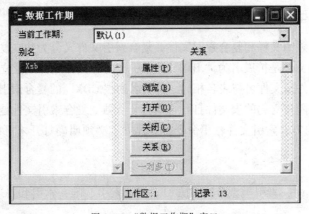

图 2-16　"数据工作期"窗口

6．表之间的临时关系

在两个表之间可以建立临时关系，要求两个表要有共同的关键字并分别用关键字建立了索引，可以用 SET RELATION 命令建立临时关系。SET RELATION 命令格式为：

```
SET RELATION TO 索引关键字 INTO 别名|工作区号
```

已经建立了临时关系，可以使用 SET RELATION 命令取消临时关系，其命令格式为：

```
SET RELATION TO
```

2.4 表的索引

2.4.1 索引概述

索引是一种快速查询和定位技术。如果要按特定的顺序定位、查看或操作表中的记录，可以通过索引完成相关的操作。在 Visual FoxPro 中，索引不仅提供一种排序机制，还提供关键字技术。所以用好索引技术可以为开发应用程序提供很大的灵活性。根据应用程序的要求，可以灵活地对同一个表创建和使用不同的索引，以便按不同的顺序处理记录。

Visual FoxPro 索引是由指针构成的文件，这些指针逻辑上按照索引关键字的值进行排序。索引文件和表文件分别存储，并不改变表中记录的物理顺序。实际上，创建索引是创建一个由指向 DBF 文件记录的指针构成的文件。如果要根据特定顺序处理表记录，可以选择一个相应的索引。

2.4.2 索引关键字

1．关键字

如果一个字段集的值能唯一标识表中的记录而又不含有多余的字段，则称该字段集为候选关键字。一个表中可以有多个候选关键字，可以选择其中一个作为主关键字，简称关键字。每一个表都有且只有一个主关键字。

在 Visual FoxPro 中，用候选索引表示候选关键字，用主索引表示主关键字。

2．外部关键字

如果一个字段集不是所在表的关键字，而是其他表的关键字，则称该字段集为外部关键字。外部关键字常用来实现表与表之间的关系和表与表之间的参照完整性。

2.4.3 索引文件类型

索引文件分为单索引文件和复合索引文件，复合索引文件又分为独立复合索引文件和结构复合索引文件。单索引文件是扩展名为".IDX"的索引文件，用命令方式建立，必须用命令明确打开。结构复合索引文件是文件名与表名相同，扩展名为".CDX"的复合索引文件，用命令方式和表设计器均可建立，随建立起的表文件打开自动打开。独立复合索引文件是文件名与表名不同，扩展名为".CDX"的复合索引文件，用命令方式建立，必须明确打开才可以使用。

2.4.4 索引类型

在 Visual FoxPro 中，索引类型分为主索引、候选索引、唯一索引和普通索引 4 种。

1．主索引

在 Visual FoxPro 中，主索引的重要作用在于它的主关键字特性，主关键字的特性如下：

● 主索引只能在数据库表中建立且只能建立一个。

- 被索引的字段值不允许出现重复的值。
- 被索引的字段值不允许为空值。

如果一个表为空表，那么可以在这个表上直接建立一个主索引。如果一个表中已经有记录，并且将要建立主索引的字段含有重复的字段值或者有空值，那么 Visual FoxPro 将产生错误信息。如果一定要在这样的字段上建立主索引，则必须先修改有重复字段值的记录或有空值的记录。

2. 候选索引

候选索引和主索引具有相同的特性。建立候选索引的字段可以看做是候选关键字，一个表可以建立多个候选索引。候选索引与主索引一样，要求字段值的唯一性并决定了处理记录的顺序。

在数据库表和自由表中均可以为每个表建立多个候选索引。

3. 唯一索引

唯一索引只在索引文件中保留第一次出现的索引关键字值。唯一索引以指定字段的首次出现值为基础，选定一组记录，并对记录进行排序。

在数据库表和自由表中均可以为每个表建立多个唯一索引。

4. 普通索引

普通索引不仅允许字段中出现重复值，并且索引项中也允许出现重复值。它为每一个记录建立一个索引项，而不管被索引的字段是否有重复记录值。

在数据库表和自由表中均可以为每个表建立多个普通索引。

从以上定义可以看出，主索引和候选索引具有相同的功能，除具有按升序或降序索引的功能外，都还具有关键字的特性。建立主索引或候选索引的字段值可以保证唯一性，它拒绝出现重复的字段值。

2.4.5 索引文件的建立

可以使用 INDEX 命令或在表设计器中建立索引。命令方式可以建立单索引文件、独立复合索引文件和结构复合索引文件，表设计器中建立的索引为结构复合索引。本教材主要介绍结构复合索引文件的建立和使用。

1. 在表设计器中建立结构复合索引

在表设计器中，"索引"选项卡用来建立或编辑索引，主要包含以下内容：

- 索引名：通过索引名使用索引，索引名只要是用户定义的合法名称即可。
- 类型：指定索引类型，可以选择主索引、候选索引、普通索引和唯一索引。
- 表达式：指定索引表达式，可以是包含表中字段的合法表达式。表达式可以是单独的一个字段，如学号；也可以是包含字段的表达式，如 SUBSTR(学号,7,2)；表达式还可以包含多个字段，多个字段类型不同时，需要统一类型，如按性别(C)和出生日期(D)建立索引，则正确的表达式应为性别+DTOC(出生日期)。
- 筛选：指定筛选条件，可以是关系表达式或逻辑表达式，用于限定参加索引的记录。
- 【排序】按钮：单击【排序】按钮，可以更改索引的排序方式。

建立索引时，可以先在表设计器的"字段"选项卡中建立索引方式，在建立索引字段的"索引"下拉列表框中选择"升序"或"降序"，确定索引方式；然后在"索引"选项卡中确定索引的索引名、类型和索引表达式等内容。

例如（在 XSB.DBF 表中按学号建立主索引）：

在数据库设计器中右击要建立索引的表，在弹出的快捷菜单中选择"修改"命令，打开如图 2-17 所示的表设计器，在学号字段名前面按钮处单击，选择索引列表中的升序或降序，选择"索引"选项卡，在如图 2-18 所示的"索引"选项卡中，在"类型"下拉列表框中选择"主索引"选项，单击【确定】按钮，完成按学号建立主索引的操作。

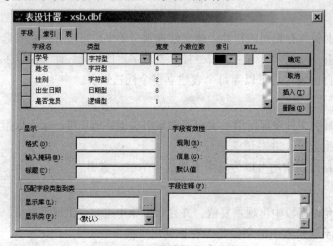

图 2-17　在表设计器中建立索引

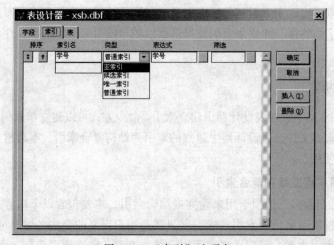

图 2-18　"索引"选项卡

一般来说，主索引用于主关键字字段；候选索引用于那些不作为主关键字但字段值又必须唯一的字段；普通索引一般用于提高查询速度；唯一索引用于一些特殊的程序设计。

索引可以提高查询速度，但是维护索引是要付出代价的。当对表进行插入、删除和修改等操作时，系统会自动维护索引，即索引会降低插入、删除和修改等维护操作的速度。由此看来，建立索引也有个策略问题，并不是说索引可以提高查询速度，就在每个字段上都建立一个索引。

2．用命令建立索引

在 Visual FoxPro 中，一般情况下都可以在表设计器中交互建立索引。但有时需要在程序中临时建立索引，此时就需要用 Index 命令建立索引。

用 Index 命令可以建立单索引文件、结构复合索引文件和独立复合索引文件。

① 用 INDEX 命令建立结构复合索引的命令格式：

```
INDEX ON <索引表达式> TAG <索引名> [UNIQUE | CANDIDATE]
```

其中：

- 索引表达式：可以是字段名，也可以是包含字段名的表达式。
- TAG 索引名：多个索引可以创建在一个索引文件中，标识和使用每个索引时通过索引名使用。索引名的命名符合 Visual FoxPro 中的规定即可。
- UNIQUE：表示建立唯一索引。
- CANDIDATE：表示建立候选索引。
- 无 UNIQUE 和 CANDIDATE 选项：表示建立的是普通索引。

从以上命令格式可以看出，使用 INDEX 命令可以建立普通索引、唯一索引（UNIQUE）和候选索引（CANDIDATE），但不能建立主索引。

结构复合索引文件具有如下特性：

- 在打开表时自动打开。
- 在索引文件中能包含多个用不同索引名标识的索引。
- 在添加、更改或删除记录时自动维护索引。

例如：在 XSB.DBF 表中，分别根据姓名建立候选索引，根据入学成绩建立普通索引。

```
USE XSB
INDEX ON 姓名 TAG XM CANDIDATE
INDEX ON 入学成绩 TAG RXCJ
```

② 用 INDEX 命令建立独立复合索引文件的命令格式：

```
INDEX ON <索引表达式> TAG <索引名> [UNIQUE |
CANDIDATE] OF <索引文件名>
```

例如：建立独立复合索引文件 DL.CDX。要求：在 XSB.DBF 表中，分别根据姓名建立候选索引，根据入学成绩建立普通索引。

```
USE XSB
INDEX ON 姓名 TAG XM CANDIDATE OF DL
INDEX ON 入学成绩 TAG RJ OF DL
```

③ 用 INDEX 命令建立单索引文件的命令格式：

```
INDEX ON <索引表达式> TO <索引文件名>
```

例如：在 XSB.DBF 表中，根据入学成绩建立单索引文件 CJ.IDX。

```
USE XSB
INDEX ON 入学成绩 TO CJ
```

2.4.6　结构复合索引文件的使用

尽管结构复合索引文件在打开表的同时能够自动打开，但是用某个特定索引进行查询或记录需要按某个特定索引顺序显示时，则需要指定索引顺序。

1．菜单方式

在表浏览状态下选择"表"菜单中的"属性"命令，打开如图 2-19 所示的"工作区属性"对话框，在"索引顺序"下拉列表框处选择索引名即可。

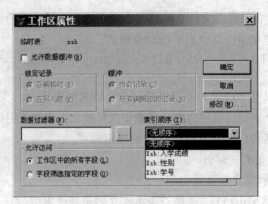

图 2-19 "工作区属性"对话框

2. 命令方式

可以用 SET ORDER 命令指定索引。

命令格式为：

```
SET ORDER TO [<索引序号>| [TAG]<索引名> ] [ASCENDING|
DESCENDING]
```

可以按索引序号或索引名指定当前起作用的索引。在结构复合索引中，索引序号是指建立索引的先后顺序的序号。不管索引是按升序或降序建立的，在使用时都可以用 ASCENDING 或 DESCENDING 指定升序或降序。

2.4.7 使用索引快速查询

当表记录很多时，使用索引可以提高查询速度，将记录指针快速定位到要查询的记录处，可以使用 SEEK 命令来快速定位。

命令格式：

```
SEEK <表达式> [ORDER<索引序号> | [TAG] <索引名>]
```

其中，表达式的值是索引关键字的值。可以用索引序号或索引名指定按哪个索引定位。

例如：当前正在使用 XSB.DBF 表，查找学号为 0202 的记录用法为

```
SEEK "0202" ORDER XH
```

其中，XH 表示在 XSB.DBF 表中根据学号建立索引的索引名。

2.4.8 删除索引

如果某个索引不再使用，可以删除。删除索引可以在表设计器中完成，在"索引"选项卡中先选择要删除的索引，然后单击【删除】按钮。

也可以用命令方式删除复合索引文件中的某一个索引，其命令格式为：

```
DELETE TAG <索引名>
```

如果要删除全部索引，可以使用命令：

```
DELETE TAG ALL
```

如果要删除单索引文件，可以使用命令：

```
DELETE FILE <索引文件名>
```

例如：在 XSB.DBF 表中，删除单索引文件 CJ.IDX。

```
CLOSE ALL
```

DELETE FILE CJ.IDX　　　　&& 扩展名不能省略

2.5　数据完整性

数据完整性是数据库系统中一个很重要的概念，在 Visual FoxPro 中也对数据完整性提供了比较好的支持，提供了保证完整性的方法和手段。

2.5.1　实体完整性与主关键字

实体完整性是保证表中记录唯一的特性，即在一个表中不允许有重复的记录。Visual FoxPro 中使用主关键字（主索引）或候选关键字（候选索引）来保证表中的记录唯一，即保证实体唯一性。

2.5.2　域完整性与约束规则

域完整性包括字段类型的定义，除此之外还包括字段的取值范围等约束规则。字段的约束规则也称做字段有效性规则，在插入或修改字段值时被激活，主要用于数据输入正确性的检验。

比较简单直接的方法是在表设计器中建立字段有效性规则。在如图 2-20 所示的表设计器的"字段"选项卡中，有一组定义字段有效性规则的选项，包括规则、信息和默认值，其中规则是定义字段的有效性规则，用关系表达式或逻辑表达式表示；信息是输入字段值违背字段有效性规则时的提示信息；默认值是新追加或插入记录时字段的默认值。

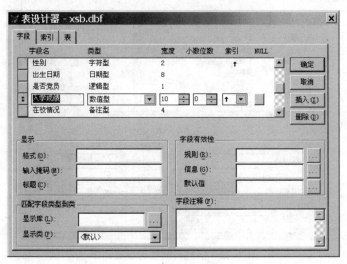

图 2-20　"字段"选项卡

设置字段有效性的具体操作步骤如下：

① 单击要定义字段有效性规则的字段。

② 分别输入和编辑规则、信息及默认值等选项。

字段有效性的"规则"可以直接输入，也可以单击文本框旁的表达式生成器按钮，打开如图 2-21 所示的"表达式生成器"对话框，在对话框中编辑、生成相应的表达式。

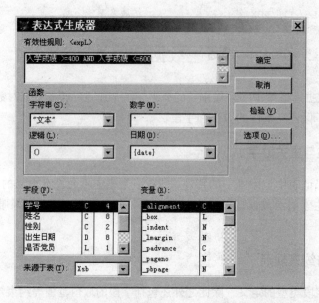

图 2-21 "表达式生成器"对话框

以学生数据库中的 XSB.DBF 表为例，设置入学成绩在 400～700 之间，当输入的入学成绩不在此范围时给出出错信息为"入学成绩的范围在 400～700 之间"，入学成绩的默认值是 500。

在图 2-20 中选择设置字段有效性的字段为"入学成绩"，再依次输入规则、信息和默认值，如图 2-21、图 2-22 所示。

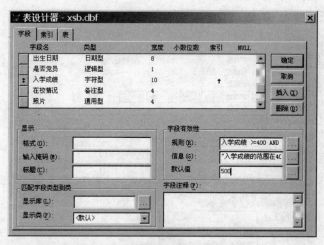

图 2-22 字段有效性的设置结果

注意： 规则是关系或逻辑表达式，信息是字符型表达式，默认值的类型由字段的类型确定。

2.5.3 参照完整性与表之间的关系

在同一个数据库中存在的多个表，可以按照连接字段建立两个表之间的关系，建立关系的两个表之间就可以定义参照完整性。

参照完整性是指当建立关系的表在插入、删除或修改表中的数据时，通过参照引用相互关联的另一个表中的数据，来检查对表的数据操作是否正确。

在 Visual FoxPro 中，为了建立参照完整性，首先建立表之间的关系，其次清理数据库，最后设置参照完整性。

1．建立关系

在 Visual FoxPro 中，建立关系的两个表需要有连接字段，连接字段的字段类型和值域要相同，字段名可以相同，也可以不同。建立关系的两个表，其中一个表用连接字段建立主索引或候选索引，此表通常称为主表或父表，另一个表用连接字段建立普通索引，此表通常称为辅表或子表。

建立索引后，在数据库中，用拖动鼠标的方法，从主索引名或候选索引名处开始拖动鼠标到普通索引名处即可。

建立好关系的表如图 2-23 所示，连接表的符号表示建立的是一对多关系。

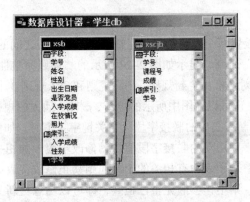

图 2-23　建立好关系的两个表

如果在建立关系时操作有误，随时可以编辑修改关系，操作方法是右击要修改的关系，从弹出的快捷菜单中选择"编辑关系"命令，显示"编辑关系"对话框，如图 2-24 所示。

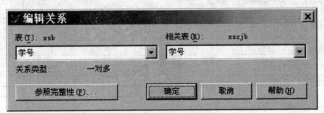

图 2-24　"编辑关系"对话框

也可以右击要修改的关系，从弹出的快捷菜单中选择"删除关系"命令，删除两个表间的关系。

2．清理数据库

建立好关系的两个表，在设置参照完整性之前，需要首先清理数据库。清理数据库的方法是选择"数据库"菜单中"清理数据库"命令。

注意：在清理数据库时，如果出现如图 2-25 所示的提示对话框，表示数据库中的表处于打开状态，需要关闭后才能正常完成清理数据库操作。可以在"数据工作期"窗口中关闭表，选择"窗口"菜单中的"数据工作期"命令，显示如图 2-26 所示的"数据工作期"窗口，在窗口中选择要关闭的表，单击【关闭】按钮。

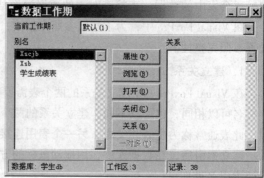

图 2-25　不能正常清理数据库时出现的对话框　　　图 2-26　"数据工作期"窗口

3. 设置参照完整性

清理数据库后，即可设置两个表间的参照完整性了。右击表之间的关系，从弹出的快捷菜单中选择"编辑参照完整性"命令，显示如图 2-27 所示的"参照完整性生成器"对话框。

"参照完整性生成器"对话框由更新规则、删除规则和插入规则 3 个选项卡组成，可以在每个选项卡中选择相应的规则，也可以在图中所示的更新、删除、插入的规则列表中选择相应的规则。

① 更新规则规定当更新父表中的联接字段（主关键字）值时，如何处理相关子表中的记录。

- 如果选择"级联"，则用新的联接字段值自动修改子表中的相关记录。

- 如果选择"限制"，若子表中有相关的记录，则禁止修改父表中的联接字段值。

- 如果选择"忽略"，则不作参照完整性检查，即可以随意更新父表中联接字段的值。

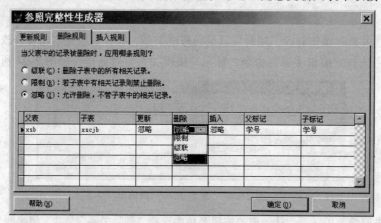

图 2-27　"参照完整性生成器"对话框

② 删除规则规定当删除父表中的记录时，如何处理子表中的相关记录。

- 如果选择"级联"单选按纽，则自动删除子表中的所有相关记录。

- 如果选择"限制"单选按纽，若子表中有相关的记录，则禁止删除父表中的记录。

- 如果选择"忽略"单选按纽，则不进行参照完整性检查，即删除父表中的记录时与子表无关。

③ 插入规则规定当插入子表中的记录时，是否进行参照完整性检查。

- 如果选择"限制"单选按纽，若父表中没有相匹配的联接字段值，则禁止插入子记录。

- 如果选择"忽略"单选按纽，则不进行参照完整性检查，即可以随意插入子记录。

第 3 章　结构化程序设计

学习目标

- 了解结构化程序设计思想。
- 掌握程序文件建立过程。
- 掌握顺序结构程序设计方法。
- 掌握选择结构程序设计方法。
- 掌握循环结构程序设计方法。
- 了解程序模块化设计思想。
- 掌握常用算法。

3.1　程序设计概述

3.1.1　引例

我们经常提到这样的问题，已知圆的半径 R 的值为 3，求圆面积 AREA 的值。这样的问题可以通过在命令窗口中依次输入下列命令实现，其中，PI()是 π 函数。

```
R=3
AREA=PI()*R^2
?AREA
```

这种在命令窗口中解决问题的方式，需要用户掌握专业的计算机知识，在实际应用中并不适用。通常，将上述命令放在一个程序文件中，保存在磁盘上，然后在需要时运行这个程序。程序文件中的命令语句要按照一定的逻辑顺序排列，有层次、先后、功能之分。Visual FoxPro 中程序文件以 ".PRG" 为扩展名保存在磁盘中。

程序设计反映了利用计算机解决问题的全过程，它包含了多方面的内容，而编写程序只是其中的一个方面。利用计算机进行程序设计的基本过程：首先要对问题进行分析并建立数学模型；其次考虑数据的组织形式和算法；然后用某种程序设计语言编写程序；最后调试程序，使程序能产生预期的结果。

3.1.2　结构化程序设计方法

结构化程序设计方法是普遍采用的一种程序设计方法，用结构化方法设计的程序结构清晰，易于阅读和理解，便于调试和维护。结构化程序设计方法是采用自顶向下、逐步求精和模块化的程序设计方法。

自顶向下是指对设计的系统要有一个全面的理解，从问题的全局入手，把一个复杂的问题分解成若干个相互独立的子问题，然后对每个子问题再做进一步的分解，如此重复，直到每个问题都容易解决为止。

逐步求精是指程序设计的过程是一个渐进的过程，把问题细分为若干个子问题，再把每一个子问题细分为一系列的具体步骤，直到能用某种程序设计语言的基本控制语句实现为止。

模块化是结构化程序的重要原则，是指把大的程序按照功能划分为若干个较小的程序模块，在这些模块中，通常存在一个主控模块和多个子模块。主控模块和子模块是相对的，而其中的子模块又可以作为其下一层子模块的主控模块，如图 3-1 所示。

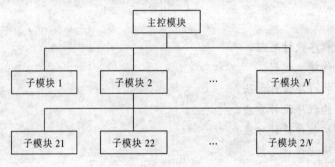

图 3-1　程序的模块化

3.1.3　程序的控制结构

结构化程序设计由顺序结构、选择结构和循环结构 3 种基本控制结构组成。

顺序结构是指程序执行时，按照语句的排列顺序依次执行程序中每一条语句，如图 3-2 所示。

选择结构是根据条件选择执行某些语句。在选择结构中存在判断的条件，根据条件的结果决定执行哪些程序语句，如图 3-3 所示。

循环结构是重复执行某些语句，这些被重复执行的语句通常称为循环体。在循环结构中存在循环的条件，当满足循环条件时执行循环体，直到循环条件不成立时，结束循环语句的执行，如图 3-4 所示。

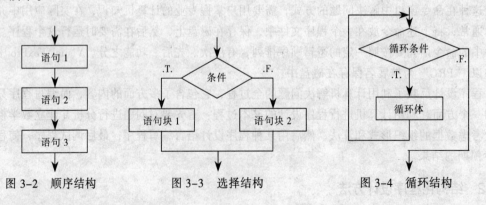

图 3-2　顺序结构　　　　图 3-3　选择结构　　　　图 3-4　循环结构

3.1.4　程序文件的建立

Visual FoxPro 程序文件是文本文件，可以用能够编辑文本文件的任何编辑软件建立或修改程序文件。这里介绍在 Visual FoxPro 中建立程序文件的方法。建立程序文件的具体过程包括建立程序文件、输入程序语句、保存后运行等基本过程。

1. 建立程序文件

（1）菜单方式

选择"文件"菜单中的"新建"命令，打开如图 3-5 所示的"新建"对话框，在"新建"对话框中选择"程序"单选按钮，然后单击【新建文件】图标按钮，弹出图 3-6 所示的编辑程序窗口。

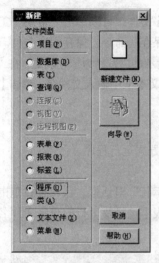

图 3-5 "新建"对话框   图 3-6 编辑程序窗口

（2）命令方式

可以使用 MODIFY COMMAND 命令或 MODIFY FILE 命令在命令窗口中建立程序文件。

命令格式：

```
MODIFY COMMAND  [<程序文件名>|?]
```

或

```
MODIFY FILE  程序文件名.PRG
```

使用 MODIFY COMMAND 可以省略文件名，也可以省略扩展名。如果省略文件名，则直接打开图 3-6 所示的编辑程序窗口。如果使用 MODIFY FILE 命令建立程序文件，则不能省略程序文件扩展名".PRG"。

2. 输入程序语句

在编辑程序窗口中，按顺序输入程序语句。

Visual FoxPro 中的一条语句占一行或多行，一条语句占多行时用分号";"作为续行符，一行只能输入一条语句，每条语句以回车键结束，可以在程序中添加注释，以提高程序的可读性。Visual FoxPro 的注释语句分为两种，用*或 NOTE 作行注释，用&&作语句注释。

例如，在编辑程序窗口中输入下面给出的语句，输入语句后的编辑程序窗口如图 3-7 所示。

```
NOTE 以下程序段完成圆面积功能
R=3                      &&用 R 表示圆的半径
AR=3.14*R^2              &&用 AR 表示圆的面积
?AR                      &&输出圆的面积
```

图 3-7　在编辑程序窗口中输入语句示例

3．保存

在编辑程序窗口中完整输入程序后，一般要先保存再运行程序文件。可以单击"常用"工具栏中的【保存】按钮保存文件，也可以选择"文件"菜单中的"保存"命令，保存程序文件。第一次保存文件时，如果建立文件时未指定文件名，会显示图 3-8 所示的"另存为"对话框。在"保存在"下拉列表框中选择程序文件保存的位置，在"保存文档为"文本框中输入文件名，单击【保存】按钮，保存程序文件。

4．运行

保存好程序文件之后即可运行程序文件了，通常可以用 3 种方式运行程序。

（1）菜单方式

选择"程序"菜单中的"运行"命令，弹出图 3-9 所示的"运行"对话框，从"查找范围"下拉列表框中选择要运行的程序文件保存的位置，然后从文件列表中选择要运行的程序文件名，单击【运行】按钮，运行选择的程序文件。

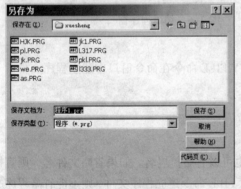

图 3-8　"另存为"对话框　　　　　　　图 3-9　"运行"对话框

（2）命令方式

使用 DO 命令运行程序文件，其命令格式为：

```
DO  <程序文件名>
```

文件的扩展名可以省略。

（3）直接运行

在程序文件编辑状态下，单击"常用"工具栏中的【运行】按钮 ，或用快捷键【Ctrl+E】运行正在编辑的程序文件。

5．程序文件的修改

程序文件建立好后，如果要修改程序文件，可以选择下列方式中的一种方式，打开编辑程序的窗口，并进行修改。程序文件的修改也可采用如下两种方式：

（1）菜单方式

选择"文件"菜单中的"打开"命令，在"打开"对话框"文件类型"下拉列表框中选择"程序(*.prg,*.spr,*mpr,*.qpr)"选项。然后，在文件列表中选择要修改的程序文件名，单击【确定】按钮。

（2）命令方式

```
MODIFY  COMMAND  [<程序文件名>|?]
```

3.2 顺 序 结 构

顺序结构不需要特定的语句来实现，只需要将 Visual FoxPro 中的语句按照合理的逻辑顺序排列组合，即可完成顺序结构的程序设计。采用顺序结构编写程序，需要特别注意语句的逻辑顺序。

编写的程序如果与表无关，程序中的语句通常应该体现以下几个方面：

* 给已知变量赋值。
* 根据数学模型给出正确的语句形式。
* 输出求解结果。

编写的程序如果与表有关，程序中的语句通常体现以下几个方面：

* 打开数据库和相应的表。
* 给出功能语句。
* 关闭表和数据库。

【例 3.1】已知圆的半径 R 的值为 3，求圆的周长 L 和面积 $AREA$。

问题分析：

* 周长与半径的关系为：$L=2\pi R$。
* 面积与半径的关系为：$AREA=\pi R^2$。

将上述问题用 Visual FoxPro 中的语句表达出来，建立程序文件 3.1.PRG，按先后顺序输入程序语句：

```
R=3                                &&给已知变量 R 赋值
L=2*PI()*R                         &&根据 L=2πR 给出正确的语句形式
AREA=PI()*R^2                      &&根据 AREA=πR² 给出正确的语句形式
?"圆的周长为：" , L, "圆的面积为：", AREA    &&输出结果
```

将上述 4 条语句保存在 3.1.PRG 文件中，运行后得到的结果为：

圆的周长为：18.85   圆的面积为：28.2743

【例 3.2】显示 XSB.DBF 表中指定记录号的记录。

问题分析：

* 首先给出要显示记录的记录号。
* 用绝对定位方式定位到指定的记录。
* 显示当前记录。

将上述问题用程序语句表达出来，建立程序文件 3.2.PRG，按顺序输入语句：

```
USE XSB                           &&打开表 XSB
INPUT  "输入要显示记录的记录号" TO RD   &&RD 表示要显示的记录号
GO RD                             &&绝对定位到第 RD 条记录
DISPLAY                          &&显示当前记录
USE                             &&关闭表
```

将上述语句保存在 3.2.PRG 文件中，运行程序时，将 2 赋值给 RD，运行结果如图 3-10 所示。

记录号	学号	姓名	性别	出生日期	入学日期	入学成绩	是否党员	在校情况	照片
2	0102	于洋	男	05/25/83	09/09/05	498	T	memo	gen

图 3-10   例 3.2 运行结果

3.3   选 择 结 构

在 Visual FoxPro 中，选择结构是通过双分支结构语句和多分支结构语句实现的。双分支结构语句只有一个判断条件，用 IF 语句实现；多分支结构语句存在多个判断条件，用 DO CASE 语句实现。

3.3.1   双分支语句

1. 语句格式

```
IF  <条件> [THEN]
     <语句块 1>
[ELSE
     <语句块 2>]
ENDIF
```

2. 语句功能

当程序执行到 IF 语句时，首先对<条件>进行判断，判断结果为逻辑值.T.时，执行<语句块 1>；判断结果为逻辑值.F.时，如果有 ELSE 选项，则执行<语句块 2>，否则直接执行 ENDIF 后面的语句。

3. 说明

● IF<条件>后的 THEN 短语可以有，也可以没有。

● ELSE 短语可以有，也可以没有。若没有 ELSE 短语时，表示只有<条件>判断的结果为.T.时执行<语句块 1>；<条件>判断的结果为.F.时直接结束 IF 语句的执行。

【例 3.3】已知学生成绩用 MAR 变量表示，在程序运行过程中给 MAR 赋值，若 MAR 的值超过 85 分（包括 85 分），则输出"优秀"，否则输出"良好"。

问题分析：

MAR 的值应该在每次运行时赋不同的值，且为数值型。因此，给 MAR 赋值最好用 INPUT 语句。题目要求根据 MAR 的值是否大于等于 85 输出不同的信息，编程时需要使用选择结构中的 IF 语句。在用 IF 语句解决问题时，首先确定判定条件 MAR>=85。然后确定当条件为.T.时要完成的语句序列，输出"优秀"。确定条件为.F.时要完成的语句序列，输出"良好"。

3.3.PRG 的程序代码为：

```
INPUT  "输入学生成绩"  TO  MAR
IF MAR>=85
     ?"优秀"
ELSE
     ?"良好"
ENDIF
```

【例 3.4】用 W 表示邮件的重量，用 F 表示邮寄邮件的费用，邮费的计算方法为：

$$F=\begin{cases} W\times0.2 & W<20 \\ W\times0.2+(W-20)\times0.5 & W\geqslant20 \end{cases}$$

问题分析：

邮件重量 W 的值每次运行时应该有不同的值，且为数值型，最好用 INPUT 语句赋值。邮费 F 的值根据重量 W 的值求解，由题中给出的关系式可知，应该用 IF 语句。其中，$F=W\times0.2$ 在 W 的值小于 20 和大于等于 20 的情况下都必须计算，可以采用无 ELSE 短语的 IF 语句。

3.4.PRG 的程序代码为：

```
INPUT "输入邮件重量" TO W
F=W*0.2
IF W>=20
    F=W*0.2+(W-20)*0.5
ENDIF
?"应付邮费为: ",F
```

3.3.2　选择结构的嵌套

1．引例

在用 IF 语句解决实际问题时，经常遇到类似这样的问题：根据学生成绩 MAR 的值，分别输出"优"、"良"、"中"、"及格"和"不及格"。具体规则为：MAR 的值在 90 以上，输出"优"；MAR 的值大于等于 80 且小于 90，输出"良"；MAR 的值大于等于 70 且小于 80，输出"中"；MAR 的值大于等于 60 且小于 70，输出"及格"；MAR 的值在 60 以下，输出"不及格"。这样的问题可以通过 IF 语句的嵌套形式来实现。IF 语句的嵌套形式是在<语句块 1>或<语句块 2>中又完整地包含一个 IF 语句。

2．IF 语句嵌套形式

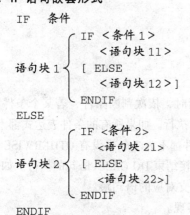

```
IF   条件
语句块 1  IF <条件 1>
              <语句块 11>
          [ ELSE
              <语句块 12>]
          ENDIF
ELSE
语句块 2  IF <条件 2>
              <语句块 21>
          [ ELSE
              <语句块 22>]
          ENDIF
ENDIF
```

【例 3.5】将引例用 IF 语句嵌套的形式实现。

3.5.PRG 的程序代码为：

```
INPUT "输入学生成绩" TO MAR
IF MAR>=90
    ?"优"
ELSE
    IF MAR>=80
```

```
            ?"良"
    ELSE
        IF MAR>=70
            ?"中"
        ELSE
            IF MAR>=60
                ?"及格"
            ELSE
                ?"不及格"
            ENDIF
        ENDIF
    ENDIF
ENDIF
```

在用 IF 语句嵌套形式时，IF 和 ENDIF 必须成对出现，在书写形式上可以采用缩进形式，增强程序的可读性。

3.3.3 多分支语句

用 IF 语句的嵌套形式解决问题时，可以解决多个条件的问题，但在使用时容易出错，用多分支语句 DO CASE 更方便一些。

1. 语句格式

```
DO CASE
    CASE<条件 1>
        <语句块 1>
    CASE<条件 2>
        <语句块 2>
        ...
    CASE<条件 N>
        <语句块 N>
    [OTHERWISE
        <语句块 N+1>]
ENDCASE
```

2. 语句功能

该语句根据需要可以有多个判断的条件，程序执行时，依次判断条件，若某个条件为逻辑值.T.，就执行相应的语句块，然后结束 DO CASE 语句的执行。如果所有的条件表达式都不为.T.，则执行 OTHERWISE 对应的语句块 N+1；如果所有的条件都不为.T.，也没有 OTHERWISE 选项，则不执行任何 DO CASE 和 ENDCASE 之间的语句块，直接结束 DO CASE 语句的执行。如果可能有多个条件为.T.，则只执行第一个条件为.T.的 CASE 分支对应的语句块。

【例 3.6】将 3.3.2 节引例的问题用 DO CASE 语句实现。

3.6.PRG 的程序代码为：

```
INPUT "输入学生成绩" TO MAR
DO CASE
    CASE MAR>=90
        ?"优"
    CASE MAR>=80
        ?"良"
```

```
    CASE MAR>=70
        ?"中"
    CASE MAR>=60
        ?"及格"
    OTHERWISE
        ?"不及格"
ENDCASE
```

在使用多分支语句时,注意判断条件的顺序为从第一个条件开始顺次判断,当某一个条件为.T. 时,执行对应的语句块,然后结束整个 DO CASE 语句的执行。因此,条件判断的顺序要正确给出。 想一想,为什么下面的条件顺序不能得到预期的结果。

```
INPUT "输入学生成绩" TO MAR
DO CASE
    CASE MAR>=60
        ?" 及格"
    CASE MAR>=70
        ?" 中"
    CASE MAR>=80
        ?" 良 "
    CASE MAR>=90
        ?" 优"
    OTHERWISE
        ?"不及格"
ENDCASE
```

3.4 循 环 结 构

循环语句是所有程序设计语言中最重要的语句,也是比较难理解的语句。它实现一种重复结构,使得部分语句可以反复执行,从而提高程序设计的效率。Visual FoxPro 提供了 3 种循环语句, 分别是 DO WHILE 语句、FOR 语句和 SCAN 语句。其中,DO WHILE 语句能够完成循环次数不确定的循环结构编程,可以用于表和非表编程;FOR 语句通常完成循环次数确定的循环结构编程, 通常用于非表编程,也可以用于表的编程;SCAN 语句只能用于表的编程。

3.4.1 引例

运动会跑 10 000m,标准跑道一圈为 400m,需要重复跑 25 圈。现假设 s 为已经跑的距离, CN 为已经跑的圈数,在发令之前,s 和 CN 的值均为 0。当圈数小于 25 时,每跑一圈,s=s+400, CN=CN+1,够 25 圈,结束。在这个问题中,s=s+400,CN=CN+1 是要重复执行的语句,用循环结构解决是最好的方法。

3.4.2 DO WHILE 语句

1. 语句格式

```
DO WHILE <条件>
    <循环体>
ENDDO
```

2．语句功能

程序执行到 DO WHILE 语句时，首先判断条件，当条件为.T.时，执行循环体，遇到 ENDDO 语句时转到 DO WHILE 语句的条件处，再次对条件进行判断，这个过程一直在重复，直到 DO WHILE 后面的条件为.F.时结束循环语句的执行。

【例 3.7】将引例的问题用 DO WHILE 语句实现。

3.7.PRG 的程序代码为：

```
CLEAR
STORE 0 TO s,CN
DO WHILE CN<25
   s=s+400
   CN=CN+1
ENDDO
?"跑的距离为:",S
?"跑的圈数为:",CN
```

程序运行的结果为：

```
跑的距离为: 10000
跑的圈数为: 25
```

DO WHILE 语句是一种循环次数不确定的循环语句,只要循环的条件为.T.就重复执行循环体。在循环条件中出现的变量用来控制循环的执行，称其为循环变量。另外需要注意如下几项：

● 在循环体中应该有改变循环条件状态的语句，否则循环语句将不会停止，如例 3.7 中的语句 "CN=CN+1"。

● 如果循环语句在开始时的条件就为.F.，则循环体不被执行。为此，在 DO WHILE 语句之前应该有适当的循环变量初始化语句，如例 3.7 中的语句 "STORE 0 TO S,CN"。

【例 3.8】用 DO WHILE 语句显示 XSB.DBF 表中男同学的学号、姓名和性别字段的值。

解法一问题分析：

用循环语句显示表中男同学的记录,可以用 NOT EOF()作为循环的条件,在循环体中使用 SKIP 语句移动记录指针；在循环体中显示男同学的信息，用 IF 语句判断性别字段的值，如果当前记录性别字段的值为"男"，则显示其学号、姓名和性别字段的值。

3.8a.PRG 的程序代码为：

```
USE  XSB
DO WHILE  NOT EOF()
   IF 性别="男"
      ?学号,姓名,性别
   ENDIF
   SKIP
ENDDO
USE
```

程序中用记录指针位置来控制循环，当 NOT EOF()为真时，表示记录指针未在表尾，即指向表中的某条记录，用 SKIP 语句使记录指针指向下一条记录。

通常用下列语句组对表中的每一条记录完成相关操作：

```
USE  表名
DO WHILE  NOT EOF()
  <相关操作>
  SKIP
```

```
ENDDO
USE
```

解法二问题分析：

用 LOCATE　FOR 语句使记录指针指向 XSB.DBF 表中性别字段值为"男"的第一条记录，用
NOT EOF()作为循环条件，在循环体中用 CONTINUE 找其他满足条件的记录。

3.8b.PRG 的程序代码为：

```
USE  XSB
LOCATE FOR 性别="男"
DO WHILE  NOT EOF()
   DISP 学号,姓名,性别
   CONTINUE
ENDDO
USE
```

通常用下列语句组对表中满足条件的记录完成相关操作：

```
USE  表名
LOCATE FOR 条件
DO WHILE  NOT EOF()              &&或 DO WHILE FOUND()
     <相关操作>
     CONTINUE
ENDDO
USE
```

3.4.3　FOR 语句

1. 语句格式

```
FOR   循环变量=<初始值> TO <终止值> [STEP<步长>]
     <循环体>
ENDFOR|NEXT
```

2. 语句说明

FOR 语句中循环变量的初始值可以小于等于终止值，此时步长值应该大于等于 1；循环变量
的初始值也可以大于等于终止值，此时步长值应该小于等于-1，步长应为非零的整数。步长为 1
时，可以省略"STEP 1"。下面将以初始值小于等于终止值为例说明 FOR 语句的功能。

3. 语句功能

在执行 FOR 语句时，首先检查 FOR 语句中循环变量的初值、终值和步长的正确性，如果不
正确，FOR 语句一次也不执行；如果正确，则按下面给出的方式执行 FOR 语句。

① 给循环变量赋初始值。

② 当循环变量的值小于等于终止值时，执行循环体。

③ 遇到 ENDFOR 或 NEXT 语句，按步长修改循环变量的值。

④ 返回到步骤（2），对循环变量的值与终止值比较，如果小于等于终止值时，执行循环体，
如果大于终止值时，结束 FOR 循环语句的执行。

如果初始循环变量的值大于终止值，则循环体不被执行。

【例 3.9】用 FOR 语句完成 3.4.1 小节引例问题。

3.9.PRG 的程序代码为：

```
CLEAR
```

```
STORE 0 TO S
FOR CN=0 TO 24
    S=S+400
ENDFOR                          && 也可以用 NEXT
?"跑的距离为:",S
?"跑的圈数为:",CN
```

程序运行的结果为：

```
跑的距离为: 10000
跑的圈数为: 25
```

【例 3.10】用 FOR 语句显示 XSB.DBF 表中男同学的学号、姓名和性别字段的值。

3.10.PRG 的程序代码为：

```
USE XSB
    CC=RECCOUNT()                  &&用 RECCOUNT()函数求出表中共有多少条记录
    FOR I=1 TO CC                  &&省略 "STEP 1"
        IF 性别='男'
            ?学号,姓名,性别
        ENDIF
        SKIP
    ENDFOR
USE
```

程序首先得到表文件中的记录个数（CC），然后使用 FOR 循环逐条处理每条记录。

以上两种循环语句是通用的程序设计语句，可以用于对表记录的循环处理，也可以用于非表循环处理。下面要介绍的 SCAN 循环语句，只能用于对表记录的循环处理。

3.4.4 SCAN 语句

1. 语句格式

```
SCAN [范围] [FOR<条件>]|[WHILE<条件>]
    <循环体>
ENDSCAN
```

SCAN 语句使用 FOR<条件>或 WHILE<条件>对表中满足条件的记录进行循环处理。

2. 语句功能

在表中对指定范围内满足条件的每一条记录完成循环体的操作。

注意：

- 每处理一条记录后，记录指针指向下一条记录。
- FOR <条件>表示从表头至表尾检查全部满足条件的记录。
- WHILE <条件>表示从当前记录开始，当遇到第一个使<条件>为.F.的记录时，循环立刻结束。

【例 3.11】显示 XSB.DBF 表中的男生信息。

3.11.PRG 的程序代码为：

```
USE XSB
SCAN FOR 性别 = "男"
    DISP
ENDSCAN
USE
```

3.4.5 LOOP 语句和 EXIT 语句

LOOP 语句和 EXIT 语句可以用在循环语句中。LOOP 语句用于结束本次循环，进入下一次循环的判断；EXIT 语句用于结束循环语句。LOOP 语句和 EXIT 语句一般与条件语句连用。

【例 3.12】求 1+3+5+…+99 的和。

解法一　3.12a.PRG 的程序代码为：

```
CLEAR
S=0
FOR J=1 TO 99  STEP 2
   S=S+J
ENDFOR
?S
```

解法二　3.12b.PRG 的程序代码为：

```
CLEAR
S=0
FOR J=1 TO 99
   IF MOD(J,2)=0
      LOOP
   ENDIF
   S=S+J
ENDFOR
?S
```

【例 3.13】求 1+2+…+100 的和，当和的值超过 1 000 时，结束求和。

3.13.PRG 的程序代码为：

```
CLEAR
S=0
FOR J=1 TO 100
   S=S+J
   IF S>1000
      EXIT
   ENDIF
ENDFOR
?S,I
```

3.4.6 循环的嵌套

在循环语句中，其循环体又包含一个完整的循环语句，称为循环的嵌套。

命令格式：

```
DO WHILE
   …
   DO WHILE
      …
   ENDDO
   …
ENDDO
```

或

```
FOR
   …
```

```
         FOR
         ...
         ENDFOR
         ...
     ENDFOR
```

在用循环语句嵌套形式编程时，应注意 DO WHILE 与 ENDDO、FOR 与 ENDFOR 应该成对出现，注意循环变量不能混用，否则得不到预期的结果。

【例 3.14】编程输出图形：

```
*****
*****
*****
*****
```

3.14.PRG 的程序代码为：

```
CLEAR
FOR J=1 TO 4                    &&共输出的行数
  ?SPACE(20)                    &&换行并控制每行输出的开始位置
  FOR I=1 TO 5                  &&每行输出"*"的个数
    ??"*"
  ENDFOR
ENDFOR
```

3.5 程序的模块化设计

在程序设计过程中，通常将一个大的功能模块划分为若干个小的模块，这种程序设计思想就是程序的模块化设计。在 Visual FoxPro 中，模块化程序设计体现在过程、子程序和自定义函数的运用，它们都是一段具有独立功能的程序代码。在模块化程序设计过程中，需要在一个模块中调用另一个模块，被调用模块称为过程、子程序或自定义函数，发出调用命令的模块称为主模块或主程序。

3.5.1 子程序

子程序文件也是程序文件，其扩展名为.PRG，与程序文件的扩展名相同，其建立方法与前面讲的程序文件建立方法相同，在子程序中必须有 RETURN 语句，用于正常返回调用程序。

RETURN 语句格式：

```
RETURN [TO MASTER]
```

其中，TO MASTER 短语表示返回最高一级的调用程序，无此短语时表示返回调用程序。

子程序文件格式：

```
[PARAMETERS 形参列表]
   <子程序语句>
RETURN
```

其中，形参列表为可选项，如果需要由主程序传递参数给子程序，就需要选择形参列表。

在主程序中调用子程序的命令为：

```
DO 子程序文件名 [WITH 实参列表]
```

其中，主程序中的实参列表与子程序中的形参列表的参数个数、对应参数的类型要一致，实参列表可以是常量、变量和表达式。在调用时，首先将实参的值传递给形参，然后程序执行转到子程序中执行，子程序执行结束后返回主程序时，如果实参为变量，则形参的值再传递给实参。

【例 3.15】将求圆的面积功能用子程序完成，在主程序中调用该子程序。

主程序 3.15.PRG 的程序代码为：

```
NOTE 主程序 3.15.PRG
CLEAR
INPUT " 输入半径的值"  TO  R
DO AR  WITH  R
?"圆的面积为:",R
```

子程序 AR.PRG 的程序代码为：

```
NOTE 子程序 AR.PRG
PARAMETERS X
    AREA=3.14*X*X
    X=AREA
RETURN
```

运行主程序 3.15.PRG，当执行到 "DO AR WITH R" 语句时，程序执行转到子程序 AR.PRG，首先将实参 R 的值传递给形参 X，再执行子程序 AR.PRG，在 AR.PRG 子程序中，遇到 RETURN 语句时，将形参 X 的值传递给实参 R，并返回到主程序调用语句的下一条语句继续执行。

3.5.2 过程

过程与子程序一样，具有独立的功能，但形式不同。过程可以与主程序在同一个程序文件中存在，也可以单独存在。在本教材中，以与主程序在一个文件中共存为例。

主程序与过程形式：

```
<主程序中的语句>
DO  过程名  [WITH  实参列表]
<主程序中的语句>
PROCEDURE  过程名
  [PARAMETERS  形参列表]
    <过程中的语句>
RETURN
```

【例 3.16】将例 3.15 用过程完成。

主程序和过程 AR 存在于同一个程序文件 3.16.PRG 中，其程序代码为：

```
NOTE 主程序代码
CLEAR
INPUT "输入半径的值"  TO  R
DO AR  WITH  R
?"圆的面积为: ", R
NOTE 过程 AR 的程序代码
PROCEDURE  AR
PARAMETERS  X
    AREA=3.14*X*X
    X=AREA
RETURN
```

3.5.3 自定义函数

用户可以通过自定义函数功能，将某些功能定义为函数，在使用时可以与系统提供的函数一样使用。

自定义函数的形式为：

```
FUNCTION <函数名>
[PARAMETERS  形参列表]
   <命令序列>
RETURN  [<表达式>]
```

在定义自定义函数时，自定义函数名不要与 Visual FoxPro 的内部函数名相同，因为系统只承认内部函数；如果自定义函数包含自变量，应将 PARAMETERS 语句作为函数的第一行语句；自定义函数的结果由 RETURN 语句返回，如果省略表达式，则函数的返回结果是.T.。

自定义函数的调用形式为：

```
<函数名>  (<自变量表>)
```

其中，自变量可以是任何合法的表达式，自变量的个数和自定义函数中 PARAMETER 语句中的变量个数相同，类型相符。

【例 3.17】将求圆的面积和周长功能定义为函数，并在主模块中调用。

3.17.PRG 的程序代码为：

```
NOTE   主程序代码
CLEAR
INPUT "输入圆的半径" TO R
?AR(R)                            &&调用面积函数
?ZC(R)                            &&调用周长函数
NOTE   自定义函数 AR 的代码
FUNCTION AR                       &&圆面积函数
   PARAMETERS X
RETURN 3.14*X*X
NOTE   自定义函数 ZC 的代码
FUNCTION ZC                       &&圆周长函数
   PARAMETERS X
RETURN 2*3.14*X
```

3.5.4 内存变量的作用域

在主模块和各个子模块中，很难保证不会出现重名的变量名。因此，必须确保不同模块中的变量互不干扰，使它们在各自的范围内起作用，即通过规定变量的有效范围，来减少变量间的相互干扰。变量的有效范围称为变量的作用域。即变量除了有类型可以赋值以外，还有一个非常重要的概念——作用域，即一个变量在什么范围内可以使用和有效。

在 Visual FoxPro 中，每个内存变量都有一定的作用域。为了更好地在变量所处的范围内发挥其作用，Visual FoxPro 把变量分为私有变量、局部变量和全局变量 3 种。

在 Visual FoxPro 中，可以使用 LOCAL 和 PUBLIC 强制规定变量的作用域。

1. 全局变量

全局变量也称为公共变量，它在任何模块中都可以引用。全局变量用 PUBLIC 说明，其格式为：

```
PUBLIC <内存变量表>
```

其中，<内存变量表>是用逗号分隔开的内存变量列表，这些变量的默认值是逻辑值.F.，可以为它们赋任何类型的值。

全局变量一经说明，在任何地方都可以使用，甚至在程序结束后在 Visual FoxPro 命令窗口中还可以使用全局变量，除非用 CLEAR MEMORY、RELEASE 等命令释放内存变量，或者退出 Visual FoxPro。

在 Visual FoxPro 运行期间，全局变量可以被所有的程序使用。如果在某一时刻改变了某一全局变量的值，则这个改变将会立刻影响其他程序对该变量的使用。因此，使用全局变量要格外小心。

【例 3.18】在主程序 3.18.PRG 中定义了变量 A，在 SU 过程中定义了全局变量 B，全局变量在定义它的模块、它的上级模块和它的下级模块中都可以使用。因此，在 SU 过程中对 B 进行修改，在主程序 3.18.PRG 中也将起作用。

3.18.PRG 的程序代码为：

```
NOTE   主程序代码
CLEAR  MEMORY                          &&释放内存变量
A=23
?A
DO SU
?"在主程序中输出 A，B 的值",A,B
NOTE   过程 SU 的代码
PROCEDURE SU
  PUBLIC B
  B=12
  A=B+A
  ?"在 SU 过程中输出 A，B 的值",A,B
RETURN
```

输出结果为：

```
      23
在 SU 过程中输出 A，B 的值    35        12
在主程序中输出 A，B 的值      35        12
```

2. 局部变量

局部变量是只能在局部范围内使用的变量。局部变量用 LOCAL 说明，其命令格式为：

```
LOCAL <内存变量表>
```

同全局变量一样，这些变量的默认值也是逻辑值.F.，可以为它们赋任何类型的值。局部变量只能在说明这些变量的模块内使用，其上级模块和下级模块都不能使用。当说明这些变量的模块执行结束后，Visual FoxPro 会立刻释放这些变量。

注意：由于 LOCAL 和 LOCATE 的前 4 个字母相同，所以在说明局部变量时不能只给出前 4 个英文字母 LOCA。

【例 3.19】变量 B 在 SU 过程中说明为局部变量，B 只能在 SU 中使用，在上级主程序中不能使用，否则会出现如图 3-11 所示的错误。

3.19.PRG 程序代码为：

```
NOTE   主程序代码
CLEAR  ALL
A=23
?A
DO SU
?"在主程序中输出 A，B 的值",A,B
NOTE   过程 SU 的代码
```

```
PROCEDURE SU
   LOCAL B
   B=12
   A=B+A
   ?"在 SU 过程中输出 A，B 的值",A,B
RETURN
```

在输出下列结果的同时，会显示如图 3-11 所示的"程序错误"提示对话框。

```
        23
在 SU 过程中输出 A，B 的值      35      12
在主程序中输出 A，B 的值        35
```

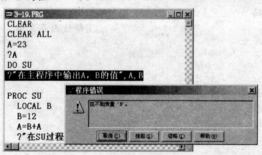

图 3-11　"程序错误"提示对话框

3. 私有变量

在 Visual FoxPro 中，把那些没有用 LOCAL 和 PUBLIC 说明的变量称为私有变量。这类变量可以直接使用，Visual FoxPro 隐含了这些变量的作用域是当前模块及其下属模块。也就是说，它可以在其所在的程序、过程、函数或它们所调用的过程或函数内使用，上级模块及其他的程序或过程或函数不能对它进行存取。

【例 3.20】在主程序 3.20.PRG 中定义的变量 A、B 均为私有变量，可以在定义 A、B 的程序中使用，也可以在下级 SU 过程中使用，且在 SU 过程中对 A、B 的修改结果将返回主程序 3.20.PRG 中。

3.20.PRG 的程序代码为：

```
NOTE   主程序代码
CLEAR ALL
A=23
B=89
?"在主程序中调用 SU 过程之前输出 A，B 的值",A,B
DO SU
?"在主程序中调用 SU 过程之后输出 A，B 的值",A,B
NOTE   过程 SU 的代码
PROCEDURE SU
  A=A+B
  B=A-B
  A=A-B
  ?"在 SU 过程中输出 A，B 的值",A,B
RETURN
```

输出结果为：

```
在主程序中调用 SU 过程之前输出 A，B 的值      23      89
在 SU 过程中输出 A，B 的值                 89      23
在主程序中调用 SU 过程之后输出 A，B 的值      89      23
```

4．隐藏内存变量

如果下级程序中使用的局部变量与上级程序中的局部变量或全局变量同名,就容易造成混淆。为了解决这种情况,可使用 PRIVATE 命令在程序中将全局变量或上级程序中的变量隐藏起来,这就好像这些变量不存在一样,可以用 PRIVATE 再定义同名的内存变量。一旦返回上级程序,在下级程序中用 PRIVATE 定义的同名变量即被清除,调用时被隐藏的内存变量恢复原值,不受下级程序中同名变量的影响。PRIVATE 的命令格式为:

```
PRIVATE <变量名列表>
```

实际上,PRIVATE 命令起到了隐藏和屏蔽上层程序中同名变量的作用。

【例 3.21】在主程序中定义的变量 X、Y、Z 均为私有变量,在过程 PROC1 中,用 PRIVATE 短语说明 Y,使得系统在调用过程 PROC1 时将变量 Y 隐藏起来,就好像变量 Y 不存在一样,因此,在过程 PROC1 执行结束、返回主程序时,系统会恢复先前隐藏的变量 Y。在过程 PROC2 中,用 PUBLIC 短语说明 N,使得 N 在任何模块内都起作用。

3.21.PRG 的程序代码为:

```
NOTE 主程序代码
CLEAR
STORE 5 TO X,Y,Z          &&X,Y,Z 均为私有变量
?"主模块第一次输出: ","X=",X,"Y=",Y,"Z=",Z
DO PROC1
?"主模块第二次输出(调用过程 PROC1 后输出): ","X=",X,"Y=",Y,"Z=",Z
DO PROC2
?"主模块第三次输出(调用过程 PROC2 后输出): ;
","X=",X,"Y=",Y,"Z=",Z,"N=",N
NOTE  过程 PROG1 的代码
PROCEDURE PROC1
PRIVATE Y            &&Y 为私有变量,起到隐藏和屏蔽与主模块同名变量的作用
   Y=X+Z
   X=X+Z
   Z=X+Y
   M=X+Y+Z
   ?"在 PROC1 过程中输出:","X=",X,"Y=",Y,"Z=",Z,"M=",M
RETURN
NOTE  过程 PROG2 的代码
PROCEDURE PROC2
PUBLIC N               &&N 为全局变量,在任何模块内都起作用
   N=10
   X=X+N
   Y=Y+N
   Z=Z+N
   ?"在 PROC2 过程中输出: ","X=",X,"Y=",Y,"Z=",Z,"N=",N
RETURN
```

输出结果为:

```
主模块第一次输出:  X=     5   Y=     5   Z=     5
在 PROC1 过程中输出:  X=    10  Y=  10  Z=  20  M=  40
主模块第二次输出(调用过程 PROC1 后输出):  X=    10  Y=  5  Z=  20
在 PROC2 过程中输出:  X=    20  Y=  15  Z=  30  N=  10
主模块第三次输出(调用过程 PROC2 后输出):  X=  20  Y=  15  Z=  30  N=  10
```

3.6　实例和常用算法

3.6.1　实例

【例 3.22】从键盘输入两个数，并按照从小到大的顺序输出。

问题分析：

任意两个数用 X、Y 表示，如果 X 大于 Y，则按 Y、X 的顺序输出，否则按 X、Y 的顺序输出。

3.22.PRG 的程序代码为：

```
INPUT "输入X"  TO X
INPUT "输入Y"  TO Y
IF X>Y
  ?Y,X
ELSE
  ?X,Y
ENDIF
```

【例 3.23】输入 X、Y、Z 这 3 个不同的数，将它们按由小到大的顺序输出。

解法一问题分析：

用 MAX() 和 MIN() 分别得到 3 个数中的最大值和最小值，再用 3 个数的和减去最小值和最大值，就是中间的数。

3.23a.PRG 的程序代码为：

```
INPUT "输入数"  TO X
INPUT "输入数"  TO Y
INPUT "输入数"  TO Z
??MIN(X,Y,Z)
??X+Y+Z-MIN(X,Y,Z)-MAX(X,Y,Z)
??MAX(X,Y,Z)
```

解法二问题分析：

通过程序的执行，将 3 个数中最小的数保存在 X 中，中间数保存在 Y 中，最大的数保存在 Z 中。首先确定 X 和 Y 的大小，将 X 和 Y 中小的值保存在 X 中，大的值保存在 Y 中。再将 Z 的值与 X 和 Y 比较，以确定 Z 值的大小。

3.23b.PRG 的程序代码为：

```
INPUT "输入数"  TO X
INPUT "输入数"  TO Y
INPUT "输入数"  TO Z
IF X>Y                          &&X 中保存小的数，Y 中保存大的数
  T=X
  X=Y
  Y=T
ENDIF
IF Z<X                          &&解决 Z<X<Y 的情况
  T=X                           &&Z 和 X 交换，结果为 X<Z<Y
  X=Z
  Z=T
  T=Y                           &&Z 和 Y 交换，结果为 X<Y<Z
```

```
        Y=Z
        Z=T
    ELSE
      IF  Z<Y                              &&解决 X<Z<Y 的情况
        T=Z                                &&Z 和 Y 交换,结果为 X<Y<Z
        Z=Y
        Y=T
      ENDIF
    ENDIF
ENDIF
?X,Y,Z
```

解法三问题分析:

首先用 MIN(X,Y)函数得出 X 和 Y 的最小值, 用 MAX(X,Y) 函数得出 X 和 Y 的最大值, 用 Z 与 MIN(X,Y)和 MAX(X,Y)比较, 确定 Z 的位置并输出。

3.23c.PRG 的程序代码为:

```
INPUT "输入 X 的值" TO X
INPUT "输入 Y 的值" TO Y
INPUT "输入 Z 的值" TO Z
IF Z<min(X,Y)
  ?Z,MIN(X,Y),MAX(X,Y)
ELSE
  IF Z<Max(X,Y)
      ?MIN(X,Y),Z,MAX(X,Y)
  ELSE
      ?MIN(X,Y),MAX(X,Y),Z
  ENDIF
ENDIF
```

【例 3.24】计算分段函数值 $f(x)=\begin{cases} 2x-1 & x<0 \\ 3x+5 & 0 \leqslant x<3 \\ x+1 & 3 \leqslant x<5 \\ 5x-3 & 5 \leqslant x<10 \\ 7x+2 & x \geqslant 10 \end{cases}$

问题分析:

题目是根据 x 的值求 $f(x)$ 的值, X 的取值范围不同时, $f(x)$ 的计算公式也不同, 存在多个判断条件, 采用 DO CASE 语句实现较好, 而且结构清晰。另外, $f(x)$ 在程序中不能直接表示, 可以用 Y 代替。

3.24.PRG 的程序代码为:

```
INPUT "GIVE X VALUE" TO X
DO CASE
    CASE X<0
        Y=2*X-1
    CASE X<3
        Y=3*X+5
    CASE X<5
        Y=X+1
    CASE X<10
        Y=5*X-3
```

```
    OTHERWISE
        Y=7*X+2
ENDCASE
?Y
```

【例 3.25】输出如图 3-12 所示的乘法 99 表。

问题分析：

乘法 99 表共输出 9 行，用变量 I 表示第 I 行；每行输出 9 项，用变量 J 表示第 I 行第 J 项；每项输出内容为"STR(I,2)+"*"+STR(J,2)+"="+STR($I*J$,2)"，用 STR()函数限制输出内容的宽度，用 SPACE(2)限制每行相临两项输出的间隔。

```
1* 1= 1    1* 2= 2    1* 3= 3    1* 4= 4    1* 5= 5    1* 6= 6    1* 7= 7    1* 8= 8    1* 9= 9
2* 1= 2    2* 2= 4    2* 3= 6    2* 4= 8    2* 5=10    2* 6=12    2* 7=14    2* 8=16    2* 9=18
3* 1= 3    3* 2= 6    3* 3= 9    3* 4=12    3* 5=15    3* 6=18    3* 7=21    3* 8=24    3* 9=27
4* 1= 4    4* 2= 8    4* 3=12    4* 4=16    4* 5=20    4* 6=24    4* 7=28    4* 8=32    4* 9=36
5* 1= 5    5* 2=10    5* 3=15    5* 4=20    5* 5=25    5* 6=30    5* 7=35    5* 8=40    5* 9=45
6* 1= 6    6* 2=12    6* 3=18    6* 4=24    6* 5=30    6* 6=36    6* 7=42    6* 8=48    6* 9=54
7* 1= 7    7* 2=14    7* 3=21    7* 4=28    7* 5=35    7* 6=42    7* 7=49    7* 8=56    7* 9=63
8* 1= 8    8* 2=16    8* 3=24    8* 4=32    8* 5=40    8* 6=48    8* 7=56    8* 8=64    8* 9=72
9* 1= 9    9* 2=18    9* 3=27    9* 4=36    9* 5=45    9* 6=54    9* 7=63    9* 8=72    9* 9=81
```

图 3-12　3.5 运行结果图

3.25.PRG 的程序代码为：

```
CLEAR
FOR I=1 TO 9
   FOR J=1 TO 9
      ?? STR(I,2)+"*"+STR(J,2)+"="+STR(I*J,2),SPACE(2)
   ENDFOR
    ?
   ENDFOR
```

3.6.2　常用算法

1．累加和连乘

【例 3.26】1、-1/2、1/4、-1/8、1/16、…的前 N 项之和，其中 N 通过键盘输入。

解法一问题分析：

基本算法为求和运算，用变量 S 保存求和结果。每次累加的项目用 1/P 表示，初始值为 1，P 的值按 $P=P*2$ 修改。累加内容的符号用 FLAG 控制，每循环一次，用 FLAG=-FLAG 改变累加数的符号。

3.26a.PRG 的程序代码为：

```
S=0
INPUT  "输入 N 的值"  TO N
P=1
FLAG=1
FOR I=1 TO N
   S=S+FLAG/P
   P=P*2
   FLAG=-FLAG                    &&变号
ENDFOR
 ?S
```

解法二问题分析：

1、$-1/2$、$1/4$、$-1/8$、$1/16$、$\cdots$各项可以转换为：$(-1/2)^0=1$、$(-1/2)^1=-1/2$、$(-1/2)^2=1/4$、$(-1/2)^3=-1/8$、$(-1/2)^4=1/16\cdots$。用变量 S 保存求和结果，每次累加的项目是$(-1/2)^i$。

3.26b.PRG 的程序代码为：

```
S=0
INPUT  "输入 N 的值"  TO N
P=-1/2
FOR I=0 TO N-1
    S=S+P^I
ENDFOR
 ?S
```

【例 3.27】$S=1!+2!+\cdots+N!$

问题分析：用 I 表示 $1\sim N$ 的值，用 P 表示 $I!$ 的值，求阶乘的和，实际是累加 $I!$，即可得 P 的值。

3.27.PRG 的程序代码为：

```
S=0
INPUT "输入 N 的值"  TO  N
P=1
FOR I=1 TO N
  P=P*I                &&P=I!
  S=S+P
  ?STR(I,2)+"!="+STR(P)
ENDFOR
 ?S
```

2．枚举

【例 3.28】"百钱买百鸡"是著名数学题。题目这样描述：3 文钱可以买 1 只公鸡，2 文钱可以买一只母鸡，1 文钱可以买 3 只小鸡，用 100 文钱买 100 只鸡，那么各买公鸡、母鸡、小鸡多少只？

问题分析：

分别用 DM、ZM，XM 表示公鸡、母鸡和小鸡的个数。根据题目要求，应该满足下列关系式：

$$\begin{cases} DM+ZM+XM=100 \\ 3DM+2ZM+XM/3=100 \end{cases}$$

3 个未知数，两个方程，有多个解。此时可采用枚举算法，将各种可能的情况一一测试，找出满足条件的解。

3.28.PRG 的程序代码为：

```
FOR DM=1 TO 33                &&公鸡个数
  FOR ZM=1 TO 50              &&母鸡个数
    XM=100-DM-ZM             &&小鸡个数
    IF DM*3+ZM*2+XM/3=100
      ?DM,ZM,XM
    ENDIF
  ENDFOR
ENDFOR
```

3. 递推

【例 3.29】猴子吃桃问题：猴子第一天摘了若干个桃子，当天吃了一半加一个，第二天又将前一天剩下的吃了一半加一个，以后每天都是吃了前一天剩下的一半加一个，到第十天只剩下了一个桃子，编程求猴子第一天摘的桃子个数。

问题分析：

根据题目，由最后一天剩下的桃子，可以推出倒数第二天的桃子，再由倒数第二天的桃子推出倒数第三天的桃子，依此类推，推出第一天摘的桃子。

设第 N 天的桃子为 X_N，前一天的桃子为 X_{N-1}，由题目可知：

$$X_N = \frac{1}{2} X_{N-1} - 1$$

可推出：

$$X_{N-1} = 2(X_N + 1)$$

3.29.PRG 的程序代码为：

```
X=1
FOR I=9 TO 1  STEP -1
   X=2*(X+1)
   ?'第'+STR(I,2)+'天'+STR(X,4)
ENDFOR
?'第 1 天'+STR(X,4)
```

4. 最大值、最小值

【例 3.30】在 "XSB.DBF" 中查找入学成绩最高的记录，并显示学生姓名和入学成绩。

问题分析：

先假设第一条记录的入学成绩是最大值，用循环语句将表中每条记录的入学成绩均与最大值比较，如果比最大值大，则此条记录的入学成绩是目前的最大值。

3.30.PRG 的程序代码为：

```
USE XSB
MA=入学成绩
MA_RECNO=RECNO()
SKIP
DO WHILE NOT EOF()
    IF MA<入学成绩
       MA=入学成绩
       MA_RECNO=RECNO()
    ENDIF
    SKIP
ENDDO
GO MA_RECNO
?"最高分学生姓名:"+姓名,"最高分学生成绩:"+STR(入学成绩)
USE
```

【例 3.31】任意输入 10 个数，找出其中的最小值。

解法一问题分析：

用数组 AX 保存输入的 10 个数，MI 表示当前最小值。先假设数组 AX 中第一个元素是最小的数，用循环实现将其他元素与最小数比较，找出最小值。

3.31.PRG 的程序代码为：

```
CLEAR
DIMEnsion AX(10)
INPUT "输入数组元素的值" TO  AX(1)
MI=AX(1)
I=2
DO WHILE I<=10
    INPUT "输入数组元素的值" TO AX(I)
    IF MI>AX(I)
        MI=AX(I)
    ENDIF
    I=I+1
ENDDO
FOR I=1 TO 10
    ??AX(I)
ENDFOR
?"最小数:",MI
```

解法二问题分析：

用变量 X 保存最小值。首先输入第一个数，假设其就是最小的数，保存到变量 X 中，从第二个数开始到第十个数，每个数都用变量 Y 表示，Y 与当前最小值 X 比较，如果比最小值 X 小，则将变量 Y 的值保存在变量 X 中。

3.31b.PRG 的程序代码为：

```
INPUT "输入第一个数" TO X
FOR I=2 TO 10
  INPUT "输入第" + STR(I,2)+"个数"  TO Y
  IF Y<X
    X=Y
  ENDIF
ENDFOR
?"最小的数是",STR(X)
```

5. 素数

【例 3.32】输出 2～100 之间的所有素数，7 个素数一行。

解法一问题分析：

对任意的正整数 N，如果只能被 1 和 N 本身整除，则 N 就是素数。算法思想是，从 2～N-1 中找 N 还能整除的数，如果找到，N 就不是素数，如果找不到，N 就是素数。

3.32.PRG 的程序代码为：

```
CN=0
FOR N=2 TO 100
    FOR I=2 TO N-1
        IF MOD(N,I)=0      &&如果 MOD(N,I)=0 成立,表示在 2～N-1 之间找到了
            EXIT           &&能整除 N 的数,即 N 不是素数,退出循环,此时 I<N
        ENDIF
    ENDFOR
    IF I=N                 &&如果 I=N,表示在 2～N-1 之间未找到能整除 N 的数,即 N 是素数
        ?? N
        CN=CN+1
```

```
          IF MOD(CN,7)=0    &&输出 7 个素数换行
              ?
          ENDIF
      ENDIF
   ENDFOR
```

解法二问题分析：

对任意的正整数 N，用 FLAG=.T.表示它是素数。首先假设 N 是素数，从 2 到 INT(SQRT(N)) 找能整除 N 的数，如果找到，则 FLAG=.F.，表示 N 不是素数。

3.32b.PRG 的程序代码为：

```
CN=0
FOR N=2 TO 100
   FLAG=.T.
   FOR I=2 TO INT(SQRT(N))
     IF MOD(N,I)=0
         FLAG=.F.
     ENDIF
   ENDFOR
   IF FLAG
     ??STR(N,3)
     CN=CN+1
     IF CN/7=INT(CN/7) THEN
         ?
     ENDIF
   ENDIF
ENDFOR
```

6. 水仙花数

【例 3.33】设 A、B、C 分别为 X 的百位、十位和个位数字，若 $A^3+B^3+C^3=X$，则称 X 为水仙花数。编程求 100～999 之间的全部水仙花数。

问题分析：

根据题中水仙花数的规定，从 3 位数字组成的数 X 中分离出百位数 A、十位数 B 和个位数 C，判断是否满足水仙花数的规定。

3.33.PRG 的程序代码为：

```
CLEAR
FOR X=100 TO 999
    A=INT(X/100)
    B=INT((X-A*100)/10)
    C=MOD(X,10)
   IF A^3+B^3+C^3=X
     ?X
   ENDIF
ENDFOR
```

7. 逆序

【例 3.34】对输入的任意一串由汉字组成的字符串进行逆序输出。

解法一问题分析：

首先求出字符串的长度，因逆序输出，所以从字符串的后面往前面取字符，每次取一个汉字，

汉字的宽度为 2，因此，每次所取字符串的宽度应为 2。

3.34.PRG 的程序代码为：

```
ACCEPT "输入由汉字组成的字符串" TO ST
L=LEN(ST)
ST1=""
FOR I=L-1 TO 1 STEP-2
    ST1=ST1+SUBS(ST,I,2)
ENDFOR
?ST1
```

解法二问题分析：

首先求出字符串的长度，从第一字符开始取，先取的字符放在连接结果的后面，也能够完成逆序输出。

3.34b.PRG 的程序代码为：

```
ACCEPT "输入由汉字组成的字符串" TO ST
L=LEN(ST)
ST1=""
FOR I=1 TO 1-1 STEP 2
    ST1=SUBS(ST,I,2)+ST1
ENDFOR
?ST1
```

【例 3.35】对输入的任意整数，逆序组成新的整数。

3.35.PRG 的程序代码为：

```
INPUT "输入整数" TO X
?"逆序之前的数为",X
ST=ALLTRIM(STR(X))
L=LEN(ST)
ST1=""
FOR I=L TO 1 STEP-1
    ST1=ST1+SUBS(ST,I,1)
ENDFOR
X=INT(VAL(ST1))
?"逆序之后的数为",X
```

8．进制转换

【例 3.36】输入一个十进制整数，将其转换成二进制整数。

问题分析：

十进制整数 N 转换为 R 进制数，采用的原则是用 N 除以 R 取余数，再用 N 除以 R 得到的商除以 R 取余数，直到商为 0，先得到的余数作低位。

3.36.PRG 的程序代码为：

```
INPUT "输入正整数" TO N
S=""
DO WHILE N<>0
    T=N%2
    S=STR(T,1)+S
    N=INT(N/2)
ENDDO
?S
```

9．排序

【例 3.37】任意给定 10 个数，编程将这些数按从小到大的顺序输出。

题目要求完成排序算法，排序的算法很多，常用的算法有选择法、冒泡法等。

选择法问题分析：

① 从 10 个数中选出最小数的下标，然后将最小数与第一个数交换位置。

② 除第一个数外，其余 $N-1$ 个数再按步骤①的方法选出次小的数，与第二个数交换位置。

③ 重复步骤②$N-1$ 遍，最后构成从小到大的序列。

3.37a.PRG 的程序代码为：

```
DIMEnsion A(10)
FOR I=1 TO 10
    A(I)=INT(RAND()*100)
    ??A(I)
ENDFOR
?
FOR I=1 TO 9
    IMIN=I
    FOR J=I+1 TO 10
      IF A(IMIN)>A(J)
          IMIN=J
       ENDIF
    ENDFOR
    T=A(IMIN)
    A(IMIN)=A(I)
    A(I)=T
ENDFOR
FOR I=1 TO 10
    ??A(I)
ENDFOR
```

冒泡法问题分析：

冒泡法排序是在每一轮排序时将相邻的数比较，次序不对就交换位置，出了内循环，最小的数已冒出。

3.37b.PRG 的程序代码为：

```
DIMENSION X(10)
FOR I=1 TO 10
    INPUT "输入第"+STR(I,2)+"个数" TO X(I)
ENDFOR
FOR I=1 TO 9
    FOR J=I+1 TO 10
      IF X(I)>X(J)
          T=X(I)
          X(I)=X(J)
          X(J)=T
       ENDIF
    ENDFOR
ENDFOR
FOR I=1 TO 10
```

```
    ? X(I)
  ENDFOR
```

10. 数组元素的查找

查找算法是指在数组中根据指定的值找出与其值相同的元素,通常有顺序查找和二分法查找。

【例 3.38】设按升序排序的数组 A(10),输入指定值 X,在数组 A 中查找是否有与其值相同的元素, 若有, 则输出其下标, 若无, 则输出-1。

顺序查找问题分析:

用 FLAG=-1 表示未找到。先假设 X 不在数组 A 中, 即 FLAG=-1, 用循环结构将指定值 X 与数组 A 中的元素一一比较,若找到相同的值,则查找成功,将此元素的下标赋给 FLAG。

3.38a.PRG 的程序代码为:

```
DIMENSION A(10)
FOR I=1 TO 10
   INPUT "A("+STR(I,2)+")" TO A(I)
ENDFOR
INPUT "输入要查找的值" TO X
FLAG=-1
FOR I=1 TO 10
  IF X=A(I)
     FLAG=I
     EXIT
   ENDIF
 ENDFOR
 FOR I=1 TO 10
  ??A(I)
 ENDFOR
 ? X,FLAG
```

二分法查找问题分析:

用 FLAG=-1 表示未找到, H 表示查找区间的最大下标, L 表示查找区间的最小下标, M 表示中间元素的下标。先假设 X 不在数组 A 中的[L,H]区间, 即 FLAG=-1, 将 X 的值与[L,H]区间的中间元素 A(M)比较, 若相同, 则查找成功, 将此元素的下标 M 赋给 FLAG, 查找结束;否则判断 X 的值落在[L,H]区间中的前半部分还是后半部分,保留 X 落在的部分,在保留的部分与中间值比较,重复上述过程, 直到找到或数组中没有这样的元素为止。

3.38b.PRG 的程序代码为:

```
DIME A(10)
FOR I=1 TO 10
   INPUT "A("+STR(I,2)+")" TO A(I)
ENDFOR
INPUT "输入要查找的值" TO X
FLAG=-1
H=10
L=1
M=INT((H+L)/2)
DO WHILE M>L AND M<H
   IF A(M)=X
      FLAG=M
```

```
            EXIT
        ENDIF
        IF X>A(M)
            L=M
        ELSE
            H=M
        ENDIF
        M=INT((H+L)/2)
    ENDDO
    FOR I=1 TO 10
        ??A(I)
    ENDFOR
    ? X,FLAG
```

11. 数组元素的插入

数组中元素的插入操作是对已经排序的数组进行插入操作，使插入后数组中的元素仍然是有序的。

【例 3.39】在有序数组 A(10)中，插入指定的值 X。

问题分析：

假设数组 A 按升序排序，首先查找 X 插入的位置，从数组 A 的第一个元素开始，用 X 的值与数组元素 A(I)比较，当 X 的值小于 A(I)时，表示 X 应放入数组 A 中的第 I 个元素位置；然后将数组元素 A(I)到 A(10)向后移动，空出数组 A 中的第 I 个位置。

3.39.PRG 的程序代码为：

```
DIMENSION A(11)
FOR I=1 TO 10
    INPUT "A("+STR(I,2)+")" TO A(I)          && 按升序顺序输入
ENDFOR
INPUT "输入要插入的值" TO X
?"原数组"
FOR I=1 TO 10
    ??A(I)
ENDFOR
FOR I=1 TO 10
    IF X<A(I)
        EXIT
    ENDIF
ENDFOR
?I
FOR J=10 TO I STEP -1
    A(J+1)=A(J)
ENDFOR
A(I)=X
?"插入后数组"
FOR I=1 TO 11
    ??A(I)
ENDFOR
```

12. 数组元素的删除

删除数组中的元素时，首先找到要删除元素的位置并删除该元素，然后将此元素后面的其他元素依次前移一个位置。

【例 3.40】在有序数组 A(10)中，删除指定的元素 X，假设 X 在数组 A 中出现且只出现一次。

问题分析：

假设数组 A 按升序排序，首先查找 X 的位置，用 X 的值与数组元素 A(I)比较，当 X 的值等于 A(I)时，表示删除数组 A 中的第 I 个元素；其次，将数组元素 A(I+1)到 A(10)前移一个位置。

3.40.PRG 的程序代码为：

```
CLEAR ALL
DIMEnsion A(11)
FOR I=1 TO 10
    INPUT "A("+STR(I,2)+")" TO A(I)
ENDFOR
INPUT "输入要删除的值" TO X
?"原数组"
FOR I=1 TO 10
    ??A(I)
ENDFOR
FOR I=1 TO 10
    IF X=A(I)
        EXIT
    ENDIF
ENDFOR
?I
FOR J=I TO 9
    A(J)=A(J+1)
ENDFOR
?"删除后数组"
FOR I=1 TO 9
    ??A(I)
ENDFOR
```

3.7 应用程序的调试

程序调试是应用程序开发过程中非常重要的工作，通过程序调试，发现和解决程序中的错误。Visual FoxPro 提供了调试器环境。

3.7.1 调试器界面

选择"工具"菜单中的"调试器"命令。

或

在命令窗口中直接输入命令 DEBUG；

都可以打开如图 3-13 所示的调试器窗口界面。

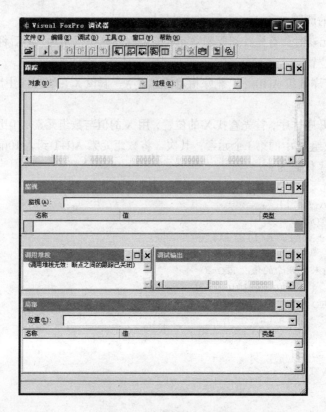

图 3-13　调试器窗口界面

调试器窗口包括五个子窗口：跟踪、监视、调用堆栈、调试输出和局部。这五个窗口可以根据需要随时单击各自窗口的【关闭】按钮关闭，也可以选择调试器界面"窗口"菜单中的相应命令打开指定的子窗口。

1. "跟踪"子窗口

"跟踪"子窗口用于显示正在调试执行的程序。如果要在这个子窗口中打开一个需要调试的程序，可以在调试器界面中选择"文件"菜单中的"打开"命令，打开要调试的程序文件。如图 3-14 所示。

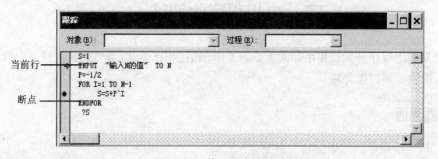

图 3-14　装入程序的跟踪子窗口

被调试的程序显示在子窗口中，目的是方便调试和观察，"跟踪"子窗口左端的灰色区域会显示一些不同的符号，最常用的就是断点和当前行，如图 3-14 所示。

2. "监视"子窗口

"监视"子窗口用于监视指定表达式在程序执行过程中的取值变化情况。设置监视表达式的方法是：在"监视"文本框中输入表达式，然后按回车键，表达式就添加到名称列表框中，如图 3-15 所示。选择"调试"菜单中的相应运行命令，可以在监视子窗口中观察要监视的表达式值的变化情况。

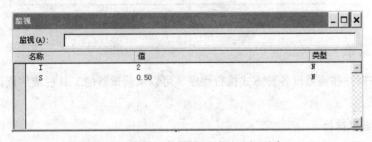

图 3-15　设置了监视表达式的监视子窗口

3. "调用堆栈"子窗口

"调用堆栈"子窗口用于显示当前处于执行状态的程序。如果当前正在执行的程序是一个子程序，那么在该子窗口中将显示主程序及所有上级子程序和当前子程序的名称。

4. "调试输出"子窗口

为了调试方便，可以在程序中设置一些 DEBUGOUT 命令，其命令格式是：

```
DEBUGOUT  <表达式>
```

当程序执行到此表达式时，会计算表达式的值，并将结果输出到"调试输出"子窗口。

还可以将"调试输出"子窗口的内容保存到文本文件中，在调试器界面中选择 "文件"菜单的"另存输出"命令，给出文件名。

例如：在程序中加入"DEBUGOUT S"命令，运行要跟踪的程序，S 的值在"调试输出"子窗口中输出。如图 3-16 所示。

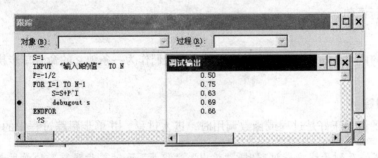

图 3-16　带有输出结果的"调试输出"子窗口

5. "局部"子窗口

"局部"子窗口用于显示某个子程序中内存变量的名称、类型和取值，包括简单变量、数组、对象、对象的成员等。

从"位置"下拉列表框选择一个子程序，在下方的列表框中将显示该子程序内有效的内存变量的当前情况。如图 3-17 所示。右键单击列表框，可以从快捷菜单中选择公共、局部、常用、对象等，来控制在列表框中显示的变量种类。

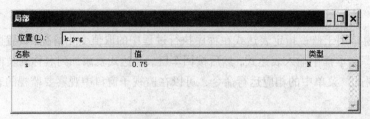

图 3-17 "局部"子窗口

3.7.2 调试器菜单

在调试程序时往往需要以各种方式执行程序，可以从调试器的工具栏或"调试"菜单中选择调试程序的方法。

1．运行或继续执行

在"跟踪"子窗口中没有打开的程序时，"调试"菜单中的菜单项是"运行"。此时，选择该命令将会打开"运行"对话框，可以从中选择要调试的程序。这时，被调试的程序并没有运行，而是停留在第一条可执行语句处。

在"跟踪"子窗口中已经包含打开的程序时，"调试"菜单中的菜单项是"继续运行"。当程序首次装入调试器或停留在某个断点处时，选择该命令将使程序继续往下运行，并在下一个断点处暂停。

2．取消

终止当前程序的调试，并将被调试的程序从调试器的所有窗口中取消。

3．定位修改

终止当前程序的调试，并将被调试的程序从调试器的所有窗口中清除，然后自动切换到命令文件编辑窗口对程序进行修改，这时光标将自动定位在要修改的语句上。

4．跳出

在跟踪子程序时不再进行单步跟踪，执行剩余代码后直接跳出子程序，并停留在调用该子程序语句的下一行语句。

5．单步

如果执行的语句正好是过程或函数调用时，把它们作为一条独立的命令单步执行，不进入过程进行跟踪。

6．单步跟踪

如果执行的语句正好是过程或函数调用时，进入过程，并单步跟踪过程中的语句。

注意：当不涉及到子程序或过程时，"跳出"、"单步"和"单步跟踪"的效果都是一样的，即单步执行一条语句。

7．运行到光标处

可以将光标设置在任意命令行，然后选择该命令，程序将从上一次的断点执行到光标所在的语句行。

8．调速

为了能够动态清楚地观察程序的执行过程，可以选择"调速"命令来打开调速对话框，以设置两条语句之间执行延时的秒数。

9. 设置下一条语句

程序中断时选择该命令，可以使光标当前行成为恢复执行时要执行的语句。

3.7.3 断点的设置

在调试程序过程中，适当的设置断点是有必要的。在 Visual FoxPro 中可以设置四种类型断点：普通断点、条件定位断点、条件断点和表达式断点。

1. 普通断点

程序调试执行到普通断点处，将无条件中断或暂停。设置普通断点是调试程序中最常用的手段。设置普通断点的方法：

- 将光标定位在要设置断点的程序行处；
- 用鼠标双击要设置断点的程序行左侧的灰色区域或直接按 F9 键。

被设置断点的程序行左侧的灰色区域内将显示一个红色的实心圆点，如图 3-16 所示。取消断点的方法和设置断点的方法一样。

注意：断点只能设置在可执行语句上，当在非可执行语句（如注释语句、说明语句等）上设置断点时，断点将自动设置在该语句之后的第一条可执行语句上。

2. 条件定位断点

条件定位断点同普通断点一样，也是在固定位置设置断点，但只有执行到断点处条件为真时，程序才会中断。设置条件定位断点的方法：

- 在指定位置处设置普通断点；
- 选择调试器界面"工具"菜单中的"断点"命令，显示图 3-18 所示的"断点"对话框；

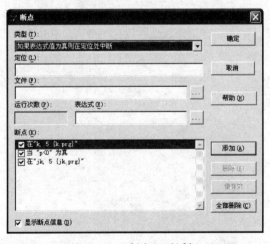

图 3-18 "断点"对话框

- 在"类型"下拉列表框中选择"如果表达式为真则在定位处中断"；
- 在"表达式"编辑框中输入表达式；
- 单击【确定】命令按钮，完成条件定位断点的设置。

被设置条件定位断点的程序行左侧的灰色区域内将显示一个红色的实心圆点。取消条件定位断点的方法和设置条件定位断点的方法一样。

3．条件断点

条件断点提供了比条件定位断点更灵活的中断方法。设置一个条件，只要条件为真，程序就可以在任何位置中断。设置条件断点的方法：

- 在调试器界面中选择"工具"菜单的"断点"命令，打开图 3-18 所示的"断点"对话框；
- 在"类型"下拉列表框中选择"当表达式为真时中断"；
- 在"表达式"编辑框中输入条件表达式；
- 单击【添加】命令按钮将设置的条件断点添加到"断点"列表框中；
- 单击【确定】命令按钮，完成条件断点的设置。

由于条件断点没有固定的位置，所以不会有断点的圆点标志。

4．表达式断点

条件断点是在条件表达式（一定是逻辑表达式）为真时中断，而表达式断点则只要表达式的值（可以是任意表达式）改变就发生中断。设置表达式断点的方法：

- 在调试器界面中选择"工具"菜单的"断点"命令，打开图 3-18 所示的"断点"对话框；
- 在"类型"下拉列表框中选择"当表达式值改变时中断"；
- 在"表达式"编辑框中输入表达式；
- 单击【添加】命令按钮将设置的表达式断点添加到"断点"列表框中；
- 单击【确定】命令按钮，完成表达式断点的设置。

由于表达式断点没有固定的位置，所以不会有断点的圆点标志。

第4章　关系数据库标准语言 SQL

学习目标
- 掌握 SELECT 命令主要短语的用法和作用。
- 了解 SQL 语言中表的定义和修改命令的用法。
- 掌握 SQL 语言中记录的插入、修改和删除命令的用法。

　　SQL（Structured Query Language，结构化查询语言）是关系数据库的标准语言，是 1974 年由 Boyce 和 Chamberlin 提出的，并于 1975 年~1979 年在 IBM 公司的 San Jose 实验室研制的著名关系 DBMS System R 上实现了这种语言。

　　SQL 具有功能丰富、使用灵活且简便易懂等特点，备受众多用户的青睐。1986 年 10 月美国国家标准局（ANSI）的数据库委员会 X3H2 批准了 SQL 作为关系数据库语言的美国标准，同时国际标准化组织（International Standard Organization，ISO）发布了 SQL 标准文本（SQL-86），并在 1989 年、1992 年与 1999 年进行了 3 次扩展。目前的正式版本是 1999 年公布的 SQL3 版本，现在业界所说的标准 SQL 一般指 SQL3。SQL 标准使得所有数据库系统的生产商都可以按照统一的标准实现对 SQL 的支持；使得 SQL 语言在数据库厂家之间具有广泛的适用性；在不同数据库系统之间的操作有了共同基础。因此，SQL 语言成为计算机业界的一种标准语言，这对数据库领域的发展意义十分重大。关系数据库管理系统（RDBMS）中也广泛使用 SQL 语言，如 DB2、Microsoft SQL Server、Access、Visual FoxPro 等产品。

　　SQL 语言具有强大的数据查询、数据定义、数据操纵和数据控制等功能，它已经成为关系数据库的标准操作语言。

　　SQL 语言虽然功能非常强大，但它只由为数不多的几条命令组成，是非常简洁的语言。表 4-1 以分类的形式给出了 SQL 语言的命令动词。

表 4-1　SQL 语言的命令动词

SQL　功　能	命　令　动　词
数据查询	SELECT
数据定义	CREATE、DROP、ALTER
数据操纵	INSERT、UPDATE、DELETE
数据控制	GRANT、REVOKE

　　Visual FoxPro 在 SQL 语言方面支持数据定义、数据查询和数据操纵功能，由于 Visual FoxPro 自身在安全控制方面的缺陷，它没有提供数据控制功能。

4.1　数据查询功能

SQL 语言的查询功能由 SELECT 命令完成，其基本形式为：

```
SELECT [ALL | DISTINCT] [TOP N [PERCENT] ] 要查询的数据
FROM  数据源 1 [联接方式 JOIN 数据源 2]  [ON 联接条件]
[WHERE  查询条件]
[GROUP  BY  分组字段  [HAVING 分组条件] ]
[ORDER  BY 排序选项 1[ASC |DESC] [,排序选项 2[ASC | DESC ]…]]
[ 输出去向]
```

其中：

① SELECT 短语用于指定要查询的数据。要查询的数据主要由表中的字段组成，可以用"数据库名!表名.字段名"的形式给出，数据库名和表名均可以省略。要查询的数据可以是以下几种形式：

* "*"表示查询表中所有字段。

* 部分字段或包含字段的表达式列表，如姓名、入学成绩+10、AVG（入学成绩）。

另外，在要查询的数据前面，可以使用 ALL、DISTINCT、TOP N、TOP N PERCENT 等选项。ALL 表示查询所有记录，包括重复记录；DISTINCT 表示查询结果中去掉重复的记录；TOP N 必须与排序短语 ORDER BY 一起使用,表示查询排序结果中的前 N 条记录;TOP N PERCENT 必须与排序短语 ORDER BY 一起使用，表示查询排序结果中前百分之 N 条记录。

② FROM 短语用于指定查询数据需要的表，可以基于单个表或多个表进行查询。表的形式为"数据库名!表名"，数据库名可以省略。如果查询涉及多个表，可以选择"连接方式 JOIN 数据源 2 ON 连接条件"选项。连接方式可以选择 4 种联接方式的一种，即内连接也称自然联接（INNER JOIN）、左联接（LEFT [OUTER] JOIN）、右联接（RIGHT [OUTER] JOIN）、全联接（FULL [OUTER] JOIN），其中后 3 种联接属于外联接。

③ WHERE 短语用于指定查询条件,查询条件是逻辑表达式或关系表达式。也可以用 WHERE 短语实现多表查询，两个表之间的连接通常用两个表的匹配字段等值联接。

④ ORDER BY 短语后面跟排序选项，用来对查询的结果进行排序。排序可以选择升序，用 ASC 选项给出或不给出；也可以选择降序，用 DESC 选项给出。当排序选项的值相同时，可以给出第二个排序选项。

⑤ GROUP BY 短语后跟分组字段，用于对查询结果进行分组，可以使用它进行分组统计，常用的统计方式有求和（SUM()）、求平均值（AVG()）、求最小值（MIN()）、求最大值（MAX()）、统计记录个数（COUNT()）等。HAVING 短语通常跟 GROUP BY 短语连用，用来限定分组结果中必须满足的条件。

⑥"输出去向"短语给出查询结果的去向。"查询去向"可以是临时表、永久表、数组、浏览等。

SELECT 语句中的每个短语都完成一定的功能，其中"SELECT…FROM…"短语是每个查询语句必须具备的短语。

SELECT 查询命令的使用非常灵活，用它可以构造各种各样的查询。下面通过例题讲解 SELECT 命令中各短语的用法和功能。

图 4-1 给出了本章要用到的表：教师情况表.DBF、课程情况表.DBF、学生成绩表.DBF、学生情况表.DBF。

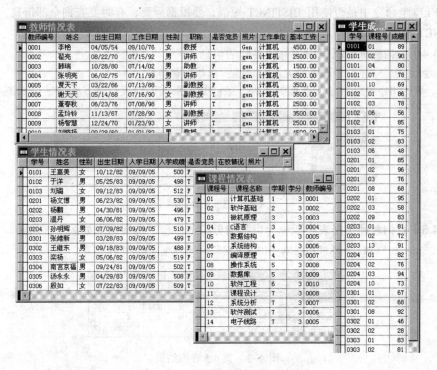

图 4-1　本章查询要用到的表

4.1.1　基于单个表的查询

基于单个表的查询是最简单的查询，在查询命令中可以有简单的查询条件、分组查询、对查询结果进行排序、将查询结果根据需要选择不同的输出方式等。

【例 4.1】查询教师情况表中的所有信息。

```
SELECT  *  FROM 教师情况表
```

或

```
SELECT  *  FROM 教学管理数据库!教师情况表
```

其中：

- FROM 短语中"!"前面给出的是教师情况表所在的数据库名，通常情况下数据库名可以省略。
- "*"是通配符，表示所有字段，可以使用"教师情况表.*"形式，对多个表查询时需要用到这种形式。

【例 4.2】查询教师情况表中教师的姓名、性别和职称信息。

```
SELECT 姓名,性别,职称  FROM 教师情况表
```

其中的查询数据以字段名表的形式给出。当查询数据是表中的部分字段时，一般采用这种形式。

【例 4.3】查询教师情况表中的职称信息。

教师情况表中职称的值有重复，在查询命令中，如果要去掉查询结果中的重复值，可以使用 DISTINCT 短语。

SELECT DISTINCT 职称 FROM 教师情况表

其中用 DISTINCT 短语去掉查询结果中职称的重复值,请将 DISTINCT 短语去掉观察查询结果。

在 SELECT 命令中是否使用 DISTINCT 短语，要根据需要，有时要查询全部信息，就不能使用 DISTINCT 短语。

【例 4.4】查询教师情况表中职称为讲师的信息。

SELECT * FROM 教师情况表 WHERE 职称="讲师"

其中，WHERE 短语给出了查询的条件，条件是关系或逻辑表达式，查询结果如图 4-2 所示。

教师编号	姓名	出生日期	工作日期	性别	职称	是否党员	工作单位	基本工资
0002	翟亮	08/22/70	07/15/92	男	讲师	T	计算机	2500.00
0004	张明亮	06/02/75	07/11/99	男	讲师	T	计算机	2500.00
0007	董春秋	06/23/76	07/08/98	男	讲师	T	会计	2500.00
0009	杨智慧	12/24/70	01/23/93	女	讲师	T	会计	2500.00

图 4-2 例 4.4 查询结果

【例 4.5】查询教师情况表中职称为讲师的男职工信息，查询结果如图 4-3 所示。

SELECT * FROM 教师情况表 WHERE 职称="讲师" AND 性别="男"

教师编号	姓名	出生日期	工作日期	性别	职称	是否党员
0002	翟亮	08/22/70	07/15/92	男	讲师	T
0004	张明亮	06/02/75	07/11/99	男	讲师	T
0007	董春秋	06/23/76	07/08/98	男	讲师	T

图 4-3 例 4.5 查询结果

【例 4.6】查询教师情况表中的所有信息，并按出生日期升序排序输出。

SELECT * FROM 教师情况表 ORDER BY 出生日期

其中，ORDER BY 短语用于对查询的最后结果进行排序。其后面给出的是排序选项，在排序选项后面可以跟 ASC 或 DESC 选项，分别表示升序或降序，如果是升序，ASC 可以省略。另外，ORDER BY 短语后面还可以给出多个排序选项，表示前一个排序选项值相同时，值相同的记录依据下一个排序选项进行排序。

【例 4.7】查询教师情况表中姓名、职称和出生日期的值，并按职称降序、出生日期升序排序输出，查询结果如图 4-4 所示。

姓名	职称	出生日期
韩瑞	助教	10/28/80
李艳	教授	04/05/54
刘晓杨	教授	09/28/60
翟亮	讲师	08/22/70
杨智慧	讲师	12/24/70
张明亮	讲师	06/02/75
董春秋	讲师	06/23/76
贾天下	副教授	03/22/66
孟玲铃	副教授	11/13/67
谢天天	副教授	05/14/68

图 4-4 例 4.7 查询结果

SELECT 姓名,职称,出生日期 FROM 教师情况表;
    ORDER BY 职称 DESC ,出生日期

在使用 ORDER BY 短语时,可以使用"TOP N [PERCENT]"选项显示排序结果中前几条记录或前百分之几条记录。需要注意的是,TOP 短语要与 ORDER BY 短语同时使用才有效。

图 4-5 例 4.8 查询结果

【例 4.8】查询教师情况表中姓名和出生日期的值,将查询结果按出生日期升序排序,并显示查询结果的前 3 条记录,查询结果如图 4-5 所示。

```
SELECT TOP 3 姓名, 出生日期 FROM 教师情况表;
                    ORDER BY 出生日期
```

在 SELECT 短语中,经常要用到一些函数,表 4-2 给出了常用的函数和含义,其中 COUNT()函数表示统计记录个数,经常用 COUNT(*)形式或 COUNT(字段名)形式等。

表 4-2 SELECT 短语中常用的函数

函 数	含 义	函 数	含 义
SUM	求和	MIN	求最小值
AVG	求平均值	COUNT	计数
MAX	求最大值		

【例 4.9】查询教师情况表中的职工人数。

```
SELECT COUNT(*) FROM 教师情况表
```

或

```
SELECT COUNT(姓名) FROM 教师情况表
```

或

```
SELECT COUNT(教师编号) FROM 教师情况表
```

图 4-6(a)给出了查询结果,在图中可以看出,"Cnt_教师编号"是查询结果的列名,在 SELECT 查询时,通常用查询数据的字段名作为查询结果的列名,但在 SELECT 短语中可以指定查询结果的列名。具体格式为:

```
SELECT 查询数据 [AS] 列名
```

例 4.9 的查询结果用教工人数做列名,可用如下形式完成:

```
SELECT COUNT(教师编号) 教工人数 FROM 教师情况表
```

查询结果如图 4-6(b)所示,通过图 4-6(a)和图 4-6(b)给出的结果可以看出"[AS] 列名"的作用。

（a）例 4.9 查询结果 1

（b）例 4.9 查询结果 2

图 4-6 查询结果

表 4-2 中给出的函数通常与 SELECT 命令中"GROUP BY 分组字段"短语连用。"GROUP BY 分组字段"表示将查询数据按分组字段分组,字段值相同的记录分在同一组中,再查询数据。

【例 4.10】查询教师情况表中男、女职工的人数信息。

```
SELECT 性别,COUNT(*)  教工人数  FROM  教师情况表;
                        GROUP  BY  性别
```

查询结果如图 4-7 所示。

【例 4.11】查询教师情况表中各种职称的人数信息，查询结果如图 4-8 所示。

```
SELECT 职称,COUNT(*) 人数  FROM 教师情况表 GROUP BY 职称
```

在使用 GROUP BY 短语时，还可以对分组后的查询结果进行限制，限制条件由"HAVING 条件"短语给出，给出 HAVING 短语后，在查询结果中只显示满足 HAVING 条件的数据。

【例 4.12】查询教师情况表中职称人数在 3 人以上的信息，并按人数降序输出，查询结果如图 4-9 所示。

```
SELECT 职称,COUNT(*) 人数  FROM 教师情况表;
      GROUP BY 职称 HAVING COUNT(*)>=3;
              ORDER BY 人数 DESC
```

图 4-7 例 4.10 查询结果 　　　　图 4-8 例 4.11 查询结果 　　　　图 4-9 例 4.12 查询结果

在前面的查询例题中，查询结果以浏览形式输出，这是 SELECT 命令默认的输出形式，SELECT 命令输出形式还有以下几种：

① 使用短语"INTO DBF|TABLE 表名"，将查询结果保存在永久表中。使用此短语在磁盘中会产生一个新表。

【例 4.13】查询教师情况表中的所有信息，并将查询结果保存到 JSQKB 中。

```
SELECT * FROM 教师情况表 INTO DBF JSQKB
```

在命令执行时，查询结果没有以浏览的形式显示，而是将查询结果以 JSQKB.DBF 的形式保存在磁盘中。

② 使用短语"INTO CURSOR 表名"，将查询结果保存在临时表中。临时表被关闭后就不再存在了，但未关闭之前可以与使用其他表一样使用。

【例 4.14】查询教师情况表中的所有信息，并将查询结果保存到临时表 TEMP 中。

```
SELECT  *  FROM 教师情况表 INTO CURSOR TEMP
```

③ 使用短语"TO FILE 文本文件名 [ADDITIVE]"，将查询结果保存到文本文件中，如果选择"ADDITIVE"选项，表示将查询结果追加到文本文件的末尾，否则覆盖原文件。

【例 4.15】查询教师情况表中男职工的姓名、性别、职称、基本工资情况，并将查询结果保存在文本文件 MN.TXT 中。

```
SELECT 姓名,性别, 职称, 基本工资 FROM 教师情况表;
              WHERE 性别="男"  TO  FILE MN
```

MN 为文本文件，扩展名为".TXT"，可以使用 MODIFY COMMAND MN.TXT 或 MODIFY FILE MN 查看 MN 文件的内容，如图 4-10 所示。

④ 使用短语"INTO ARRAY 数组名"，将查询结果保存到数组中。

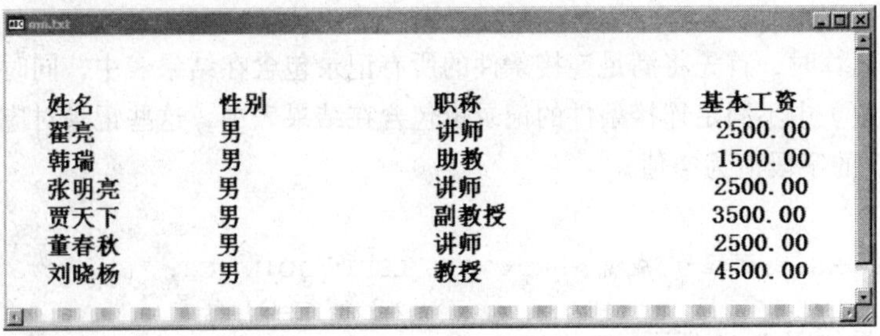

姓名	性别	职称	基本工资
翟亮	男	讲师	2500.00
韩瑞	男	助教	1500.00
张明亮	男	讲师	2500.00
贾天下	男	副教授	3500.00
董春秋	男	讲师	2500.00
刘晓杨	男	教授	4500.00

图 4-10 例 4.15 查询结果 MN.TXT 文件内容

【例 4.16】查询教师情况表中 1990 年之前参加工作的职工姓名、工作日期、基本工资，将查询结果保存在数组 AX 中。

```
SELECT 姓名,工作日期,基本工资 FROM 教师情况表;
WHERE 工作日期<{^1990/01/01} INTO ARRAY AX
```

数组 AX 是二维数组。用输出命令输出数组元素的值：

```
?ax(1,1),ax(1,2),ax(1,3)
?ax(2,1),ax(2,2),ax(2,3)
?ax(3,1),ax(3,2),ax(3,3)
```

数组内容如图 4-11 所示。

李艳	09/10/75	4500.00
贾天下	07/13/88	3500.00
刘晓杨	01/01/82	4500.00

图 4-11 例 4.16 查询结果数组 AX 的内容

⑤ 使用短语“TO PRINTER [PROMPT]”，可以直接将查询结果通过打印机输出。如果使用 PROMPT 选项，在开始打印之前会打开打印机设置对话框。

4.1.2 联接查询

在前面的例子中，查询是基于一个表的查询。SELECT 命令查询也可以根据两个以上的表进行查询，这就需要用到联接查询了。

联接是关系的基本操作之一，联接查询是一种基于多个表的查询。联接包括 4 种：左联接、右联接、全联接和内联接。图 4-12 给出了 4 种联接查询要用到的表。

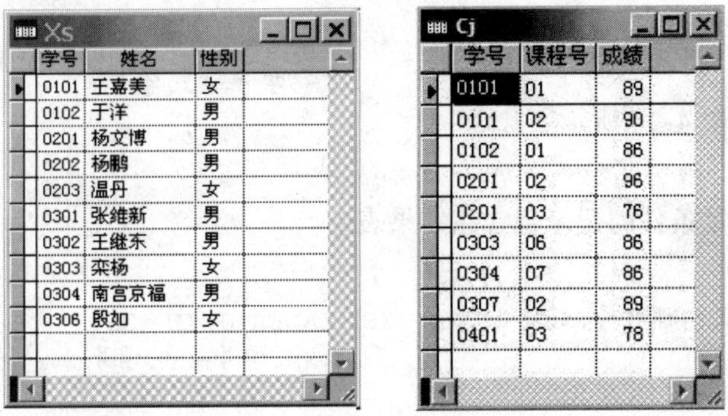

Xs

学号	姓名	性别
0101	王嘉美	女
0102	于洋	男
0201	杨文博	男
0202	杨鹏	男
0203	温丹	女
0301	张维新	男
0302	王继东	男
0303	栾杨	女
0304	南宫京福	男
0306	殷如	女

Cj

学号	课程号	成绩
0101	01	89
0101	02	90
0102	01	86
0201	02	96
0201	03	76
0303	06	86
0304	07	86
0307	02	89
0401	03	78

图 4-12 联接查询要用到的表

（1）左联接

在进行联接运算时，首先将满足连接条件的所有记录包含在结果表中，同时将第一个表（连接符或 JOIN 左边）中不满足连接条件的记录也包含在结果表中，这些记录对应第二个表（连接符或 JOIN 右边）的字段值为空值。

例如：

```
SELECT  XS.*,课程号,成绩  FROM  XS  LEFT  JOIN  CJ;
                                  ON XS.学号=CJ.学号
```

左联接的结果如图 4-13 所示。

（2）右联接

在进行联接运算时，首先将满足联接条件的所有记录包含在结果表中，同时将第二个表（连接符或 JOIN 右边）中不满足连接条件的记录也包含在结果表中，这些记录对应第一个表（连接符或 JOIN 左边）的字段值为空值。

例如：

```
SELECT  XS.*,课程号,成绩  FROM  XS  RIGHT  JOIN  CJ;
                                   ON XS.学号=CJ.学号
```

右联接的结果如图 4-14 所示。

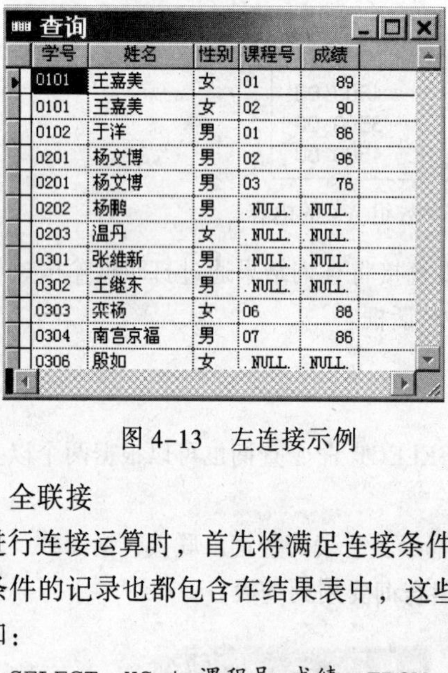

查询

学号	姓名	性别	课程号	成绩
0101	王嘉美	女	01	89
0101	王嘉美	女	02	90
0102	于洋	男	01	86
0201	杨文博	男	02	96
0201	杨文博	男	03	76
0202	杨鹏	男	.NULL.	.NULL.
0203	温丹	女	.NULL.	.NULL.
0301	张維新	男	.NULL.	.NULL.
0302	王继东	男	.NULL.	.NULL.
0303	栾杨	女	06	88
0304	南宫京福	男	07	86
0306	殷如	女	.NULL.	.NULL.

图 4-13 左连接示例

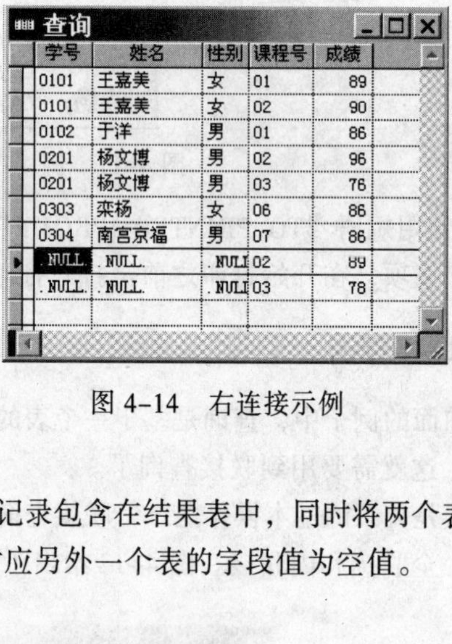

查询

学号	姓名	性别	课程号	成绩
0101	王嘉美	女	01	89
0101	王嘉美	女	02	90
0102	于洋	男	01	86
0201	杨文博	男	02	96
0201	杨文博	男	03	76
0303	栾杨	女	06	86
0304	南宫京福	男	07	86
.NULL.	.NULL.	.NULL	02	89
.NULL.	.NULL.	.NULL	03	78

图 4-14 右连接示例

（3）全联接

在进行连接运算时，首先将满足连接条件的所有记录包含在结果表中，同时将两个表中不满足联接条件的记录也都包含在结果表中，这些记录对应另外一个表的字段值为空值。

例如：

```
SELECT  XS.*,课程号,成绩  FROM  XS  FULL  JOIN  CJ;
                                 ON XS.学号=CJ.学号
```

全联接的结果如图 4-15 所示。

（4）内联接

内连接是只将满足条件的记录包含在结果表中。

例如：

```
SELECT  XS.*,课程号,成绩  FROM  XS  INNER JOIN  CJ;
                                   ON XS.学号=CJ.学号
```

内连接的结果如图 4-16 所示。

查询

学号	姓名	性别	课程号	成绩
0101	王嘉美	女	01	89
0101	王嘉美	女	02	90
0102	于洋	男	01	86
0201	杨文博	男	02	96
0201	杨文博	男	03	76
0303	栾杨	女	06	86
0304	南宫京福	男	07	86
.NULL.	.NULL.	.NULL.	02	89
.NULL.	.NULL.	.NULL.	03	78
0202	杨鹏	男	.NULL.	.NULL.
0203	温丹	女	.NULL.	.NULL.
0301	张维新	男	.NULL.	.NULL.
0302	王继东	男	.NULL.	.NULL.
0306	殷如	女	.NULL.	.NULL.

图 4-15　全联接示例

查询

学号	姓名	性别	课程号	成绩
0101	王嘉美	女	02	90
0101	王嘉美	女	01	89
0102	于洋	男	01	86
0201	杨文博	男	02	96
0201	杨文博	男	03	76
0303	栾杨	女	06	86
0304	南宫京福	男	07	86

图 4-16　内联接示例

注意：在多表查询时，如果涉及的字段名在两个以上表中出现，一定要指明其所属的表，即一定以“表名.字段名”形式给出。另外，在多表查询时，需要两个表的联接条件，为了书写方便，通常给出表的别名，表的别名形式为“表名 [AS] 别名”。

【例 4.17】查询学生学号、姓名和各课程的课程号及成绩，查询结果如图 4-17 所示。

查询

学号	姓名	课程号	成绩
0101	王嘉美	01	89
0101	王嘉美	02	90
0101	王嘉美	04	80
0101	王嘉美	07	78
0101	王嘉美	10	69
0102	于洋	01	86
0102	于洋	03	78
0102	于洋	06	56
0102	于洋	14	85
0103	刘璐	01	75
0103	刘璐	02	83
0103	刘璐	06	48
0201	杨文博	01	85
0201	杨文博	02	96
0201	杨文博	03	76
0201	杨文博	08	68
0202	杨鹏	01	95
0202	杨鹏	03	58

图 4-17　例 4.17 查询结果

```
SELECT  X.学号,姓名,课程号,成绩 FROM 学生成绩表  X  ;
            INNER JOIN 学生情况表 Y  ON X.学号=Y.学号
```

或

```
SELECT  X.学号,姓名,课程号,成绩 FROM 学生成绩表 X ,学生情况表 Y ;
                                        WHERE  X.学号=Y.学号
```

其中，FROM 短语中的“学生成绩表 X”表示用 X 作为学生成绩表的别名；SELECT 短语中的“X.学号”表示取学生成绩表中的学号，学号字段在两个表中都出现，因此必须用“X.学号”形式给出。

【例 4.18】查询选修了“计算机基础”课程的学生姓名、课程名称和成绩，查询结果如图 4-18 所示。

```
SELECT  姓名,课程名称,成绩 FROM 学生成绩表 X , 学生情况表 Y ,课程情况表  Z ;
                    WHERE X.学号=Y.学号 ;
                    AND Z.课程号=X.课程号 ;
                    AND 课程名称="计算机基础"
```

或

```
SELECT  姓名,课程名称,成绩 FROM 学生情况表 Y;
    INNER JOIN 学生成绩表 X;
    INNER JOIN 课程情况表 Z;
    ON Z.课程号=X.课程号;
    ON  Y.学号=X.学号;
    WHERE 课程名称="计算机基础"
```

姓名	课程名称	成绩
王嘉美	计算机基础	89
于洋	计算机基础	86
刘璐	计算机基础	75
杨文博	计算机基础	85
杨鹏	计算机基础	95
温丹	计算机基础	81
孙明辉	计算机基础	82
张维新	计算机基础	67
王继东	计算机基础	46
栾杨	计算机基础	83
南宫京福	计算机基础	81

图 4-18　例 4.18 查询结果

注意：使用 JOIN 连接多个表时，JOIN 的顺序和 ON 的顺序是有要求的，如果顺序错误，将不能正确执行。以例 4.18 为例，JOIN 的顺序是先学生情况表与学生成绩表连接，然后是学生成绩表与课程情况表连接，而 ON 的顺序是先学生成绩表与课程情况表，然后是学生情况表与学生成绩表。

4.1.3　嵌套查询

多表查询除了连接查询外，还可以以嵌套查询的形式实现多表查询。嵌套查询是在一个查询中完整地包含另一个完整的查询命令。嵌套查询的内、外层查询可以是同一个表，也可以是不同的表。

【例 4.19】查询入学成绩最高的学生信息。

```
SELECT 学号,姓名,入学成绩 FROM 学生情况表 ;
                WHERE 入学成绩 = ;
    (SELECT MAX(入学成绩) FROM 学生情况表)
```

其中，WHERE 条件中的"="表示值相等，查询结果如图 4-19 所示。

【例 4.20】查询已选课的学生信息。

```
SELECT * FROM 学生情况表 WHERE 学号 IN
    (SELECT DISTINCT 学号 FROM 学生成绩表)
```

其中，WHERE 查询条件中的 IN 相当于集合属于运算符"∈"；用 DISTINCT 选项去掉查询结果中学号字段的重复值，查询结果如图 4-20 所示。

学号	姓名	入学成绩
0201	杨文博	530

图 4-19　例 4.19 查询结果

【例 4.21】查询未选课的学生信息，查询结果如图 4-21 所示。

学号	姓名	性别	出生日期	入学日期
0101	王嘉美	女	10/12/82	09/09/05
0102	于洋	男	05/25/83	09/09/05
0103	刘璐	女	09/12/83	09/09/05
0201	杨文博	男	06/23/82	09/09/05
0202	杨鹏	男	04/30/81	09/09/05
0203	温丹	女	06/06/82	09/09/05
0204	孙明辉	男	07/09/82	09/09/05
0301	张维新	男	03/28/83	09/09/05
0302	王继东	男	09/18/83	09/09/05
0303	栾杨	女	05/06/82	09/09/05
0304	南宫京福	男	09/24/81	09/09/05

图 4-20　例 4.20 查询结果

学号	姓名
0305	汤永永
0306	殷如

图 4-21　例 4.21 查询结果

```
SELECT 学号,姓名 FROM 学生情况表 WHERE 学号  NOT  IN;
            (SELECT DISTINCT 学号 FROM 学生成绩表)
```

【例 4.22】查询入学成绩低于 500 分的学生的学号和选课的课程数目，查询结果如图 4-22 所示。

```
SELECT 学号,COUNT(课程号) 选课门数  FROM 学生成绩表 ;
WHERE 学号 IN;
  (SELECT 学号 FROM 学生情况表 WHERE 入学成绩 <500);
GROUP BY 学号
```

【例 4.23】查询学生情况表中入学成绩低于平均入学成绩的学生信息，查询结果如图 4-23 所示。

学号	选课门数
0102	4
0202	3
0203	3
0301	3
0302	2

图 4-22　例 4.22 查询结果

学号	姓名	性别	出生日期	入学日期	入学成绩	是否党员
0101	王嘉美	女	10/12/82	09/09/05	500	F
0102	于洋	男	05/25/83	09/09/05	498	T
0202	杨鹏	男	04/30/81	09/09/05	496	F
0203	温丹	女	06/06/82	09/09/05	479	T
0301	张维新	男	03/28/83	09/09/05	499	T
0302	王继东	男	09/18/83	09/09/05	488	F
0304	南宫京福	男	09/24/81	09/09/05	502	T

图 4-23　例 4.23 查询结果

```
SELECT * FROM 学生情况表 WHERE 入学成绩<;
  (SELECT  AVG(入学成绩) FROM 学生情况表)
```

4.2　数据定义功能

标准 SQL 语言的数据定义功能非常广泛，包括数据库的定义、表的定义、视图的定义、存储过程的定义、规则的定义和索引的定义等。本节主要介绍 Visual FoxPro 支持的表定义功能。

4.2.1　表的定义

第 2 章介绍了通过表设计器建立表的方法。在表设计器中实现的定义功能也完全可以通过 SQL 语言的 CREATE　TABLE 命令实现，其部分命令格式为：

```
CREATE  TABLE | DBF  <表名>  [FREE]
(字段名 1 字段类型 [(宽度 [,小数位数])]  [NULL | NOT NULL]
[CHECK  表达式  [ERROR  字符型表达式]]
[DEFAULT  默认值]
[PRIMARY  KEY | UNIQUE]
[, 字段名 2...] )
```

从以上命令格式可以看出，该命令除了建立表的基本功能外，还包括满足实体完整性的主关键字（主索引）PRIMARY KEY、定义域完整性的 CHECK 约束及出错提示信息 ERROR、定义默认值的 DEFAULT 等短语。

表 4-3 列出了在 CREATE TABLE 命令中可以使用的数据类型及说明，这些数据类型的详细说明可参见 1.3.1 节的数据类型内容。命令格式中的其他内容将通过实例来解释说明。

表 4-3　数据类型说明

字段类型	字段宽度	小数位数	说　明
C	N	—	字符型字段（Character），宽度为 N
D	—	—	日期型（Date）字段
T	—	—	日期时间型（Date Time）字段
N	N	D	数值型字段，宽度为 N，小数位数为 D（Numeric）
F	N	D	浮点型字段，宽度为 N，小数位数为 D（Float）
I	—	—	整数型（Integer）字段
B	—	D	双精度型（Double）字段
Y	—	—	货币型（Currency）字段
L	—	—	逻辑型（Logical）字段
M	—	—	备注型（Memo）字段
G	—	—	通用型（General）字段

用 CREATE TABLE 定义表结构时，需要注意：

- 表的所有字段用括号括起来。
- 字段之间用逗号分隔。
- 字段名和字段类型用空格分隔。
- 字段的宽度用括号括起来。
- 只有数据库表才可以设置数据字典信息。
- FREE 短语表示建立的表是自由表。

【例 4.24】建立数据库"学生.DBC"，在"学生"数据库中建立 STU.DBF 表，表中包含学号字段，类型为字符型，宽度为 4；姓名字段，类型为字符型，宽度为 8；出生日期字段和入学日期字段，类型为日期型；入学成绩字段，类型为数值型，小数位数为 1 位。

```
CREATE DATABASE 学生
CREATE TABLE STU(学号 C(4),姓名 C(8),出生日期 D,入学日期 D, 入学成绩 N(5,1))
```

或

```
CREATE DBF STU(学号 C(4),姓名 C(8),出生日期 D,入学日期 D, 入学成绩 N(5,1))
```

4.2.2 表结构的修改

修改表结构的命令是 ALTER TABLE。该命令有 3 种格式，不同的格式可以完成不同的修改操作。

格式 1：

第一种格式的 ALTER TABLE 命令可以删除字段、更改字段名，定义、修改和删除表一级的有效性规则等，其具体的命令格式为：

```
ALTER TABLE 表名 [DROP [COLUMN] 字段名]
[SET CHECK 表达式 [ERROR 字符串表达式]]
[DROP CHECK]
[ADD PRIMARY KEY 表达式]
[DROP PRIMARY KEY]
[RENAME COLUMN 原字段名 TO 新字段名]
```

其中：

- DROP [COLUMN] 用来删除字段，COLUMN 可省略。
- RENAME COLUMN 用来更改字段名。
- SET CHECK 用来定义或修改表一级的有效性规则，可以用 ERROR 短语给出信息提示。
- DROP CHECK 用来删除表一级的有效性规则。
- ADD PRIMARY KEY 用来定义主关键字（主索引）。
- DROP PRIMARY KEY 用来删除主关键字（主索引）。

下面通过一些例子来说明这些命令短语的应用。如果将数据库设计器打开，可以观察这些命令的执行效果（仅针对 4.2.1 节建立的 STU 表进行操作）。

【例 4.25】删除 STU 表中的姓名字段。

```
ALTER TABLE  STU  DROP COLUMN 姓名
```

【例 4.26】将 STU 表中的入学成绩字段改为成绩字段。

```
ALTER TABLE STU  RENAME COLUMN 入学成绩 TO 成绩
```

【例 4.27】对 STU 表设置表一级有效性规则，规定入学日期字段的值必须大于出生日期字段的值，不符合规定时，显示"入学日期必须大于出生日期"。

```
ALTER TABLE  STU ;
SET  CHECK   入学日期>出生日期;
ERROR  "入学日期必须大于出生日期"
```

【例 4.28】删除 STU 表的表一级的有效性规则。

```
ALTER  TABLE  STU  DROP  CHECK
```

格式 2：

第二种格式的 ALTER TABLE 命令可以添加（ADD）新的字段或修改（ALTER）已有的字段等，其命令格式为：

```
ALTER TABLE  表名 ADD | ALTER  [COLUMN]
字段名  字段类型 [(字段宽度 [ ,小数位数])]
[NULL | NOT NULL ]
[CHECK  表达式  [ERROR 字符型表达式] ]
[DEFAULT 默认值 ]
[PRIMARY  KEY | UNIQUE]
```

注意：其格式基本可以与 CREATE TABLE 的格式相对应。

【例 4.29】为 STU 表增加一个性别字段，字段类型为字符型，宽度为 2。

```
ALTER TABLE STU  ADD  性别 C (2)
```

格式 3：

第三种格式的 ALTER TABLE 命令主要用于定义、修改和删除字段级的有效性规则和默认值定义等，其具体命令格式为：

```
ALTER TABLE 表名 ALTER [COLUMN]  <字段名>
[SET DEFAULT 默认值]
[SET  CHECK 表达式 [ERROR 字符型表达式]]
[DROP DEFAULT]
[DROP CHECK]
```

其中，命令动词 SET 用于定义或修改字段级的有效性规则和默认值定义，DROP 用于删除字段级的有效性规则和默认值定义。

【例 4.30】修改或定义 STU 表成绩字段的有效性规则。

```
ALTER TABLE STU ALTER 成绩;
SET  CHECK 成绩>450  ERROR "成绩必须在 450 分以上"
```

【例 4.31】删除 STU 表成绩字段的有效性规则。

```
ALTER TABLE STU  ALTER 成绩  DROP CHECK
```

注意：用 ALTER TABLE 这 3 种命令形式可以在不打开表设计器的情况下修改表的结构。

4.2.3 表的删除

删除表的 SQL 命令是 DROP，其命令格式为：

```
DROP  TABLE  表名
```

DROP TABLE 直接从磁盘上删除表名所对应的 DBF 文件。如果表名所指的表是数据库中的表并且相应的数据库是当前数据库，则从数据库中删除表。否则，虽然从磁盘上删除了 DBF 文件，但是在数据库中所记录的 DBC 文件的信息却没有删除，以后使用数据库时会出现错误提示。所以，在删除数据库中的表时，最好在数据库中完成删除操作。

在数据库设计器中右击要删除的表，在弹出的快捷菜单中选择"删除"命令；或单击要删除的表，选择"数据库"菜单中的"移去"命令，显示如图 4-24 所示的对话框，单击【删除】按钮，即可完成表的删除操作。

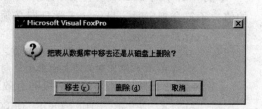

图 4-24 删除表操作确认对话框

4.3 数据操纵功能

SQL 语言的操纵功能是完成对表中数据的操作，主要包括记录的插入（INSERT）、更新（UPDATE）和删除（DELETE）等操作。

4.3.1 插入记录

SQL 语言中插入记录的命令为 INSERT，Visual FoxPro 中支持两种插入命令格式。

格式 1：

    INSERT INTO 表名 [(字段名表)] VALUES (表达式表)

格式 2：

    INSERT INTO 表名 FROM ARRAY 数组名

其中：

- "INSERT INTO 表名"短语指明向表名所指定的表中插入记录。
- 在格式 1 中，当插入各个字段值不是完整的记录时，可以用字段名表给出要插入字段值的字段名列表，如果按顺序给出表中全部字段的值，则字段名表选项可以省略。
- 在格式 1 中，"VALUES (表达式表)"短语给出具体的与字段名列表中给出的字段顺序相同、类型相同的值。
- 在格式 2 中，"FROM ARRAY 数组名"短语说明从指定的数组中插入记录值。

【例 4.32】在 STU 表中插入一条记录。

    INSERT INTO STU VALUES("1020","李丹",{^1985/10/12}, {^2001/9/12},
                                                480,"男")

其中：

- "1020"是学号字段的值。
- "李丹"是姓名字段的值。
- "{^1985/10/12}"是出生日期字段的值。
- "{^2001/9/12}"是入学日期字段的值。
- "480"是成绩字段的值。
- "男"是性别字段的值。

因为所有字段在 VALUES 短语中均给出值,并且表中字段顺序与字段值列表的顺序完全相同,所以省略了字段名表选项。

【例 4.33】对 STU 表只插入姓名和性别字段的值。

    INSERT INTO STU (姓名,性别) VALUES ("泱泱","女")

【例 4.34】用一段程序来说明"INSERT INTO…FROM ARRAY"的使用方式。

```
USE STU
LIST
SELE * FROM STU INTO ARRAY AP
        &&将查询结果保存到数组 AP 中
INSERT INTO STU FROM ARRAY AP
        &&将数组 AP 中的元素值插入到表 STU 中
LIST
USE
```

4.3.2 更新记录

SQL 语言中更新记录的命令为 UPDATE，其格式为：

```
UPDATE 表名
SET 字段名 1= 表达式 1 [,字段名 2 = 表达式 2…]
[WHERE 条件]
```

使用 WHERE 短语来指定修改的条件，UPDATE 命令用来更新满足条件记录的字段值，并且一次可以更新多个字段；如果不使用 WHERE 短语，则更新全部记录。

【例 4.35】将 STU 表中所有记录的成绩字段值设置为 550。

```
UPDATE STU SET 成绩=550
```

【例 4.36】将 STU 表中男同学的成绩字段值增加 50%。

```
UPDATE STU SET 成绩=成绩*1.5 WHERE 性别="男"
```

4.3.3　删除记录

SQL 语言中逻辑删除记录的命令为 DELETE，其命令格式为：

```
DELETE FROM 表名 [WHERE 条件]
```

其中：

- FROM 短语指定从哪个表中删除数据。
- WHERE 短语给出被删除记录所需满足的条件。
- 如果不使用 WHERE 子句，则逻辑删除该表中的全部记录。

【例 4.37】删除 STU 表中学号为 1020 的记录。

```
DELETE FROM STU WHERE 学号="1020"
```

注意：SQL 中的 DELETE 命令是逻辑删除记录。如果要物理删除记录，需要使用 PACK 命令。

第 5 章　表单设计和应用

学习目标

- 了解面向对象程序设计基础知识。
- 掌握表单设计器各组成部分的用法及设计表单的过程。
- 掌握表单控件的常用属性、事件及方法。
- 了解用表单向导建立表单的过程。
- 了解表单的类型。

5.1　面向对象程序设计基础

Visual FoxPro 不但支持标准的过程化程序设计，而且在语言方面进行了扩展，提供了面向对象程序设计的强大功能和更大的灵活性。

面向对象程序设计是当前程序设计的主流方向，是程序设计在思维上和方法上的一次飞跃。面向对象程序设计方式是一种模仿人们建立现实世界模型的程序设计方式，是对程序设计的一种全新的认识。

面向对象的程序设计方法与编程技术不同于标准的过程化程序设计。程序设计人员在采用面向对象程序设计方法时，不是单纯地从代码的第一行一直编到最后一行，而是考虑如何创建对象，利用对象来简化程序设计，提供代码的可重用性。

在使用 Windows 环境下的应用程序时，经常通过操作应用程序的窗口和对话框等来完成某一特定功能，达到预期的操作目标，这在 Visual FoxPro 中就是由表单和表单控件来实现的，而它们采用的都是面向对象程序设计方法。类和对象是面向对象程序设计方法中两个基本的概念。

5.1.1　类与对象

把具有相同数据特征和行为特征的所有事物称为一个类。例如，学生可以是一个类，所有学生都具有相同的数据特征，即学号、姓名、年龄、所在班级等；同时又有相同的行为特征即学习、考试等。把数据特征称为属性，把行为特征称为方法。

对象是类的一个实例，对象具有属性、事件和方法程序。类包含了有关对象的特征和行为信息，它是对象的蓝图和框架，对象的属性由对象所基于的类决定。每个对象都可以对发生在其上面的动作进行识别和响应，发生在对象上的动作称为事件。事件是预先定义好的特定动作，由用户或系统激活。在大多数情况下，事件是通过用户的交互操作产生的。方法程序是与对象相关联的过程，但又不同于一般的 Visual FoxPro 过程。方法程序与对象紧密地连接在一起，与一般 Visual

FoxPro 过程的调用方法不同。用户不能创建新的事件，方法程序却可以无限扩展。针对学生类，具体到某一名学生，即为学生类中的对象，例如李艳同学，学号为 2005001，姓名为李艳，年龄为 18，所在班级为管理 2 班等具体的数据特征为李艳这一对象的属性，学习等行为特征为方法。

5.1.2 子类与继承性

所有对象的属性、事件和方法程序在定义类时被指定。类还具有封装性、继承性等特征。而且还可由类派生出子类。类的这些特征，隐藏了类的复杂性，使用户集中精力来使用对象的特性。

类的属性代码和方法程序被封装存放在类的内部。一个类就像是一个黑盒子，类的属性代码和方法程序被封装在黑盒子里，从外面无法看见盒子里面的内容，也不能进行修改，类的这种封装特性称为封装性。

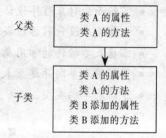

在面向对象系统中，可以用类去定义一个新类，如果根据类 A 定义了类 B，则称类 A 为父类，类 B 为子类。一个子类可以拥有其父类的全部功能，即类 B 继承了类 A 的属性和方法程序，把这种特性称为继承性，同时类 B 又可以有自己的属性和方法程序。继承性使得在一个类上所做的改动反映到它的所有子类当中，这种自动更新节省了用户的时间和精力。如图 5-1 所示。

图 5-1 类的继承性

5.1.3 Visual FoxPro 中的类

Visual FoxPro 提供了大量可以直接使用的类，使用这些类还可以定义或派生其他的类（子类），这样的类称作基类或基础类。

从是否能够包含其他对象分类，Visual FoxPro 的基类包括两大主要类型：容器类和控件类。容器类可以包含其他对象，并且允许访问这些对象。控件类作为整个单元操作，不能包含其他对象。

在 Visual FoxPro 中，容器类包括表单、表格、页框、命令按钮组、选项按钮组等，控件类包括命令按钮、标签、文本框、组合框、列表框等，如图 5-2 所示。

图 5-2 Visual FoxPro 中的基类

从控件的存在形式分类可以分为两大类：

标准控件：又称内部控件，在表单控件工具箱中默认显示。

ActiveX 控件：ActiveX 控件是一种 ActiveX 部件，是第三方开发商提供的。这些控件可以添加到表单控件工具箱中，像使用标准控件一样使用。ActiveX 部件的扩展名为.VCX。

用户在使用 ActiveX 控件时，需要首先将 ActiveX 控件添加到表单控件工具箱中。添加方法是：

选择"工具"菜单中的"选项"命令，显示图 5-3 所示的"选项"对话框，选择"控件"选项卡中的"ActiveX 控件"选项，在选定列表中选择要添加的控件，单击【确定】按钮。

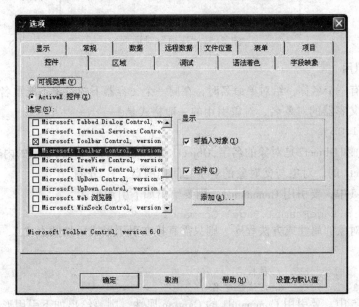

图 5-3 "选项"对话框

添加了 ActiveX 控件后，单击表单控件工具栏中的【查看类】按钮，选择"ActiveX 控件"选项后，就可以像使用标准控件一样使用 ActiveX 控件，如图 5-4 所示。

图 5-4 添加了 ActiveX 控件后的表单控件工具栏

5.1.4 Visual FoxPro 对象的引用

在容器类、子类和对象的设计中，编写代码时往往需要调用容器中的某一对象，此时，对象在它相对的容器中的分层结构关系，决定了对象的引用形式。图 5-5 给出了带有分层结构的表单。

1. 容器类中对象的层次

容器中的对象仍然可以是一个容器，一般把一个对象的直接容器称为父容器，在调用对象时，明确该对象的父容器非常重要。例如在图 5-5 中，PageFrame1 的父容器是 Form1，Page1 的父容器是 PageFrame1，Command1 的父容器是 Page1。

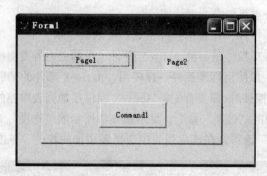

图 5-5　"选项"对话框

2．对象的引用

每个对象都有一个名称，给对象命名时，在同一个父容器下的对象不能重名，对象不能单独引用，需要给出父容器的对象名，对象引用的一般格式是：

```
Object1.Object2.…
```

其中，Object1 和 Object2 是对象的名字，Object1 是 Object2 的父容器，表示的内容是对象 Object2 的，而不是 Object1 的，对象与父对象的名字之间用圆点"."分隔。

例如在图 5-5 中，要引用 Command1，则要给出如下引用形式。

```
Thisform.PageFrame1.Page1.Command1
```

如果要引用对象的属性或方法程序，则只需直接在引用形式后加圆点"."，再给出属性名或方法程序名即可。

```
Object1.Object2.….属性名
Object1.Object2.….方法程序名
```

例如在图 5-5 中，要引用 Command1 的 Caption 属性，则要给出如下引用形式。

```
Thisform.PageFrame1.Page1.Command1.Caption
```

3．代词的用法

在容器层次中引用对象时，Visual FoxPro 中允许从对象层次中引用对象，经常要用到几个代词，表 5-1 给出了几个代词的用法。

表 5-1　几个代词的用法

代　　词	意　　义	实　　例
Parent	表示对象的父容器对象	Command1.Parent 表示对象 Command1 的父容器
This	表示对象本身	This.Visible 表示对象本身的 Visible 属性
ThisForm	表示对象所在的表单	ThisForm.Cls 表示执行对象所在表单的 Cls 方法程序

例如在图 5-5 中，在 PageFrame1 的 Click 事件中要引用 Form1 的属性，可以给出如下引用形式。

```
This.Parent.Backcolor=RGB(192,0,0)
```

或

```
Thisform.Backcolor=RGB(192,0,0)
```

例如在图 5-5 中，在 Command1 的 Click 事件中要引用 Command1 的属性，可以给出如下引用形式。

```
This.Fontsize=20
```

5.1.5　可视化和面向对象开发方法的基本概念

一个 Windows 应用程序是由若干个窗口构成的，每个窗口上都有若干个控件，如命令按钮、菜单、显示的文本等。每个控件都有若干事件，如在命令按钮上的单击事件等，每个事件将对应一段程序代码。同样，用可视化方法开发的 Visual FoxPro 应用程序也是这样构成的，图 5-6 给出了可视化方法开发应用程序的构成。

可视化和面向对象开发方法以对象为基础，用事件驱动程序执行，其实质是先定义对象及其属性，再定义对象上某个事件发生时要执行的程序代码。

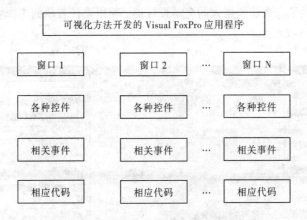

图 5-6　可视化方法开发应用程序的构成

面向对象开发方法与传统的面向过程的程序设计方法有很大的变化。按照面向对象开发方法设计的程序运行后，系统随时等待某个事件发生，然后去执行相应事件的代码，运行过程中系统处于事件驱动的工作状态。如果不发生某事件，即使编写了相应事件的代码也不执行。

Visual FoxPro 拥有核心事件集，这些事件适用于大多数的控件。表 5-2 给出了核心事件集。

表 5-2　Visual FoxPro 核心事件集

事　　　件	事件被激发后的动作
Init	创建对象
Destory	从内存中释放对象
Click	单击对象
DblClick	双击对象　，
RightClick	右键单击对象
GotFocus	对象接收焦点
LostFocus	对象失去焦点
KeyPress	按下或释放键

在层次结构的表单中，当用户以任意一种方式（单击，按键等）与对象交互时，对象事件被触发。每个对象只接收自己的事件。例如在图 5-5 中，当在 Command1 上发生 Click 事件，只触发 Command1 的 Click 事件，而不会触发 PageFrame1 的 Click 事件。

但在 Visual FoxPro 中，也有例外情况。例如有一个选项按钮组 OptionGroup1，包含两个选项按钮 Option1 和 Option2，其中只有与 Option1 的 Click 事件相关的代码，有与 OptionGroup1 的 Click

事件相关的代码。如果用户单击 Option1 时，由于有与 Option1 相关的 Click 事件代码，系统就执行与 Option1 相关的 Click 事件代码。如果用户单击 Option2，由于没有与 Option2 相关的 Click 事件代码，就执行 OptionGroup1 相关的 Click 事件代码。

5.2 表单设计器及表单设计

5.2.1 表单设计器

Visual FoxPro 提供了一个功能强大的表单设计器，使得设计表单的工作变得又快又容易。"表单设计器"窗口如图 5-7 所示。

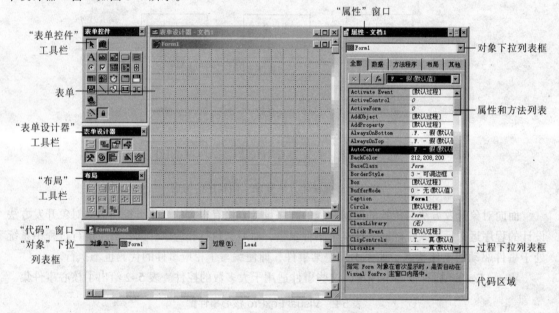

图 5-7 "表单设计器"窗口

与"表单设计器"窗口有关的内容包括表单、"表单控件"工具栏、"属性"窗口、"代码"窗口、"数据环境设计器"窗口、"布局"工具栏、"表单设计器"工具栏等。

1．表单

表单是容器控件，是表单设计的画布，可以在其上面添加其他控件。

2．"表单控件"工具栏

"表单控件"工具栏包含 Visual FoxPro 提供的标准控件，可以将"表单控件"工具栏中的控件添加到表单上。在表单中添加控件的方法：首先在"表单控件"工具栏中单击要添加的控件，然后在表单中拖动或单击表单即可。也可以连续添加多个相同的控件，首先单击要添加的控件，再单击"表单控件"工具栏中的【按钮锁定】按钮，连续在表单中拖动或单击。

另外，有些表单控件可以通过生成器来快速地在表单中创建其对象的属性。通过生成器设置属性时，首先单击"表单控件"工具栏中的【生成器锁定】按钮，再往表单中添加控件。如果生成器已注册，会在添加控件的同时打开"生成器"对话框；也可以先添加控件到表单中，再右击该控件，在快捷菜单中选择"生成器"命令，打开"生成器"对话框。

选择"显示"菜单中的"表单控件工具栏"命令，或在"表单设计器"工具栏中单击【表单控件工具栏】按钮📌，可以显示或隐藏"表单控件"工具栏。

3．"属性"窗口

"属性"窗口由对象列表、属性和过程列表组成。对象列表中列出了表单中包含的所有对象的名称。属性和过程列表中的内容与对象列表中选中的对象相对应。属性和过程列表中列出了对象的属性和过程。对象的属性可以在"属性"窗口中设置，也可以在"代码"窗口中设置。在"代码"窗口中设置属性的方法为：

  Thisform.对象名.属性名=属性值

在"代码"窗口中设置一个对象的多个属性，可以使用 WITH…ENDWITH 结构简化属性设置过程，例如：

```
WITH Thisform.label1
    .Fontsize=32
    .Caption="运算结果"
    .Width=200
    .Height=50
    .Fontname="黑体"
ENDWITH
```

选择"显示"菜单中的"属性"命令，或在"表单设计器"工具栏中单击【属性窗口】按钮🖳，可以显示或隐藏"属性"窗口。也可以右击表单，在弹出的快捷菜单中选择"属性"命令，显示"属性"窗口。

4．"代码"窗口

"代码"窗口由对象列表、过程列表和代码区域组成，用来为表单中对象的事件编写代码。

选择"显示"菜单中的"代码"命令，或在"表单设计器"工具栏中单击【代码窗口】按钮🦋，可以显示或隐藏"代码"窗口。也可以右击表单，在弹出的快捷菜单中选择"代码"命令，或在表单上双击，显示"代码"窗口。

5．"布局"工具栏

利用"布局"工具栏可以方便地调整表单中被选对象的相对大小、位置和对齐方式。选择"显示"菜单中的"布局工具栏"命令，或在"表单设计器"工具栏中单击【布局工具栏】按钮🖼，可以显示和隐藏"布局"工具栏。

6．"数据环境设计器"窗口

表单设计可以与表有关，也可以与表无关。如果表单与表有关，在建立表单时应该设置数据环境。数据环境是一个对象，它包含与表单相互作用的表或视图，以及表单所要求的表之间的关系。可以在"数据环境设计器"中直观地设置数据环境，即添加表或视图到"数据环境设计器"中，并与表单一起保存。在表单运行时，数据环境可以自动打开、关闭表和视图。

通过选择"显示"菜单中的"数据环境"命令，或右击表单，在弹出的快捷菜单中选择"数据环境"命令，或在"表单设计器"工具栏中单击【数据环境】按钮🖳，打开"数据环境设计器"窗口，在打开的对话框中选择要添加的表或视图。图 5-8 给出了"数据环境设计器"窗口。

在"数据环境设计器"中可以移去表或视图。右击要移去的表或视图，从快捷菜单中选择"移去"命令；或在"数据环境"菜单中选择"移去"命令。将表从数据环境中移去时，与这个表有关的所有关系也随之移去。

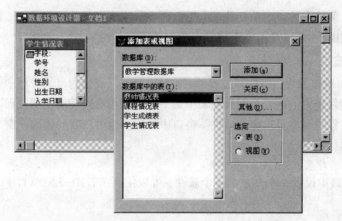

图 5-8 "数据环境设计器"窗口

在数据环境设计器中的表可以通过两个表的连接字段设置永久关系。永久关系可以是一对多关系，也可以是多对多关系，这里主要介绍建立一对多关系。连接字段值不重复的表称为主表，连接字段值可以重复的表称为辅表。如果辅表中有与主表相匹配的字段，并且建立了索引，可以将字段从主表拖动到辅表中相匹配的索引标识上就可以建立两个表的永久关系。如果辅表中有与主表相匹配的字段，但没有建立索引，将字段从主表拖动到辅表中的相匹配字段上就可以建立两个表的永久关系。

7．"表单设计器"工具栏

"表单设计器"工具栏包括"设置 Tab 键次序"、"数据环境"、"属性窗口"、"代码窗口"、"表单控件工具栏"、"调色板工具栏"、"布局工具栏"、"表单生成器"和"自动格式"等按钮。

选择"显示"菜单中的"工具栏"命令，可以显示或隐藏"表单设计器"工具栏。

5.2.2　表单设计的基本步骤

表单可以与表有关，也可以与表无关。与表有关的表单设计可以通过向导完成，也可以在表单设计器中设计完成；与表无关的表单设计只能在表单设计器中设计完成。利用向导建立表单将在 5.3.18 小节介绍。表单文件以扩展名".SCX"文件形式保存在磁盘上。在表单设计器中建立表单通常需要完成以下几方面操作：

1．打开表单设计器

建立表单文件，可以通过菜单方式和命令方式。

（1）菜单方式

选择"文件"菜单中的"新建"命令，在"新建"对话框中选择"表单"单选按钮，单击【新建文件】按钮。

（2）命令方式

用命令方式建立表单文件，其命令格式为：

    CREATE　FORM　[表单文件名 | ?]

2．设置数据环境

数据环境是一个容器对象，用来定义与表单相联系的表或视图等信息及其相互联系。如果建立与表有关的表单，则需要设置数据环境。

3．在表单中添加控件

在"表单控件"工具栏中选择要添加的控件，在表单中单击鼠标或拖动鼠标均可以添加控件到表单中。

4．设置对象属性

在"属性"窗口中设置表单及表单中对象的属性。单击要设置属性的对象，或在"属性"窗口的对象列表中选择要设置属性的对象，在属性列表中选择需要设置的对象属性，选择属性的值，也可以通过生成器设置对象的属性。

5．编写事件代码

在"代码"窗口中编写相应对象的事件代码。在"代码"窗口中的对象列表中选择需要编写代码的对象名，在过程列表中选择要编写代码的事件，在代码区域输入事件代码。

6．保存并运行表单

选择"文件"菜单中的"保存"命令，或单击"常用"工具栏中的【保存】按钮，保存表单文件。表单文件以".SCX"为扩展名保存在磁盘中，同时系统还会生成以".SCT"为扩展名的表单备注文件。

运行表单可以采用下面几种方式：
- 选择"表单"菜单中的"执行表单"命令。
- 右击表单，在快捷菜单中选择"执行表单"命令。
- 在命令窗口中输入"DO FORM 表单文件名"运行表单。
- 在"常用"工具栏中单击【运行】按钮!运行表单。

【例 5.1】设计如图 5-9（a）所示的表单，用于完成输入任意的两个数并求和。表单上包含的控件及属性在表 5-3 中给出，图 5-9（b）给出了表单运行效果图。

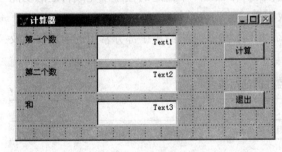

（a）例 5.1 表单设计图

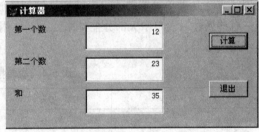

（b）例 5.1 表单运行效果图

图 5-9 例 5.1 建立表单

设计表单的过程如下：

① 建立表单文件 5-1.SCX。

在命令窗口中输入命令 CREATE FORM 5.1，打开表单设计器。

② 根据图 5-9（a）在表单中添加相应的控件。

③ 根据表 5-3 给出的属性值设置各控件的属性。

表 5-3　例 5.1 表单包含的控件及其属性

控 件 名	属 性	值
Form1	Caption	计算器
Label1	Caption	第一个数
Label2	Caption	第二个数
Label3	Caption	和
Text1	Value	0
Text2	Value	0
Text3	Value	0
Command1	Caption	计算
Command2	Caption	退出

④ 编写代码。

在 Command1 的 Click 中输入代码：

```
Thisform.Text3.Value=Thisform.Text1.Value+Thisform.Text2.Value
```

在 Command2 的 Click 中输入代码：

```
Thisform.Release
```

⑤ 保存并运行表单。在命令窗口中输入下列命令运行表单：

```
DO FORM 5-1
```

5.3　常用的表单控件

在 Visual FoxPro 中，表单控件的属性决定这个控件的数据特征，例如命令按钮的位置等。当控件的某个事件发生时，例如鼠标在命令按钮上单击，将驱动一个约定的程序段完成特定的功能处理。方法是表单等控件的行为特征，例如释放表单、移动表单等。

有些属性对表单中大部分控件来说，其作用都相同，表 5-4 中给出了部分常用的通用属性及其作用。

表 5-4　表单控件的通用属性

属 性	作 用
Name	指定在代码中用以引用对象的名称
Caption	指定对象标题文本
Enabled	指定能否由用户引发事件
Visible	指定对象是否可见
Alignment	指定与控件相关联的文本对齐方式
BackColor	指定对象内文本和图形的背景色
ForeColor	指定对象内显示的文本和图形的前景色
FontSize	指定显示文本的字体大小
FontName	指定显示文本的字体
FontBold	指定文字是否为粗体，.T. 为粗体
FontItalic	指定文字是否为斜体，.T. 为斜体

5.3.1 表单（Form）控件

表单是 Visual FoxPro 中其他控件的容器，通常用于设计应用程序中的窗口和对话框等界面。可以在表单上添加需要的控件，以完成应用程序中窗口和对话框等界面的设计要求。

1．常用属性

- Caption：表单标题栏中显示的文本。
- MaxButton：表单是否可以进行最大化操作，为.T.时表示可以进行最大化操作。
- MinButton：表单是否可以进行最小化操作，为.T.时表示可以进行最小化操作。
- Closable：表单是否可以通过双击控制菜单或关闭按钮来关闭表单，为.T.时表示可以关闭表单。
- ControlBox：系统控制菜单是否显示，为.T.时显示；为.F.时不显示，此时的最大化按钮、最小化按钮、关闭按钮不显示在表单上。
- Icon：表单中系统控制菜单的图标，图标文件是扩展名为".ICO"的文件。
- TitleBar：表单的标题栏是否可见，"1–打开"表示显示表单的标题栏；"0–关闭"表示关闭表单的标题栏。

2．常用方法

- Show：显示表单。
- Hide：隐藏表单。
- Refresh：刷新表单。
- Release：释放表单。
- Cls：清除表单上运行过程中的输出结果。

3．常用事件

- Load：表单运行时，创建表单之前触发此事件。
- Init：表单运行时，创建表单时触发此事件。
- Destroy：释放表单之前触发此事件。
- Unload：释放表单时触发此事件。
- Click：表单运行时，单击表单时触发此事件。
- RightClick：表单运行时，右击表单时触发此事件。

5.3.2 标签（Label）控件

标签控件用于在表单中显示静态的文本，通常用于提示信息。

1．常用属性

- Caption：标签的标题文本。
- Alignment：标题文本的对齐方式，可以选择"0–左（默认值）"、"1–右"和"2–中央"3种对齐方式。
- BackStyle：标签背景是否透明，可以选择"0–透明"或"1–不透明（默认值）"。

2．常用事件

Click：单击标签时触发此事件。

5.3.3　文本框（Text）控件

文本框控件用于显示或输入单行的文本，它允许用户编辑内存变量、数组元素及保存在表中非备注字段中的数据。显示在文本框中的内容保存在其属性 Value 中，所有标准的 Visual FoxPro 编辑操作，如剪切、复制和粘贴等都可以在文本框中使用。

1．常用属性

- Alignment：用于指定文本框中文本的对齐方式，可以选择 "0–左"、"1–右"、"2–中间" 和 "3–自动（默认值）" 4 种对齐方式。
- PasswordChar：用于指定文本框是显示用户输入的字符还是占位符。
- SelText：在文本输入区域选定的文本内容。
- SelLength：在文本输入区域选定的字符数目。
- SelStart：在文本输入区域选定字符的起始位置。
- Value：文本区域中的内容。

文本框中的文本类型可以是字符型、数值型、日期型和逻辑型，默认类型为字符型，但可以在 "属性" 窗口中设置 Value 属性的初始值确定文本类型，也可以右击文本框，在弹出的快捷菜单中选择 "生成器" 命令，在 "文本框生成器" 对话框中设置文本类型。

2．常用事件

InteractiveChange：当文本框的内容发生改变时触发此事件。

5.3.4　命令按钮（Command）控件

命令按钮是最常用的控件，它通常用于启动一段预先设计的代码，如确定、退出、打开等。

1．常用属性

- Cancel：指定当用户按下【Esc】键时，执行与命令按钮的 Click 事件相关的代码。
- Caption：在按钮上显示的标题文本。
- Enabled：能否选择此按钮，值为.T.可用，值为.F.不可用。
- Picture：显示在按钮上的图像，是扩展名为 ".BMP" 的文件。

2．常用事件

Click：当单击命令按钮时触发该事件。

【例 5.2】建立如图 5–10（a）所示的表单，表单包含的控件和属性如表 5–5 所示，表单完成的功能是输入用户名和密码，图 5–10（b）给出了表单运行效果图。单击【验证】按钮进行验证。如果正确，显示 "登录成功，欢迎使用"，如图 5–10（c）所示，并退出表单；若用户名或密码有错误，则显示 "用户名或密码错误，请重新输入"，如图 5–10（d）所示。单击【退出】按钮退出表单。现假设用户名为 ABC，密码为 123。

表 5-5　例 5-2 表单包含的控件及其属性

控　件　名	属　　　性	值
Form1	Caption	登录
Label1	Caption	用户名
Label2	Caption	密码

控　件　名	属　　性	值
Text1		
Text2	PasswordChar	*
Command1	Caption	验证
Command2	Caption	退出

Command1_Click 的事件代码为：

```
If Thisform.Text1.Value="ABC" And Thisform.Text2.Value="123"
    Wait "登录成功，欢迎使用" Window
    Thisform.Release
Else
    Wait "用户名或密码错误，请重新输入" Window
    Thisform.Text1.Value=""
    Thisform.Text2.Value=""
Endif
```

Command2_Click 的事件代码为：

```
Thisform.Release
```

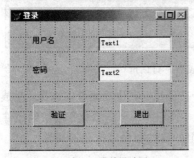

（a）例 5.2 表单设计图

（b）例 5.2 表单运行效果图

（c）例 5.2 表单运行效果图

（d）例 5.2 表单运行效果图

图 5-10　例 5.2 建立表单

5.3.5　命令按钮组（Commandgroup）控件

命令按钮组控件是一个容器控件，它包含一组命令按钮（Command）。命令按钮组控件将相关的一组命令按钮集中在一起，既可单独操作，也可作为一个组来统一操作。

1. 常用属性

命令按钮组的常用属性：

- ButtonCount：命令按钮组中命令按钮的数目。
- Value：命令按钮组中当前选中的命令按钮的序号，序号是根据命令按钮的排列顺序从 1 开始编号的。

命令按钮的常用属性见 5.3.4 小节。

命令按钮组的属性可以通过生成器快速设置。命令按钮组的生成器如图 5-11 所示，生成器包括"按钮"和"布局"选项卡。在生成器中可以设置命令按钮组中包含的命令按钮个数、命令按钮的标题、命令按钮的布局等属性。可以采用下面的操作，打开"命令组生成器"对话框。

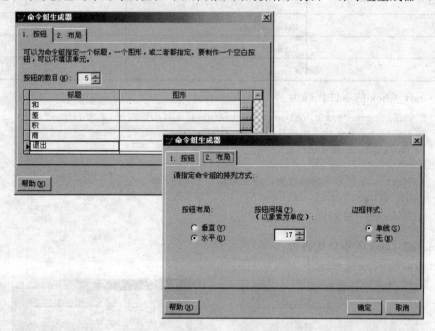

图 5-11 "命令组生成器"对话框

- 先添加命令按钮组控件到表单中，再右击命令按钮组，在快捷菜单中选择"生成器"命令。
- 先单击"表单控件"工具栏中的【生成器锁定】按钮，再添加命令按钮组控件到表单中。另外，也可以通过"属性"窗口设置命令按钮组的属性和命令按钮的属性。

2．常用事件

Click：当单击命令按钮组时触发该事件。

【例 5.3】完成如图 5-12（a）所示的计算器表单，表单包含的控件和各控件的属性由表 5-6 给出，表单完成两个数的和、差、积、商计算，图 5-12（b）给出了表单运行效果图。

表 5-6　例 5.3 表单控件及属性

控 件 名	属 性	值
Form1	Caption	计算器
Label1	Caption	第一个数
Label2	Caption	第二个数
Label3	Caption	结果
Text1	Value	0
Text2	Value	0
Text3	Value	0
Commandgroup1	ButtonCount	5

续表

控　件　名	属　　性	值
Commandgroup1.Command1	Caption	和
Commandgroup1.Command2	Caption	差
Commandgroup1.Command3	Caption	积
Commandgroup1.Command4	Caption	商
Commandgroup1.Command5	Caption	退出

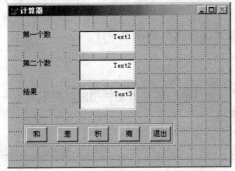
（a）例 5.3 表单设计图

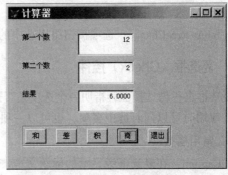
（b）例 5.3 表单运行效果图

图 5-12　例 5.3 建立表单

Commandgroup1_Click 的事件代码为：

```
Xn=Thisform.Commandgroup1.Value
            &&Xn 是内存变量，值为选中命令按钮组中按钮的序号
Do Case
   Case Xn=1
     Thisform.Text3.Value=Thisform.Text1.Value+Thisform.Text2.Value
   Case Xn=2
     Thisform.Text3.Value=Thisform.Text1.Value-Thisform.Text2.Value
   Case Xn=3
     Thisform.Text3.Value=Thisform.Text1.Value*Thisform.Text2.Value
   Case Xn=4
     Thisform.Text3.Value=Thisform.Text1.Value/Thisform.Text2.Value
   Case Xn=5
     Thisform.Release
Endcase
```

5.3.6　选项按钮组（Optiongroup）控件

选项按钮也称单选按钮，用于在多个选项中选择其中一个选项，选项按钮一般都是成组使用的。在一组选项按钮中只能选择一项，当重新选择一个选项时，先前选择的选项将自动释放，被选中的选项用黑心圆点表示。

1．常用属性

选项按钮组的常用属性：

● ButtonCount：选项按钮组中选项按钮的数目。

- Value：在选项按钮组中选中的选项按钮的序号，序号是根据选项按钮的排列顺序从 1 开始编号的。
- Enabled：说明能否选择此按钮组。
- Visible：说明该按钮组是否可见。

选项按钮的常用属性：

- Caption：在按钮旁显示的标题文本。
- Alignment：说明文本对齐方式，可以选择"0–左（默认值）"和"1–右"两种对齐方式。

2．主要事件

- Click：当单击选项按钮时触发该事件。
- InteractiveChange：选项按钮组中选中的按钮发生改变时触发该事件。

5.3.7 复选框（Check）控件

复选框也称做选择框，指明一个选项是否选中。复选框一般是成组使用的，用来表示一组选项，在应用时可以同时选中多项，也可以一项都不选。

1．常用属性

- Caption：在复选框旁显示的标题文本。
- Alignment：说明文本对齐方式。
- Enabled：说明此复选框是否可用。
- Visible：说明此复选框是否可见。
- Value：说明此复选框是否被选中，值为 1 或.T.时为选中，值为 0 或.F.时为未选中。

2．主要事件

- Click：当单击复选框时触发该事件。
- InteractiveChange：复选框中选项状态发生改变时触发该事件。

复选框控件主要用于判定在一组选项中选择哪些选项。由于每个复选框控件都是一个独立的控件，所以必须逐个判定每个复选框控件的 Value 属性的值。如果为 1 或.T.，则说明该复选框被选中；如果为 0 或.F.，则说明该复选框未被选中。

【例 5.4】完成图 5–13（a）所示的表单，表单包含的控件及其属性值在表 5–7 中给出，表单完成文本框中文本字号、字体和字形的设置，图 5–13（b）给出了表单运行效果图。

表 5-7　例 5.4 表单控件及属性

控　件　名	属　　性	值
Text1		
Optiongroup1	ButtonCount	3
Optiongroup1.Option1	Caption	16 号字
Optiongroup1.Option2	Caption	24 号字
Optiongroup1.Option3	Caption	32 号字
Optiongroup2	ButtonCount	3
Optiongroup2.Option1	Caption	黑体

续表

控 件 名	属 性	值
Optiongroup2.Option2	Caption	隶书
Optiongroup2.Option3	Caption	楷体
Check1	Caption	加粗
Check2	Caption	倾斜
Check3	Caption	下画线
Command1	Caption	退出

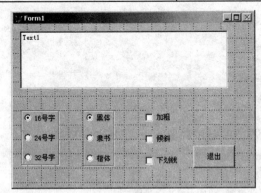

（a）例 5.4 表单设计图

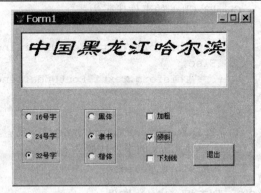

（b）例 5.4 表单运行效果图

图 5-13　例 5.4 建立表单

Optiongroup1_InteractiveChange 的事件代码为：

```
Do Case
    Case Thisform.Optiongroup1.Value=1
        Thisform.Text1.FontSize=16
    Case Thisform.Optiongroup1.Value=2
        Thisform.Text1.FontSize=24
    Case Thisform.Optiongroup1.Value=3
        Thisform.Text1.FontSize=32
Endcase
```

Optiongroup2_Interactivechange 的事件代码为：

```
Do Case
    Case Thisform.Optiongroup2.Value=1
        Thisform.Text1.FontName="黑体"
    Case Thisform.Optiongroup2.Value=2
        Thisform.Text1.FontName="隶书"
    Case Thisform.Optiongroup2.Value=3
        Thisform.Text1.FontName="楷体"
Endcase
```

Check1_Click 的事件代码为：

```
If Thisform.Check1.Value=1
    Thisform.Text1.FontBold=.T.
Else
    Thisform.Text1.FontBold=.F.
Endif
```

或

```
Thisform.Text1.FontBold= NOT Thisform.Text1.FontBold
```

Check2_Click 的事件代码为：

```
If  Thisform.Check2.Value=1
    Thisform.Text1.FontItalic=.T.
Else
    Thisform.Text1.FontItalic=.F.
Endif
```

或

```
Thisform.Text1.FontItalic = NOT Thisform.Text1.FontItalic
```

Check3_Click 的事件代码为：

```
If  Thisform.Check3.Value=1
    Thisform.Text1.FontUnderline=.T.
Else
    Thisform.Text1.FontUnderline=.F.
Endif
```

或

```
Thisform.Text1.FontUnderline = NOT Thisform.Text1.FontUnderline
```

Command1_Click 的事件代码为：

```
Thisform.Release
```

5.3.8 列表框（List）控件

列表框控件用于显示一系列选项供用户从中选择一项或多项，当项目在列表框的空间内显示不下时，可以通过旁边的滚动条进行翻页。

1．主要属性

- ColumnCount：列表框的列数。多列时，使用 ColumnWidths 属性设置每列的宽度，宽度值用","分隔。
- ControlSource：从列表中选择的值保存在何处。
- MultiSelect：能否从列表中一次选择多项，值为.T.时表示可以选择多项。
- RowSourceType：确定列表框 RowSource 属性值的类型。可以选择"0-无"、"1-值"、"2-别名"、"3-SQL 语句"、"4-查询"、"5-数组"、"6-字段"、"7-文件"、"8-结构"和"9-弹出式菜单"。
- RowSource：列表框中显示的值的来源。
- Value：列表框中选中的内容。
- List：用来存取列表框中数据项的数组。
- ListIndex：选中数据项的索引值，索引值从 1 开始。
- Selected：列表框中某条目是否处于选定状态。

2．常用方法

- AddItem：当 RowSourceType 属性的值为 0 或 1 时，向列表框中添加一项。
- RemoveItem：当 RowSourceType 属性的值为 0 或 1 时，从列表框中删除一项。

3．主要事件

● Click：当单击列表框时触发该事件。

● InteractiveChange：列表框中选定的选项发生改变时触发该事件。

4．使用要点

列表框使用的要点：一是如何给出列表框中的项目，二是如何判定从列表框中选择哪个或哪些项目。

通过设置 RowSourceType 和 RowSource 属性，可以用不同数据源中的项目填充列表框。其中，RowSourceType 属性决定列表框的数据源类型，如数组或表；RowSource 属性指定列表项的数据源。设置属性时，应该先设置 RowSourceType 属性的值，再设置 RowSource 属性的值。

假设列表框的对象名为 List1，列表框中选择的内容用 Value 属性表示，那么可以用 List1.Value 表示选择项目的内容。或者用列表框选中数据项索引值 ListIndex 属性表示，表示方法为 List1.List(List1.ListIndex)。

下面分别介绍 RowSourceType 和 RowSource 属性的不同设置。

（1）0–无

如果将 RowSourceType 属性设置为"0–无"，则不能自动填充列表项。可以用 AddItem 方法添加列表项，例如：

```
Thisform.List1.RowSourceType=0
Thisform.List1.AddItem("计算机")
Thisform.List1.AddItem("会计")
Thisform.List1.AddItem("土木")
```

RemoveItem 方法用于从列表中移去列表项，如下面一行代码将从列表中移去第 1 项：

```
Thisform.List1.RemoveItem(1)
```

（2）1–值

如果将 RowSourceType 属性设置为"1–值"，则可用 RowSource 属性指定多个要在列表框中显示的值。如果在"属性"窗口中设置 RowSource 属性的值，则可用逗号分隔列表项；如果要在程序中设置 RowSource 属性，则可用逗号分隔列表项，并用字符界限符括起来。

```
Thisform.List1.RowSourceType=1
Thisform.List1.RowSource="中国,法国,美国,日本,德国"
```

（3）2–别名

如果将 RowSourceType 属性设置为"2–别名"，可以在列表中包含打开表的一个或多个字段的值。

如果 ColumnCount 属性设置为 0 或 1，则列表将显示表中第一个字段的值；如果 ColumnCount 属性设置为非 0 或 1 时，则列表将显示表中最前面的几个字段值。

如果在"属性"窗口中设置 RowSource 属性的值，则直接输入表的别名即可，如果要在程序中设置，则将表的别名用字符界限符括起来。例如：

```
Thisform.List1.RowSourceType=2
Thisform.List1.RowSource="XSB"
```

（4）3–SQL 语句

如果将 RowSourceType 属性设置为"3–SQL 语句"，则在 RowSource 属性中包含一个 SQL–SELECT 语句。例如，下面的 SQL–SELECT 语句将从 XSB 表中选择姓名字段值作为列表框的项目。

```
SELECT 姓名 FROM XSB
```

如果在"属性"窗口中设置，则将 RowSource 属性值直接输入 SELECT 语句即可；如果在程序中设置，则需要将 SELECT 语句用字符界限符括起来。

```
Thisform.List1.RowSourceType=3
Thisform.List1.RowSource = "SELECT 姓名 FROM XSB"
```

（5）4-查询（.QPR）

如果将 RowSourceType 属性设置为"4-查询（.QPR）"，则可以用查询的结果填充列表框。查询一般是在查询设计器中设计的。当 RowSourceType 设置为"4-查询（.QPR）"时，需要将 RowSource 属性设置为一个查询文件即扩展名为".QPR"的文件。在"属性"窗口中直接输入查询文件名，可以给出扩展名".QPR"；在程序中设置时，需要将查询文件用字符界限符括起来。可以用如下语句将列表框的 RowSource 属性设置为一个查询。

```
Thisform.List1.RowSourceType=4
Thisform.List1.RowSource = "XM.QPR" &&XM 为已经存在的查询文件名
```

如果不指定文件的扩展名，Visual FoxPro 将默认扩展名是".QPR"。

（6）5-数组

如果 RowSourceType 属性设置为"5-数组"，则可以用数组中的元素填充列表框。可以在表单的 Init 事件或 Load 事件中创建数组，将 RowSource 的值设置为数组名即可。

Form1_Init 的事件代码用于创建数组，代码为：

```
Public x(5)
X(1)="黑龙江"
X(2)="吉林"
X(3)="沈阳"
X(4)="山东"
X(5)="山西"
```

如果在"属性"窗口中设置 RowSource，则直接输入数组名 X 即可；如果在程序中设置，则需用字符界限符将数组名括起来。

```
Thisform.List1.RowSourceType=5
Thisform.List1.RowSource="X"
```

（7）6-字段

如果 RowSowceType 属性设置为"6-字段"，则可以为 RowSource 属性指定一个字段或用逗号分隔的一系列字段值来填充列表框，例如：

学号,姓名

注意：当为列表框指定多个字段时，需要同时设置 ColumnCount（列表框的列数）属性的值。

当 RowSourceType 属性为"6-字段"时，可在 RowSoure 属性中包括下列几种信息：

- 字段名
- 别名.字段名
- 别名.字段名 1，别名.字段名 2，别名.字段名 3，…

如果在"属性"窗口中设置，则在设置了 RowSourceType 属性为 6 时，在 RowSource 属性处可以选择字段，如果在程序中设置，则需将字段名用字符界限符括起来。

```
Thisform.List1.ColumnCount=2
Thisform.List1.RowSourceType=6
Thisform.List1.RowSource="姓名,性别"
```

（8）7-文件

如果将 RowSourceType 属性设置为"7-文件"，则将用当前目录下的文件名来填充列表框，而且列表框中的选项允许选择不同的驱动器和目录，并在列表框中显示其中的文件名。可将 RowSource 属性设置为列表中显示的文件类型或要显示文件的驱动器和目录。

如果在"属性"窗口中设置 RowSource 属性，则直接输入要在列表框中显示文件所在的驱动器和目录及文件类型；如果在程序中设置 RowSource 属性，则需要将设置的内容用字符界限符括起来。

```
Thisform.List1.RowSourceType=7
Thisform.List1.RowSource="c:\*.dbf"
```

例如，要在列表中显示 Visual FoxPro 的表文件，可将 RowSource 属性设置为"*.dbf"，如图 5-14 所示，可以在程序中编写代码，并对选中列表框中的内容进行操作，如图 5-15 所示。

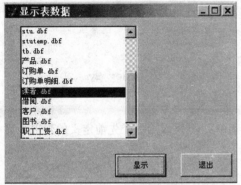

图 5-14　RowSource 属性设置为"*.dbf"　　　图 5-15　单击【显示】按钮的结果

【显示】命令按钮的事件代码为：

```
Aa=Thisform.List1.Value
Use &Aa
Brow
Use
```

（9）8-结构

如果将 RowSourceType 属性设置为"8-结构"，则将用 RowSource 属性所指定表中的字段名填充列表框。如果在"属性"窗口中设置，则可以将 RowSource 属性设置为表的别名；如果在程序中设置，则需将表的别名用字符界限符括起来。

```
Thisform.List1.RowSourceType=8
Thisform.List1.RowSource="XSB"
```

如果想为用户提供用来查找值的字段名列表或用来对表进行排序的字段名列表，则设置 RowSourceType 属性很有用。

【例 5.5】如图 5-16 所示，对 XSB.DBF 表中按列表框中选择的字段排序，并在表格控件中显示排序结果。

Form1_Init 的事件代码为：

```
Thisform.List1.RowSourceType=8
Thisform.List1.RowSource="Xsb"
Thisform.Grid1.Visible=.F.
```

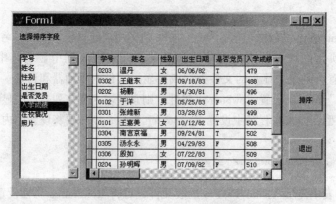

图 5-16　例 5.5 运行效果图

【排序】命令按钮的事件代码为：

```
Thisform.Grid1.Visible=.T.
ZD=Thisform.List1.Value
Thisform.Grid1.RecordSourceType=4
Thisform.Grid1.RecordSource="Select * From Xsb Order By &ZD Into Cursor
Tp"
```

（10）9-弹出式菜单

如果将 RowSourceType 属性设置为"9-弹出式菜单"，则可以用一个先前定义的弹出式菜单来填充列表框。

5.3.9　组合框（Combo）控件

组合框的使用方法和列表框的使用方法非常相似，所具有的属性名相同时，作用也相同，常用方法和事件也相同。组合框控件有两种类型："0-下拉组合框"和"1-下拉列表框"。可以通过Style 属性设置组合框的类型。

下拉组合框和下拉列表框的区别在于后者只能从下拉列表框的项目中选择项目，而前者则像是文本框和下拉列表框的组合，不仅可以从下拉列表中选择项目，还可以直接输入数据。

5.3.10　编辑框（Edit）控件

编辑框控件可用于显示和输入多行文本。在编辑框中，可以自动换行并能使用方向键、【Page Up】和【Page Down】键以及滚动条来浏览文本。所有标准的 Visual FoxPro 编辑操作，如剪切、复制和粘贴等都可以在编辑框中使用。

编辑框的常用属性：

- SelLength：指定选定文本内容的长度。
- SelStart：指定选定文本内容的起始点。
- SelText：指定编辑框中选定的文本内容。

5.3.11　页框（Pageframe）控件

页框控件一般也称做选项卡控件。页框是包含页面的容器对象，页面又可以包含控件。可以在页框、页面或控件级上设置属性。

1．常用属性

页框的常用属性：

- Tabs：确定页框控件有无选项卡。
- TabStyle：是否选项卡都是相同的大小，并且都与页框的宽度相同。
- PageCount：页框的页面数。

页面的常用属性：

Caption：页面显示的标题文本。

一般不需要对页框编写代码。但在代码中出现页面中的对象引用时，可以根据下面形式给出。

```
Thisform.PageFrame1.Page1.页面中的对象名.对象的属性名或方法名
```

2．使用要点

页框是由页面组成的，页面可以有各自的控件，在页面中添加控件应该在编辑状态下完成。进入编辑状态的方法为：

- 右击页框，在弹出的快捷菜单中选择"编辑"命令。
- 在"属性"窗口中直接选择要添加控件的页面名称。

5.3.12　计时器（Timer）控件

计时器控件用于对时间变化作出反应，可以让计时器以一定的时间间隔重复地执行某种操作。计时器最常用的属性是 Interval，它指定一个计时器事件和下一个计时器事件之间的毫秒数。如果计时器有效，它将以近似等间隔的时间接收 Timer 事件。

计时器控件设计时在表单中是可见的，这样便于选择属性、查看属性和为它编写事件过程，而运行时的计时器是不可见的，所以它的位置和大小都无关紧要。

1．主要属性

- Enabled：若想让计时器在表单加载时就开始工作，则应将该属性设置为.T.，否则将该属性设置为.F.。也可以选择一个外部事件，将其值设置为.T.以启动计时器操作，或将其值设置为.F.来挂起计时器的工作。
- Interval：触发 Timer 事件间隔的毫秒数。

2．主要事件

Timer：经过 Interval 属性设置的时间间隔后触发的事件。

【例 5.6】建立图 5–17（a）所示的表单，表单中包含 Image1 控件和 Timer1 控件，控件的属性设置如表 5–8 所示，图 5–17（b）给出了表单运行效果图，图片以 45° 角向下循环平移。

表 5-8　例 5.6 表单包含的控件及其属性

控　件　名	属　　性	值
Image1	Picture	fox.bmp
Timer1	Interval	1000

Timer1_Timer 的事件代码为：

```
X=Thisform.Image1.Left+10
Y=Thisform.Image1.Top+10
If X>=Thisform.Width OR Y>=Thisform.Height
```

```
    X=0
    Y=0
Endif
Thisform.Image1.Move (X,Y)
```

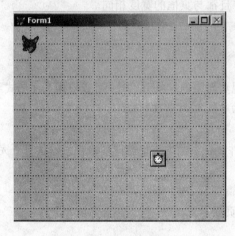

（a）例 5.6 表单设计图

（b）例 5.6 表单运行效果图

图 5-17   建立表单

5.3.13 微调（Spinner）控件

微调控件是一种可以通过输入或单击上、下箭头按钮增加或减少数值的控件。它既可以让用户通过微调值来选择确定一个值，也可以直接在微调框中输入值。

1．主要属性

- Increment：每次单击向上或向下按钮时增加和减少的值。
- KeyboardHighValue：能输入到微调文本框中的最大值。
- KeyboardLowValue：能输入到微调文本框中的最小值。
- SpinnerHighValue：单击向上按钮时，微调控件能显示的最大值。
- SpinnerLowValue：单击向下按钮时，微调控件能显示的最小值。
- Value：微调控件的当前值。

2．主要事件

InteractiveChange：当微调控件的值发生改变时触发该事件。

3．使用要点

（1）设置输入值的范围

将 KeyboardHighValue 和 SpinnerHighValue 属性设置为用户可在微调控件中输入的最大值，将 KeyboardLowValue 和 SpinnerLowValue 属性设置为用户可在微调控件中输入的最小值。在使用微调控件时，应该将用户可以输入的范围值和用户可以微调的范围值统一起来。

（2）单击向上按钮减少微调控件值

在一般应用中，单击向上按钮是增加值，单击向下按钮是减少值。但在有些特殊应用中可能正好相反。例如，用微调控件输入表示"优先级"的值，单击向上按钮时优先级从 2 提高到 1，这时可将 Increment 属性设置为-1。

【例 5.7】建立如图 5-18（a）所示的表单，表单完成用微调控件设置文本框中的字号。表单中包含的控件和属性如表 5-9 所示，图 5-18（b）给出了表单运行效果图。

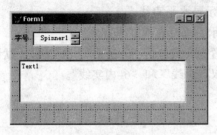

（a）例 5.7 表单设计图　　　　　　　　　　（b）例 5.7 表单运行效果图

图 5-18　建立表单

表 5-9　例 5.7 表单包含的控件及其属性

控 件 名	属 性	值
Label1	Caption	字号
Spinner1	Increment	2
Spinner1	SpinnerHighValue	100
Spinner1	SpinnerLowValue	10
Spinner1	KeyboardHighValue	100
Spinner1	KeyboardLowValue	10
Spinner1	Value	16

Spinner_InterActiveChange 的事件代码为：

```
Thisform.Text1.Fontsize=Thisform.Spinner1.Value
```

5.3.14　图像（Image）控件

图像控件允许在表单中添加扩展名为 .BMP 文件和扩展名为 .JPG 文件等图形文件。

图像控件的常用属性：

- Picture：要显示的图片。
- BorderStyle：决定图像是否具有可见的边框。

5.3.15　形状（Shape）控件

形状控件的常用属性：

- Curvature：指定形状控件角的曲率。值为 99 时形状为椭圆形，值为 0 时形状为矩形。
- BorderStyle：指定线条的线型。
- FillStyle：指定用来填充形状的图案。
- SpeciaEffect：指定控件不同的外观，可以设置"0-3 维"和"1-平面"。

5.3.16　线条（Line）控件

线条控件的常用属性：

- LineSlant：指定线条如何倾斜，从左上到右下（\）还是从左下到右上（/）。属性设置时用键盘上"\"和"/"设置。
- Height：指定对象的高度。当值为 0 时，表示是水平直线。
- Width：指定对象的宽度。当值为 0 时，表示是垂直直线。
- BorderStyle：指定对象的边框样式。可以设置的样式包括"0–透明"、"1–实线（默认值）"、"2–虚线"、"3–点线"、"4–点画线"、"5–双点画线"和"6–内实线"。
- BorderWidth：指定对象边框的宽度。

5.3.17　容器（Container）控件

容器控件是用来容纳其他控件的容器。

容器控件的常用属性如下：

- BorderWidth：指定对象边框的宽度。
- SpeciaEffect：指定控件的不同格式选项。可以设置的格式有"0–凸起"、"1–凹下"和"2–平面（默认值）"。

在容器控件中添加控件时，应在容器控件的编辑状态下添加，进入编辑状态的方法是右击容器控件，在弹出的快捷菜单中选择"编辑"命令。

5.3.18　表格（Grid）控件

表格控件是将数据以表格形式表示出来的一种控件，它属于容器控件，其中包含了列标头、列和列控件等。表格控件通常用来显示表中的数据或查询的结果。

1. 常用属性

表格控件的属性包括表格自身的属性和表格中列的属性。其中，表格的常用属性如下：

- RecordSourceType：表格中显示数据来源于何处，可以选择"0–表"、"1–别名"、"2–提示"、"3–查询(.QPR)"和"4–SQL 说明"。
- RecordSource：表格中要显示的数据。

2. 使用要点

（1）设置表格中显示的数据源

可以为整个表格设置数据源，也可以为每个列单独设置数据源。为整个表格设置数据源的步骤如下：

① 选择表格，然后选择"属性"窗口的 RecordSourceType 属性。

② 如果让 Visual FoxPro 打开表，则将 RecordSourceType 属性设置为"0–表"，如果在表格中放入打开表的字段，则将 RecordSourceType 属性设置为"1–别名"。

③ 选择"属性"窗口中的 RecordSource 属性。

④ 确定作为表格数据源的别名或表名。

（2）用拖动形式设置表格数据源

如果用表格控件显示一个表的数据，可以先添加数据环境，在"数据环境设计器"窗口打开的情况下，直接拖动表的标题到表单中。

（3）使用表格控件创建一对多表单

表格最常见的用途之一：当文本框显示父表记录的数据时，表格显示子表的记录；或当在父表中浏览记录时，另一表格将显示相应的子表中的记录。

如果添加到数据环境的两个表之间具有在数据库中建立的永久关系，那么这些关系也会自动添加到数据环境中。如果两个表之间没有永久关系，则可以在数据环境设计器中为两个表设置关系。设置方法很简单，只要将主表的某个字段拖动到子表相匹配的索引名即可；如果子表上没有与主表字段匹配的索引，也可以将主表字段拖动到子表的某个字段上。

要在表单中显示这个一对多的关系非常容易，只需要将这两个具有一对多关系的表分别从数据环境设计器中拖动到表单即可。也可以只将需要的字段从数据环境设计器中拖动到表单中。由于在数据环境设计器中已经有两个表之间的一对多关系，将它们拖动到表单后会自动建立两个表之间的一对多关系。

图 5-19　"向导选取"对话框

3．向导建立表单

表单与表有关时，可以通过向导快速建立表单，既可以通过表单向导建立与一个表有关的表单，也可以通过一对多表单向导建立与两个表有关的表单。

【例 5.8】以表 XSB.DBF 为例介绍用表单向导建立表单的过程。

① 在"新建"对话框中选择"表单"选项，单击【向导】图标按钮，显示如图 5-19 所示的"向导选取"对话框。

② 选择"表单向导"选项，单击【确定】按钮，显示如图 5-20 所示的"表单向导"对话框，在"步骤 1-字段选取"对话框中选择 XSB 表中的姓名、性别、入学成绩这 3 个字段。

③ 在"步骤 2-选择表单样式"对话框中选择表单样式为"标准式"，按钮类型为"文本按钮"，如图 5-21 所示。

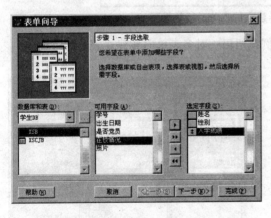

图 5-20　"步骤 1-字段选取"对话框

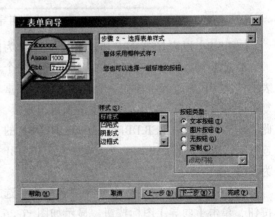

图 5-21　"步骤 2-选择表单样式"对话框

④ 在"步骤 3-排序次序"对话框中设置排序字段，将"入学成绩"字段添加到选定字段处，如图 5-22 所示。

⑤ 在"步骤 4-完成"对话框中确定表单标题为"学生情况表"，结果处理方式为"保存表单并用表单设计器修改表单（M）"，如图 5-23 所示，单击【完成】按钮，给出表单文件名。

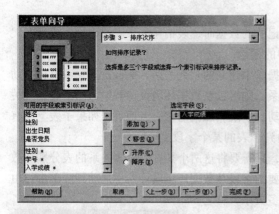

图 5-22 "步骤 3-排序次序"对话框　　　　图 5-23 "步骤 4-完成"对话框

图 5-24 和图 5-25 给出了表单向导建立的表单设计图和运行效果图。

图 5-24　例 5.8 表单向导建立的表单设计图

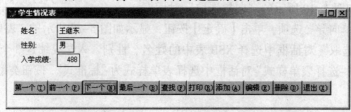

图 5-25　例 5.8 表单向导建立的表单运行效果图

【例 5.9】以表 XSB.DBF 和表 XSCJB.DBF 为例介绍用一对多表单向导建立表单的过程。

根据两个表建立一对多表单，需要确定两个表的连接字段，连接字段在一个表中的值不能重复，此表作为父表，在另一个表中的值可以重复，此表作为子表。表 XSB.DBF 和表 XSCJB.DBF 的连接字段为学号，XSB.DBF 为父表，XSCJB.DBF 为子表。

① 在"新建"对话框中选择"表单"单选按钮，单击【向导】图标按钮，显示如图 5-26 所示的"向导选取"对话框。

② 选择"一对多表单向导"选项，显示如图 5-26 所示"一对多表单向导"对话框，在"步

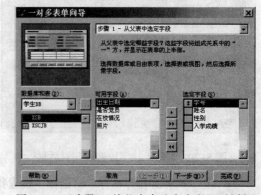

图 5-26　"步骤 1-从父表中选定字段"对话框

骤 1-从父表中选定字段"对话框中选取 XSB 表中学号、姓名、性别、入学成绩 4 个字段。

③ 在"步骤 2-从子表中选定字段"对话框中选取 XSCJB 表中课程号和成绩这两个字段，如

图 5-27 所示。

④ 在"步骤 3-建立表之间的关系"对话框中确定父表和子表间的连接字段，本例中为"学号"字段，如图 5-28 所示。

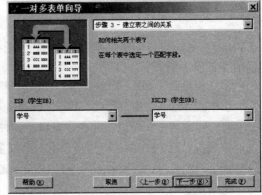

图 5-27 "步骤 2-从子表中选定字段"对话框　　图 5-28 "步骤 3-建立表之间的关系"对话框

⑤ 在"步骤 4-选择表单样式"对话框中选择表单样式为"标准式"，按钮类型为"文本按钮"。

⑥ 在"步骤 5-排序次序"对话框中设置排序字段为"学号"。

⑦ 在"步骤 6-完成"对话框中确定标题和结果处理方式并单击【完成】按钮，给出表单文件名。

用一对多表单向导建立的表单的设计状态图如图 5-29 所示，表单运行的效果如图 5-30 所示。

图 5-29　例 5.9 设计的表单

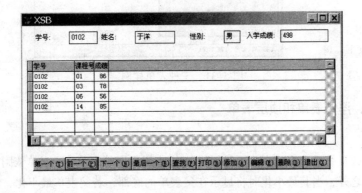

图 5-30　例 5.9 表单运行效果图

5.4 表单的类型

Visual FoxPro 可以建立不同种类的表单，创建不同界面风格的应用程序。

5.4.1 单文档界面与多文档界面

Visual FoxPro 可以创建两种类型界面的应用程序，即单文档界面（SDI）和多文档界面（MDI），它们的含义和区别如下：

- 多文档界面（MDI）的各个应用程序由单一的主窗口组成，且应用程序的窗口包含在主窗口中或浮动在主窗口顶端。Visual FoxPro 基本上就是一个 MDI 应用程序，主界面就是主窗口，在主窗口中可以打开命令窗口、各种编辑窗口和各种设计器窗口等。
- 单文档界面（SDI）的应用程序由一个或多个独立的窗口组成，这些窗口均在 Windows 桌面上单独显示。例如 Microsoft Exchange 就是一个 SDI 应用程序的例子，在该软件中打开的每条消息均显示在自己独立的窗口中。

由此看来，如果一个应用程序有一个主窗口，其他窗口在主窗口中打开，并依附于主窗口，则这样的应用程序界面是多文档界面。而一个应用程序，不管是只有一个窗口，还是有多个窗口，如果这些窗口彼此是独立的，则这样的应用程序通常是一个单文档界面应用程序。但也有一些应用程序综合了 SDI 和 MDI 的特性，例如 Visual FoxPro 将调试器显示为一个 SDI 应用程序，而它本身又包含了各自的 MDI 窗口。

为了支持单文档界面与多文档界面这两种类型的界面，Visual FoxPro 允许建立子表单、浮动表单和顶层表单等三种类型的表单，图 5-31 给出了三种表单样例。

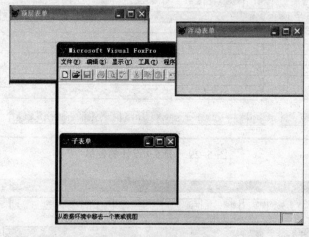

图 5-31 三种表单样例

5.4.2 子表单、浮动表单和顶层表单

1. 子表单

子表单是包含在另一个窗口中，用于创建 MDI 应用程序的表单。子表单依附于主表单，不可移至主表单边界之外，当其最小化时将显示在父表单的底部；若父表单最小化，则子表单也一同最小化。

如果创建的是子表单，则不仅需要指定它应在另外一个表单中显示，而且还需指定它是否是 MDI 类的子表单，即指出表单最大化时是如何工作的。如果子表单是 MDI 类的，则它会包含在主表单中，并共享主表单的标题栏、标题、菜单以及工具栏。而非 MDI 类的子表单最大化时将占据主表单的全部用户区域，但仍保留它本身的标题和标题栏。

建立子表单的步骤如下：

① 用表单设计器创建或编辑表单。

② 将表单的 ShowWindow 属性设置为下列值之一。

- "0–在屏幕中（默认）"：说明子表单的主表单是 Visual FoxPro 主窗口。
- "1–在顶层表单中"：说明当子窗口显示时，子表单的主表单是活动的顶层表单。

如果希望子窗口出现在顶层表单窗口内，而不是出现在 Visual FoxPro 主窗口内时，可选用该项设置。

③ 如果希望子表单最大化时与主表单组合成一体，可设置表单的 MDIForm 属性为.T.；如果希望子表单最大化时仍保留为一独立的窗口，可设置表单的 MDIForm 属性为.F.。

2．浮动表单

浮动表单也可以称作弹出表单，它由另一个表单打开，浮动表单属于主表单的一部分，但并不是包含在主表单中。浮动表单可以被移至屏幕的任何位置，甚至可以移出主表单，但不能被主表单覆盖。若将浮动表单最小化，它将显示在桌面的底部；若主表单最小化，则浮动表单也一同最小化。浮动表单也可用于创建 MDI 应用程序。浮动表单是由子表单变化而来。

建立浮动表单的步骤如下：

① 用表单设计器创建或编辑表单。

② 将表单的 ShowWindow 属性设置为以下值之一。

- "0–在屏幕中（默认）"：说明浮动表单的主表单将出现在 Visual FoxPro 主窗口中。
- "1–在顶层表单中"：说明当浮动窗口显示时，浮动表单的主表单将是活动的顶层表单。

③ 将表单的 Desktop 属性设置为.T.。

3．顶层表单

顶层表单是没有主表单的独立表单，用于创建一个 SDI 应用程序，或用作 MDI 应用程序中其他表单的主表单。顶层表单与其他 Windows 应用程序同级，可出现在其顶层或被覆盖，并且显示在 Windows 任务栏中。

建立顶层表单的步骤如下：

① 用表单设计器创建或编辑表单。

② 将表单的 ShowWindow 属性设置为 "2–作为顶层表单"。

5.4.3　子表单的应用

如果所创建的子表单中的 ShowWindow 属性设置为 "在顶层表单中"，则不需直接指定一顶层表单作为子表单的主表单；若是在子窗口出现时，Visual FoxPro 指派成为该子表单的主表单。

如果要显示位于顶层表单中的子表单，则需要完成下列操作：

① 创建顶层表单。

② 在顶层表单的事件代码中包含 DO FORM 命令，指定要显示的子表单的名称。

例如，在顶层表单中建立一个按钮，然后在按钮的 Click 事件代码中包含如下命令：

```
    DO FORM MyChild
```

注意：在显示子表单时，顶层表单必须是可视的、活动的，因此不能使用顶层表单的 Init 事件来显示子表单，因为此时顶层表单还未激活。

③ 激活顶层表单，如有必要，触发用以显示子表单的事件。

5.4.4 隐藏 Visual FoxPro 主窗口

在运行顶层表单时，可能不希望 Visual FoxPro 主窗口是可视的，则可以使用应用程序对象的 Visible 属性按要求隐藏或显示 Visual FoxPro 主窗口，其具体步骤如下：

① 在表单的 Init 事件中包含下列代码行：

```
    Application.Visible = .F.
```

② 在表单的 Destroy 事件中包含下列代码行：

```
    Application.Visible = .T.
```

在某些方法程序或事件中，既可以使用 ThisForm.Release 命令关闭表单，也可以在配置文件中包含 Screen=Off，用以隐藏 Visual FoxPro 主窗口。

5.5　在表单中添加属性和方法程序

在 Visual FoxPro 中，可以向表单中添加任意多个新的属性和方法程序。属性拥有一个值，而方法程序拥有一个过程代码，当调用方法程序时，即运行这一过程代码。新建的属性和方法程序属于表单，用户可以向引用其他属性或方法程序那样引用它们。

5.5.1　在表单中添加属性

选择"表单"菜单中的"新建属性"命令，打开图 5-32 所示的"新建属性"对话框，在名称框中输入属性的名称，还可以在说明列表框中输入关于这个属性的说明，它将显示在"属性"窗口的底部。

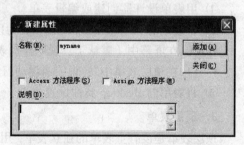

图 5-32　"新建属性"对话框

5.5.2　在表单中添加方法程序

选择"表单"菜单中的"新建方法程序"命令，打开 5-33 所示的"新建方法程序"对话框，在名称框中输入方法程序的名称，还可以在说明列表框中输入关于这个方法程序的说明。

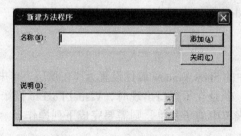

图 5-33　"新建方法程序"对话框

第6章 查询和视图

学习目标
- 了解用查询设计器建立查询的方法。
- 了解建立视图的方法。
- 了解视图文件的用法。

查询和视图是 Visual FoxPro 提供的两类查询工具，虽然用途有差异，但创建视图与创建查询的步骤非常相似。视图兼有表和查询的特点，查询可以根据表或视图定义，所以查询和视图又有很多交叉的概念和作用。查询和视图都是为快速、方便地使用数据库中的数据而提供的一种方法或手段。

6.1 查　　询

查询是 Visual FoxPro 为方便检索数据提供的一种工具或方法。查询是从指定的表或视图中提取满足条件的记录，然后按照设置的输出类型定向输出查询结果，如浏览、报表、表、标签、数组等，这样就可以使用户在应用程序的其他地方使用查询结果。查询是以扩展名为 ".qpr" 的文件形式保存在磁盘上的，其主体是 SQL SELECT 命令。

6.1.1 建立查询文件

查询可以用查询设计器建立，其基础是 SQL SELECT 命令。

1. 菜单方式

选择"文件"菜单中的"新建"命令，打开"新建"对话框，然后选择"查询"单选按钮并单击【新建文件】图标按钮，打开查询设计器，建立查询。

2. 命令方式

用 CREATE QUERY 命令打开查询设计器建立查询，命令格式为：

```
CREATE QUERY  [查询文件名|?]
```

用上面两种方法建立查询，进入图 6-1 所示的查询设计器"添加表或视图"对话框。

选择用于建立查询的表或视图，单击【添加】按钮，也可以单击【其他】按钮选择其他的表或视图。添加表或视图后，单击【关闭】按钮，进入图 6-2 所示的"查询设计器"窗口。

在图 6-1 所示的界面中选择添加表或视图的操作，对应于 SELECT 命令中的 FROM 短语，查询设计器中的每个选项卡分别对应 SELECT 命令中的不同短语，其中：

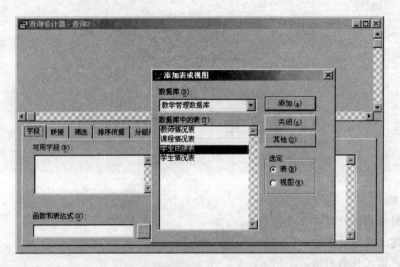

图 6-1　查询设计器"添加表或视图"对话框

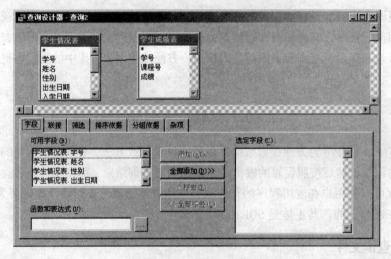

图 6-2　"查询设计器"窗口

- "字段"选项卡对应于 SELECT 短语，指定所要查询的数据。可以单击【全部添加】按钮选择所有字段，也可以逐个选择字段再单击【添加】按钮。在"函数和表达式"编辑框中可以输入或编辑表达式。
- "连接"选项卡对应于 JOIN ON 短语，用于编辑连接条件。
- "筛选"选项卡对应于 WHERE 短语，用于指定查询条件。
- "排序依据"选项卡对应于 ORDER BY 短语，用于指定排序的选项和排序方式。
- "分组依据"选项卡对应于 GROUP BY 短语和 HAVING 短语，用于分组。
- "杂项"选项卡可以指定查询结果中是否允许出现重复的记录，对应于 DISTINCT 短语以及显示排序结果中排在前面的记录，对应于 TOP 短语等。

【例 6.1】建立查询，查询"教学管理"数据库中每名男学生选课课程在两门以上的学生选课的课程数和平均成绩，查询数据要求有学号、姓名、课程数和平均成绩，查询结果按平均成绩降序排序，查询结果保存在表 XK.DBF 中。具体操作过程如图 6-3～6-10 所示。

"字段"选项卡给出了选择查询的数据项,数据项有两种情况,一种是表中的单独字段,另一种是包含表中字段的表达式,如图 6-3 所示。当查询的内容是表中的字段时,直接在可用字段列表中选择需要的字段,再单击【添加】按钮,即可将字段添加到选定字段列表中;如果选择全部字段,可以直接单击【全部添加】按钮。当查询的内容由包含字段的表达式组成时,如平均成绩和课程数需要用函数和表达式完成,可以单击函数和表达式文本框的【…】按钮,打开"表达式生成器"对话框,生成需要的表达式,然后单击【添加】按钮,将表达式添加到选定字段列表中。

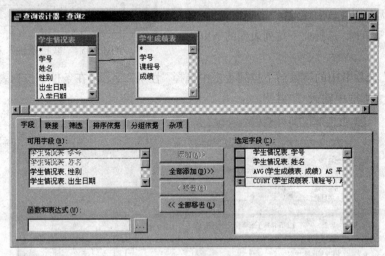

图 6-3　"字段"选项卡

在"字段"选项卡中分别选择学生情况表中的学号和姓名字段,添加到"选定字段"列表框中,用表达式生成器分别生成表达式"AVG(学生成绩表.成绩) AS 平均成绩"和"COUNT(学生成绩表.课程号) AS 课程数",并添加到"选定字段"列表框中。

"联接"选项卡用于两个以上表的查询,因为在开始建立查询时,在添加表的过程中就建立了连接,所以一般不需要设置,如图 6-4 所示。在查询涉及 3 个以上表时,注意添加表的顺序。连接可以通过单击如图 6-4 所示的"联接"选项卡中↔按钮,打开如图 6-5 所示的"联接条件"对话框进行修改。

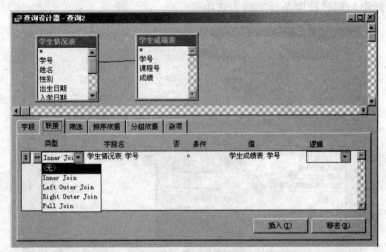

图 6-4　"联接"选项卡

"筛选"选项卡用于设置查询条件，如图 6-6 所示。字段名列表中给出了参与条件的字段，"否"表示逻辑运算 NOT，条件下拉列表框给出了查询支持的关系运算符，在实例文本框中输入具体的值，其类型应与字段名同类型，大/小写按钮用于设置实例中包括英文字母时是否区分大/小写，逻辑下拉列表框的可选值为无、OR、AND 运算，当查询条件中包含 AND 或 OR 运算时，选择此下拉列表框的 AND 或 OR 选项即可。

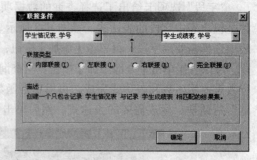

图 6-5　"联接条件"对话框

在"筛选"选项卡中的字段名下拉列表框中选择"性别"字段，在条件下拉列表框中选择"="选项，在实例文本框中输入""男""。

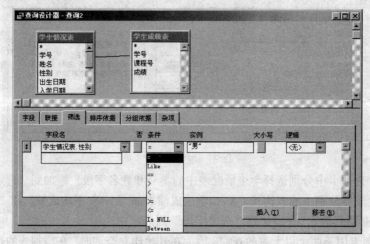

图 6-6　"筛选"选项卡

"排序依据"选项卡用来设置对查询结果进行排序的选项，如图 6-7 所示。在"选定字段"列表中选择排序字段，在"排序选项"选项区域中确定升序或降序，单击【添加】按钮，排序字段和排序方式就添加到"排序条件"列表框中了。

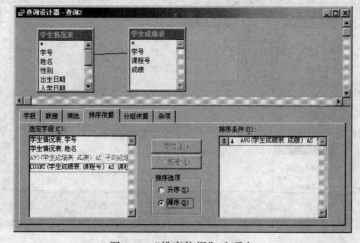

图 6-7　"排序依据"选项卡

在"排序依据"选项卡用于中选择排序字段"AVG(学生成绩表.成绩) AS 平均成绩",设置排序选项为降序,单击【添加】按钮,将排序字段添加到"排序条件"列表框中。

"分组依据"选项卡用于设置分组字段和分组需要满足的条件,如图 6-8 所示。在可用字段列表中选择用于分组的字段,单击【添加】按钮,将用于分组的字段添加到"分组字段"列表框中,【满足条件】按钮用于设置分组需要满足的条件,单击【满足条件】按钮,显示如图 6-9 所示的"满足条件"对话框。"满足条件"对话框的操作与"筛选"选项卡相似,操作方法相同,只是目的不同。筛选用于限制查询的条件,满足条件用于限制分组结果中需要的内容。

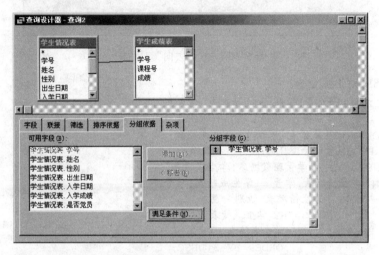

图 6-8 "分组依据"选项卡

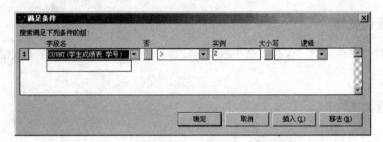

图 6-9 分组依据中"满足条件"对话框

在"分组依据"选项卡中,从字段名列表中选择分组字段"学生成绩表.学号",将其添加到分组字段列表中。单击【满足条件】按钮,在"满足条件"对话框中,单击"字段名"下三角按钮,选择"表达式"选项,用表达式生成器生成表达式"COUNT(学生成绩表.学号)",单击【确定】按钮,返回"满足条件"对话框,选择关系运算符">",在实例文本框中输入 2,单击【确定】按钮完成分组字段的设置。

输出去向用来对查询结果进行处理,默认情况下,输出去向是浏览。如果采用其他方式作为输出去向时,则需要做相应的设置。

右击查询设计器的空白处,在弹出的快捷菜单中选择"输出设置"命令,显示如图 6-10 所示的"查询去向"对话框,单击【表】图标按钮,在表名文本框中输入"XK",单击【确定】按钮完成输出去向的设置。

图 6-10　"查询去向"对话框

其对应的 SELECT 命令为：

```
SELECT 学生情况表.学号,学生情况表.姓名,;
    AVG(学生成绩表.成绩) AS 平均成绩,;
    COUNT(学生成绩表.课程号) AS 课程数;
    FROM 教学管理数据库!学生情况表;
INNER JOIN 教学管理数据库!学生成绩表;
    ON 学生情况表.学号 = 学生成绩表.学号;
        WHERE 学生情况表.性别="男";
            GROUP BY 学生成绩表.学号;
HAVING COUNT(学生成绩表.学号) > 2;
                ORDER BY 3 DESC;
            INTO TABLE XK.DBF
```

6.1.2　保存查询文件

选择"文件"菜单中的"保存"命令或单击"常用"工具栏中的【保存】按钮，即可保存查询文件。

6.1.3　运行查询文件

运行查询文件可以采用下列形式：
- 右击"查询设计器"窗口的空白区域，在快捷菜单中选择"运行查询"命令。
- 在"常用"工具栏中单击【运行】按钮 ！ 。
- 选择"查询"菜单中的"运行查询"命令。
- 在命令窗口中，用"DO 查询文件名.qpr"命令运行，扩展名".qpr"不能省略。

6.1.4　修改查询文件

1. 菜单方式
选择"文件"菜单中的"打开"命令，在"打开"对话框中选择文件类型为"查询（*.qpr）"，并选择要修改的文件名，单击【确定】按钮。

2. 命令方式
用 MODIFY QUERY 命令修改查询文件，其命令格式为：

```
MODIFY QUERY 查询文件名.QPR        &&扩展名可以省略
```

6.2　视　　图

6.2.1　视图的概念

视图是根据表派生出来的"表"，它独立存储在数据库中。使用这个"表"可以从一个或多个相关联的表中提取有用信息，也可以用来更新其中的信息，并将更新结果永久保存在磁盘上。

可以从本地表、其他视图、存储在服务器上的表或远程数据源中创建视图。因此，Visual FoxPro的视图又分为本地视图和远程视图。本地视图是使用当前数据库中表建立的视图；远程视图是使用当前数据库之外的数据源表建立的视图。

视图是操作表的一种手段。通过视图可以查询表，也可以更新表。只有存在当前数据库时才能建立视图，并且只有在包含视图的数据库打开时才能使用视图。

本节主要介绍本地视图的建立和使用方法。

6.2.2　使用命令操作本地视图

1．建立视图

定义视图的基础是 SQL SELECT 命令，即通过 SQL SELECT 说明视图中包含什么样的数据。

建立视图的命令是 CREATE VIEW 或 CREATE SQL VIEW。建立本地视图的具体命令格式为：

```
CREATE [SQL] VIEW 视图名 AS <SELECT 命令>
```

其中，SELECT 命令可以是不含有输出去向的任意的 SELECT 查询命令，它说明和限定了视图中的数据。视图的字段名与 SELECT 命令中指定的字段名或表中的字段名同名。

注意：视图是根据表定义派生出来的，从使用的角度看，视图也是表；另外，视图是属于数据库的，所以在建立视图之前必须先打开相应的数据库。

例如：建立数据库文件 STU.DBC，根据 XSB.DBF 表建立视图 V。

```
CREATE DATABASE STU
MODIFY DATABASE
CREATE SQL VIEW V AS SELECT 学号,姓名,性别,入学成绩 FROM XSB
```

2．修改视图

格式：

```
MODIFY VIEW 视图名
```

例如：在数据库文件 STU.DBC 打开的情况下，修改视图 V。

```
MODIFY VIEW V
```

3．重命名视图

命令格式：

```
RENAME VIEW 原视图名 TO 新视图名
例如：将 V 视图改名为 VIE RENAME VIEW V To VIE
```

4．删除视图

在 Visual FoxPro 中，视图是存储在数据库中的一个对象，可以删除，删除视图的命令格式为：

```
DROP VIEW 视图名
```

或

```
DELETE VIEW 视图名
例如：将 VIE 视图删除 DELETE VIEW VIE
```

或

```
DROP VIEW VIE
```

6.2.3 使用视图设计器建立本地视图

视图的基础与查询一样，是 SQL SELECT 命令。视图设计器与查询设计器的组成和操作类似，区别在于：

- 视图设计器有"更新条件"选项卡，而查询设计器没有。
- 视图可以通过对产生视图的表更新条件的设置，对数据源进行更新。
- 视图没有输出去向的选择，而查询有输出去向的选择。
- 查询设计器的结果是将查询以扩展名为".qpr"的文件形式保存在磁盘中，而视图的结果保存在数据库中。

在建立视图之前，应该注意指定视图将要存在的数据库为当前数据库。使用视图设计器建立视图可以采用下面方式中的一种：

1．菜单方式

选择"文件"菜单中的"新建"命令，弹出"新建"对话框，或单击"常用"工具栏中的【新建】按钮，然后选择"视图"单选按钮并单击【新建文件】图标按钮，打开视图设计器，建立视图。

2．命令方式

用 CREATE ［SQL］ VIEW 命令打开视图设计器建立视图。

视图的建立过程与查询的建立过程相同，但使用视图更新数据库中的数据可以说是 Visual FoxPro 的一个特色。在 Visual FoxPro 中，默认对视图的更新数据不反映在数据源中，需要设置才能够用视图中修改了的数据更新数据源中的数据。更新数据包括删除、修改等，"更新条件"选项卡的内容如图 6-11 所示。

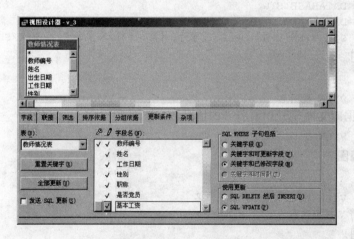

图 6-11 视图设计器的"更新条件"选项卡

为了能够通过视图更新数据源中的数据，需在如图 6-11 所示界面的左下角选中"发送 SQL 更新"复选框。下面参照默认更新属性的设置介绍与更新属性有关的几个问题：

（1）指定可更新的表

如果视图是基于多个表的，默认可以更新全部表的相关字段。如果要指定只能更新某个表的数据，则可以通过"表"下拉列表框选择需要更新的表。

（2）指定可更新的字段

在字段名列表框中列出了与更新有关的字段。在字段名左侧有两列标志，按钮 🔑 表示关键字，按钮 🖊 表示更新，通过单击相应列按钮可以改变相关的状态，默认可以更新所有非关键字字段，并且通过基本表的关键字完成更新。

6.2.4　使用视图

视图建立之后，不但可以用它来显示和更新数据，而且还可以通过调整其属性来提高性能。视图的使用类似于表：

- 可以使用 USE 命令打开或关闭视图。
- 可以在"浏览器"窗口中显示或修改视图中的记录。
- 可以使用 SQL 命令操作视图。
- 可以在文本框、表格控件、表单或报表中使用视图作为数据源等。

视图一经建立即可像表一样使用，适用于表的命令基本都可以用于视图。例如，在视图上也可以建立索引，但索引是临时的，视图一关闭，索引自动删除。视图不可以用 MODIFY STRUCTURE 命令修改结构，因为视图毕竟不是独立存在的表，它是由表派生出来的，可以通过修改视图的定义来修改视图。

6.2.5　使用数据字典定制视图

视图存在于数据库中，用户可以对视图创建视图字段的默认值、字段级和记录级规则，视图的数据字典在功能上与数据库表中的相应功能非常相似。

在"视图设计器"窗口中，单击【属性】按钮，打开如图 6-12 所示的"视图字段属性"对话框。首先在字段列表中选择要设置默认值或字段级规则的字段名，然后在相应位置进行设置，单击【确定】按钮，完成设置操作。

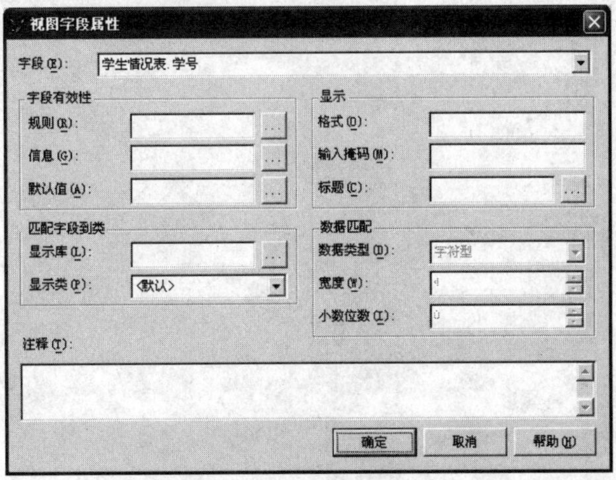

图 6-12　"视图字段属性"对话框

例如：图 6-13 给出了字段属性的设置实例。

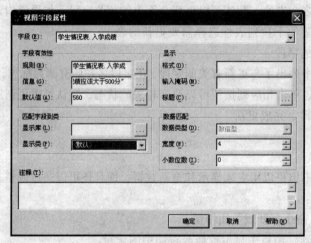

图 6-13　字段属性的设置

第7章 报 表

学习目标

- 了解向导建立报表的方法。
- 了解报表设计器的使用方法。
- 了解报表的输出。

报表主要以打印的方式为用户提供信息，也为在打印文档中显示并总结数据提供了灵活的途径。在设计报表时主要应考虑两方面的问题：一是数据，二是布局。数据是指报表的数据源，一般是表，也可以是视图、查询或临时表。通常，使用视图和查询可以对数据进行筛选、排序和分组等，而报表的布局是指它们的打印格式。报表通常有列报表、行报表、一对多报表、多栏报表4种常规布局类型，图 7-1～7-4 给出了这 4 种报表的样例。

教师情况表						
教师编号	姓名	出生日期	性别	工作日期	职称	基本工资
	明亮	/ /	女	04/05/84	助教	1,000.00
	新年	/ /	女	04/05/84	助教	1,000.00
0001	李艳	04/05/54	女	09/10/76	教授	4,500.00
0002	翟亮	08/22/70	男	07/15/92	讲师	2,500.00
0003	韩瑞	10/28/80	男	07/14/02	助教	1,500.00
0004	张明亮	06/02/75	男	07/11/99	讲师	2,500.00
0005	贾天下	03/22/66	男	07/13/88	副教授	3,500.00
0006	谢天天	05/14/68	女	07/16/90	副教授	3,500.00
0007	董春秋	06/23/76	男	07/08/98	讲师	2,500.00

图 7-1 列报表

7.1 建 立 报 表

通常设计报表时，可以使用 Visual FoxPro 提供的快速报表功能来快速生成常用格式的报表，或者使用 Visual FoxPro 提供的报表向导功能生成某固定格式的报表，然后再使用报表设计器进行修改和加工，直至设计出满足实际应用要求的报表。报表文件的扩展名为".frx"。

报表数据需要有分组要求时，应该在建立报表之前按分组字段排序或索引。

教师情况表	
教师编号: 0001	教师编号: 0005
姓名: 李艳	姓名: 贾天下
出生日期: 04/05/54	出生日期: 03/22/66
工作日期: 09/10/76	工作日期: 07/13/88
性别: 女	性别: 男
职称: 教授	职称: 副教授
是否党员: Y	是否党员: N
工作单位: 计算机	工作单位: 计算机
基本工资: 4 500.00	基本工资: 3 500.00
教师编号: 0002	教师编号: 0006
姓名: 翟亮	姓名: 谢天天
出生日期: 08/22/70	出生日期: 05/14/68
工作日期: 07/15/92	工作日期: 07/16/90
性别: 男	性别: 女
职称: 讲师	职称: 副教授
是否党员: Y	是否党员: Y
工作单位: 计算机	工作单位: 计算机

图 7-2 行报表

图 7-3 一对多报表

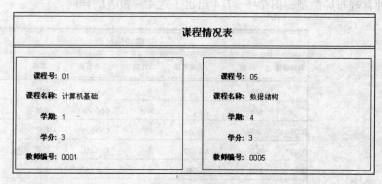

图 7-4 多栏报表

7.1.1 快速报表

建立报表或打开报表设计器可以使用菜单方式和命令方式。

1．命令方式

使用 CREATE REPORT 命令直接打开报表设计器，其命令格式为：

```
CREATE REPORT [<报表文件名>|?]
```

2．菜单方式

选择"文件"菜单中的"新建"命令，在"新建"对话框中选择"报表"单选按钮，然后单击【新建文件】图标按钮。

为了使用快速报表功能建立报表，需要按以下步骤操作：

① 首先按上述任意一种方法打开如图 7-5 所示的"报表设计器"窗口。

② 选择"报表"菜单中的"快速报表"命令，并从弹出的"打开"对话框中选择或指定一个表，即指定报表的数据源，例如，选择"学生情况表"表，打开如图 7-6 所示的"快速报表"对话框。

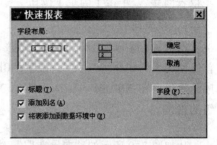

图 7-5　"报表设计器"窗口　　　　　　　　　　　图 7-6　"快速报表"对话框

③ 从如图 7-6 所示的"快速报表"对话框中选定字段和字段布局，默认全部字段都出现在报表中。如果只选择部分字段，可以单击【字段】按钮，弹出"字段选择器"对话框，如图 7-7 所示，在"所有字段"列表框中选择报表中需要的字段，单击【添加】按钮，添加到"选定字段"列表框中。例如，选择"学号"、"姓名"、"性别"、"入学日期"和"入学成绩"。单击【确定】按钮，返回"快速报表"对话框。默认布局是表格方式（列式）即水平排列，也可以选择记录方式（行式）即垂直排列。

④ 单击"快速报表"对话框中的【确定】按钮，即完成了快速报表的建立。

快速报表建立后的报表设计器如图 7-8 所示。报表设计器中的内容包括页标头、细节和页注脚。页标头是每页的表头，在页标头中的是字段名；细节是报表的内容，在细节中的是字段值；页注脚是每页的注脚，通常包括打印报表的日期等，在页注脚中的是日期函数。

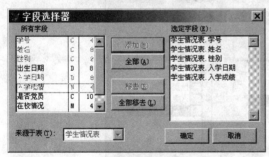

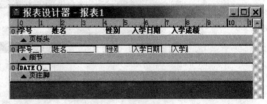

图 7-7　"字段选择器"对话框　　　　　　　　　图 7-8　用"快速报表"建立的报表

一般来说，使用快速报表生成的报表只能用做"草稿"，还需要在报表设计器中进行修改，最后设计出满足要求的报表，这些内容将在 7.2 节中介绍。

7.1.2　用报表向导建立报表

除了使用快速报表完成报表的设计之外，还可以使用报表向导建立报表。报表向导可以通过选择"报表向导"来完成与一个表有关的报表，也可以选择"一对多报表向导"完成包含父表和子表记录的报表。

在建立报表时，在"新建"对话框中单击【向导】图标按钮，或在报表设计器中选择"工具"菜单中的"向导"子菜单中的"报表"命令，打开如图 7-9 所示的"向导选取"对话框。在"向导选取"对话框中选择向导类型"报表向导"或"一对多报表向导"，单击【确定】按钮。

图 7-9 "向导选取"对话框

1. 报表向导

以"学生情况表.DBF"为例介绍报表向导建立报表的过程。首先使用下列命令将"学生情况表.DBF"按性别字段排序，排序结果保存在 XB.DBF 中，然后根据 XB 表建立按性别字段分组的报表。

```
SELECT * FROM 学生情况表 ORDER BY 性别 INTO DBF XB
```

从如图 7-9 所示的"向导选取"对话框中选择"报表向导"选项，单击【确定】按钮后，进入"报表向导"对话框，具体步骤如下：

① 步骤 1-字段选取：首先需要在"数据库和表"下拉列表框中选择一个数据库中的表或视图，或者选择一个自由表，例如选择"XB"表，然后从"可用字段"列表框中选择字段并单击【添加】按钮▶ 将其添加到"选定字段"列表框中，如果选择全部字段，可以单击【全部添加】按钮▶▶，例如在"可用字段"列表框中分别选择"学号"、"姓名"、"性别"、"入学日期"和"入学成绩"添加到"选定字段"列表框中，如图 7-10 所示，字段选取完后，单击【下一步】按钮进入如图 7-11 所示的对话框。

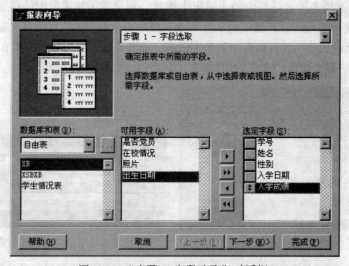

图 7-10 "步骤 1-字段选取"对话框

② 步骤 2-分组记录：如果没有分组要求，则直接单击【下一步】按钮，进入如图 7-11 所示的对话框。

通过分组记录确定记录的分组方式，最多可以选择 3 层分组层次。单击如图 7-11 所示的下拉列表选择分组字段，例如性别字段，单击【分组选项】按钮可以打开如图 7-12 所示的"分组间隔"对话框，从中可以选择是按整个字段分组，还是按字段值的前几个字母进行分组。

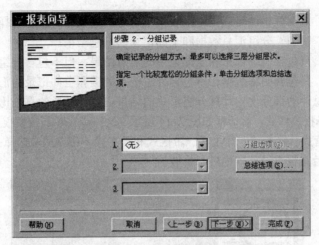

图 7–11　"步骤 2–分组记录"对话框

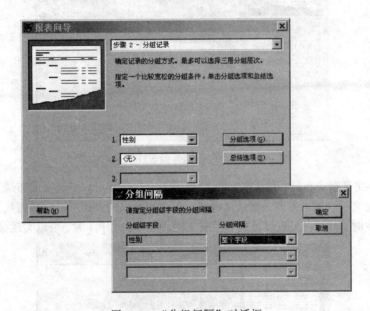

图 7–12　"分组间隔"对话框

　　在图 7–11 中单击【总结选项】按钮可以打开"总结选项"对话框，如图 7–13 所示。从中选择对数据的统计方式，统计方式包括求和、平均值、计数、最小值、最大值等。选择对应字段的统计方式，例如，"学号"行的"计数"，"入学成绩"行的"平均值"。

图 7–13　"总结选项"对话框

在"总结选项"对话框中还可以指定报表中包含怎样的数据，可以选择如下：

- 细节及总结：明细、分组汇总数据和全部记录的汇总结果。
- 只包含总结：只包含明细数据和全部记录的汇总结果，但不包含分组汇总数据。
- 不包含总计：只包含明细数据，不包含分组汇总数据和全部记录的汇总结果。
- 计算求和占总计的百分比：计算分组汇总的结果占总计结果的百分比。

③ 步骤3–选择报表样式：对话框如图7-14所示，这一步实际是按模板选择报表的布局，可供选择的样式有经营式、账务式、简报式、带区式和随意式，可以从中选择一个与个人设计的布局相近的样式，然后在报表设计器中进行修改。

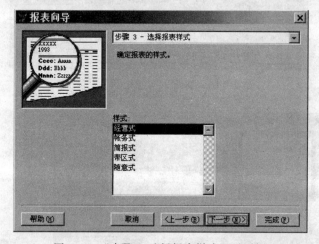

图7-14 "步骤3–选择报表样式"对话框

④ 步骤4–定义报表布局：对话框如图7-15所示，这一步可以定义字段布局为按列方式或按行方式；可以定义报表输出方向，默认是纵向，可以选择横向；还可以定义列数，默认是1，当报表中字段较少时，可以将报表设置成2栏或3栏，当列数大于1时，可以实现报表的多栏输出。

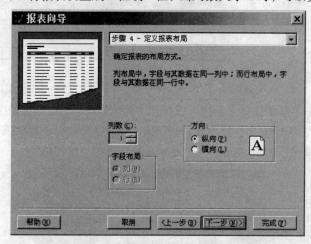

图7-15 "步骤4–定义报表布局"对话框

⑤ 步骤5–排序记录：对话框如图7-16所示，可以从"可用的字段或索引标识"列表框中选择排序字段，然后单击【添加】按钮，将选择的排序字段添加到"选定字段"列表框中，还可以指定排序方式为升序或降序。例如，选择"入学成绩"为排序字段，排序方式为升序。

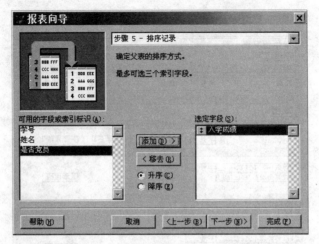

图 7-16 "步骤 5-排序记录"对话框

⑥ 步骤 6-完成：对话框如图 7-17 所示，可以输入报表标题，如"学生情况表"，还可以选择下列操作。

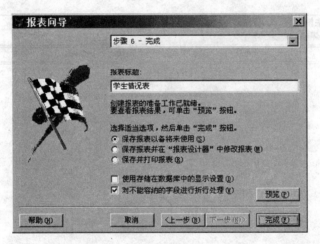

图 7-17 "步骤 6-完成"对话框

• 单击【预览】按钮预览报表的设计结果，记下哪些地方还不满足要求。然后可以单击【上一步】按钮返回到前面的任意步骤进行修改，或者到报表设计器中进行修改。

• 选择"保存报表以备将来使用"单选按钮。这时将把设计的结果保存为扩展名为".frx"的报表文件，以后既可以使用此文件在报表设计器中进行修改，也可以打印报表。

• 选择"保存报表并在'报表设计器'中修改报表"单选按钮。这时将把设计的结果保存为扩展名为".frx"的报表文件，并且直接进入报表设计器进一步修改报表的布局等。

• 选择"保存并打印报表"单选按钮。这时将把设计的结果保存为扩展名为".frx"的报表文件，然后直接打印报表。

最后单击图 7-17 对话框中的【完成】按钮，即可完成用报表向导建立报表的任务，结果保存在一个扩展名为".frx"的报表文件中。

图 7-18 给出了报表向导建立的报表，图 7-19 给出了用报表向导建立的报表预览图。

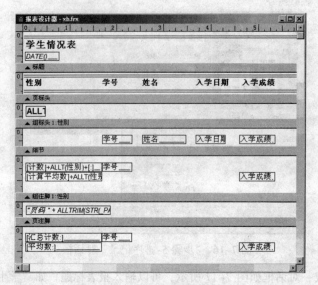

图 7-18　用报表向导建立的报表

学生情况表				
12/17/06				
性别	学号	姓名	入学日期	入学成绩
男				
	0302	王继东	09/09/05	488
	0202	杨鹏	09/09/05	496
	0102	于洋	09/09/05	498
	0301	张维新	09/09/05	499
	0304	南宫京福	09/09/05	502
	0305	汤永永	09/09/05	508
	0204	孙明辉	09/09/05	510
	0201	杨文博	09/09/05	530
计数男：	8			
计算平均数男：				503
女				
	0203	温丹	09/09/05	479
	0101	王嘉美	09/09/05	500
	0306	皖如	09/09/05	509

图 7-19　用报表向导建立的报表预览图

2．一对多报表向导

以"学生情况表.DBF"和"学生成绩表.DBF"为例介绍一对多报表向导建立报表的过程。根据两个表建立一对多报表，需要确定两个表的连接字段，连接字段在一个表中的值不能重复，此表作为父表，在另一个表中的值可以重复，此表作为子表。"学生情况表.DBF"和"学生成绩表.DBF"的连接字段为学号，"学生情况表.DBF"为父表，"学生成绩表.DBF"为子表。

从图 7-9 的"向导选取"对话框中选择"一对多报表向导"选项，单击【确定】按钮后进入"一对多报表向导"对话框。具体步骤包括下列内容，其中步骤 4～步骤 6 与用报表向导建立报表时的相关步骤相同，这里不重复解释。

① 步骤 1-从父表选择字段：首先选择"一对多"关系中的"一"方，即父表中的字段，对话框如图 7-20 所示。在"数据库和表"列表框中选择父表，在"可用字段"列表框中选择报表中需要的字段，单击【添加】按钮，将选择的字段添加到"选定字段"列表框中。如果要添加全部字段，可以直接单击【全部添加】按钮，将所有字段添加到"选定字段"列表框中。

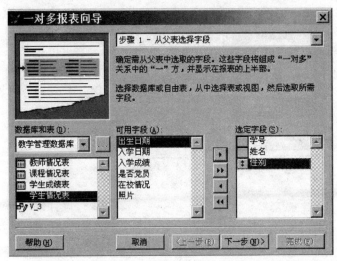

图 7-20　"步骤 1-从父表选择字段"对话框

例如，在"数据库和表"列表框中选择"学生情况表"，分别将"可用字段"列表框中"学号"、"姓名"、"性别"字段添加到"选定字段"列表框中。

② 步骤 2-从子表选择字段：选择"一对多"关系中的"多"方，即子表中的字段，对话框如图 7-21 所示。在"数据库和表"列表框中选择子表，在"可用字段"列表框中选择需要的字段，单击【添加】按钮，将选择的字段添加到"选定字段"列表框中。

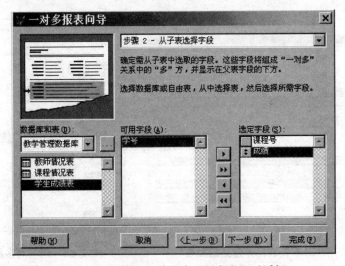

图 7-21　"步骤 2-从子表选择字段"对话框

例如，在"数据库和表"列表框中选择"学生成绩表"，分别将"可用字段"列表框中的"课程号"和"成绩"字段添加到"选定字段"列表框中。

注意：如果在数据库中建立了关系，则在这一步会自动找到子表，否则需要自己选择子表。

③ 步骤 3-为表建立关系：对话框如图 7-22 所示，如果在建立数据库时已经建立了关系，此时应该使用默认的关系；否则需要选择两个表之间的匹配字段。

④ 步骤 4-排序记录：选择"学号"字段作为排序字段。

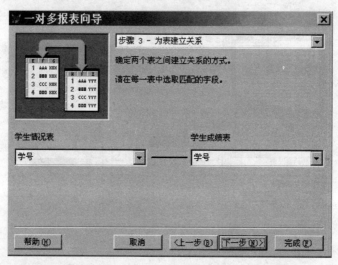

图 7-22 "步骤 3-为表建立关系"对话框

⑤ 步骤 5-选择报表样式：选择默认设置。

⑥ 步骤 6-完成：选择结果处理方式为"保存报表并在'报表设计器'中修改报表"单选按钮，单击【完成】按钮。

图 7-23 给出了用一对多报表向导建立的报表，图 7-24 给出了用一对多报表向导建立的报表预览图。

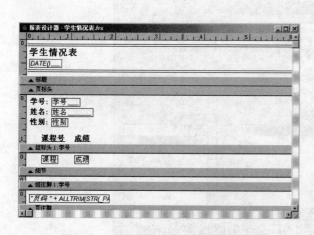

图 7-23 用一对多报表向导建立的报表

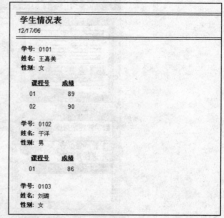

图 7-24 用一对多报表向导建立的
报表预览图

7.2　使用报表设计器

快速报表、报表向导和一对多报表向导等设计的报表，从输出数据方面满足了报表数据的要求，但要设计理想的报表，还要进行报表的布局设计。在报表设计器中可以设置报表布局，同时也可以建立报表。使用报表设计器建立报表，需要设置报表带区、设置数据源、在报表中添加控件、修改报表布局等。

7.2.1　报表设计器中的带区

在报表设计器中，将报表的不同部分分成不同的带区，如图 7–25 所示。在这些带区中可以插入各种控件，也可以根据需要修改指定带区，还可以添加新的带区等。表 7–1 列出了各个带区的名称、作用和添加方法。

图 7–25　报表分成不同的带区

表 7-1　报表设计器中各个带区的名称、作用和添加方法

带区名称	作　　用	添加带区方法
标题	每报表一次	从"报表"菜单中选择"标题总结"命令
页标头	每页一次	默认可用
列标头	每列一次	从"文件"菜单中选择"页面设置"命令，设置"列数">1
组标头	每组一次	从"报表"菜单中选择"数据分组"命令
细节	每记录一次	默认可用
组注脚	每组一次	从"报表"菜单中选择"数据分组"命令
列注脚	每列一次	从"文件"菜单中选择"页面设置"命令，设置"列数">1
页注脚	每页一次	默认可用
总结	每报表一次	从"报表"菜单中选择"标题总结"命令

7.2.2 报表工具栏

为了方便报表设计，Visual FoxPro 提供了一组工具栏，其中"报表设计器"工具栏在打开报表设计器时自动打开，如图 7-26 所示。也可以选择"显示"菜单中的"工具栏"命令来显示或隐藏"报表设计器"工具栏。

"报表控件"工具栏提供了建立报表时需要的控件，"报表控件"工具栏如图 7-27 所示，可以选择"显示"菜单中的"报表控件工具栏"命令，或单击"报表设计器"工具栏中的【报表控件工具栏】按钮来显示或隐藏"报表控件"工具栏。

图 7-26 "报表设计器"工具栏　　　　图 7-27 "报表控件"工具栏

1. "报表设计器"工具栏

"报表设计器"工具栏中的按钮自左至右的含义如下：

- ⊞：打开"数据分组"对话框按钮，用于设置报表中的数据分组，并为其指定属性。
- ⊞：打开"数据环境设计器"窗口按钮，为报表设计数据环境，与表单的数据环境类似。
- ✖：显示/隐藏"报表控件"工具栏按钮，"报表控件"工具栏如图 7-27 所示。
- ◎：显示/隐藏"调色板"工具栏按钮。
- ▣：显示/隐藏"布局"工具栏按钮，"布局"工具栏的应用与表单设计器的"布局"工具栏类似。

2. "报表控件"工具栏

"报表控件"工具栏中的按钮自左至右的含义如下：

- ▶：："选定对象"按钮，当要删除、移动、或更改控件的尺寸时，必须首先选定控件，先单击"报表控件"工具栏中的该按钮，然后单击要选定的控件或对象；如果要选定多个控件，则应在按下【Shift】键的同时选定多个控件或对象。
- A："标签"控件按钮，在报表中建立一个标签控件。
- ab："域"控件按钮，在报表中建立一个域控件。
- ✛："线条"控件按钮，用于手动绘制一个线条。
- □："矩形"控件按钮，用于手动绘制一个矩形框。
- ○："圆角矩形"控件按钮，用于手动绘制一个圆角矩形框。
- ▦："图片/ActiveX 绑定"控件按钮，用于显示图片或通用型字段的内容。
- 🔒："按钮锁定"按钮，允许连续添加多个相同类型的控件，而不用重复选择。

"报表控件"工具栏中最常用的控件是域控件和标签控件。

3. 添加域控件

添加域控件一般有两种方法：一是从数据环境设计器中直接把字段拖动到报表设计器中，然后再根据需要调整布局；二是通过"报表控件"工具栏添加域控件，其具体步骤如下：

① 选择"显示"菜单中的"报表控件工具栏"命令，打开"报表控件"工具栏。

② 在"报表控件"工具栏中单击【域控件】按钮。

③ 在报表设计器中要添加域控件的带区适当位置单击鼠标，将打开编辑域控件的"报表表达式"对话框，如图 7-28 所示。

④ 根据需要可以在"表达式"文本框中输入或指定表的字段变量、内存变量、函数或计算表达式等。

⑤ 单击【确定】按钮完成域控件的添加。

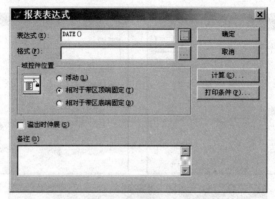

图 7-28 "报表表达式"对话框

例如：要在页注脚处插入当前日期。操作方法为：

① 在"报表控件"工具栏中单击【域控件】。

② 在页注脚区域拖曳鼠标或单击鼠标左键，打开图 7-28 所示的"报表表达式"对话框。

③ 单击表达式编辑框右边的【表达式生成器】按钮，打开"表达式生成器"对话框。

④ 在"表达式生成器"对话框中的日期函数列表中选择"DATE()"函数。

⑤ 单击【确定】按钮，返回"报表表达式"对话框。

⑥ 单击【确定】按钮，完成在页注脚区域插入当前日期的操作。

例如：要在页标头处插入页号。操作方法为：

① 在"报表控件"工具栏中单击【域控件】。

② 在页标头区域拖曳鼠标或单击鼠标左键，打开图 7-28 所示的"报表表达式"对话框。

③ 单击表达式编辑框右边的【表达式生成器】按钮，打开"表达式生成器"对话框。

④ 在"表达式生成器"对话框中的变量列表中选择"_pageno"系统变量。

⑤ 单击【确定】按钮，返回"报表表达式"对话框。

⑥ 单击【确定】按钮，完成在页标头区域插入页号的操作。

在报表中插入一个域控件后，可以更改控件的数据类型和显示格式。数据类型可以是字符型、数值型或日期型。每种数据类型都有自己的格式选项，其中包括了用户建立自己的格式模板的选项。当打印报表时，格式可以控制字段的显示方式。可以在"报表表达式"对话框的"表达式"框中直接输入格式函数，也可以在"格式"对话框中进行选择。

设置域控件格式的操作方法：

① 在"报表控件"工具栏中单击【域控件】。

② 打开图 7-28 所示的"报表表达式"对话框。

③ 单击表达式编辑框右边的【表达式生成器】按钮，打开"表达式生成器"对话框。

④ 在"表达式生成器"对话框中输入表达式。

⑤ 单击【确定】按钮，返回"报表表达式"对话框。

⑥ 单击"报表表达式"对话框中格式编辑框右边的【格式】按钮，打开如图 7-29 所示的"格

式"对话框。

⑦ 在"格式"对话框中选择数据类型，确定编辑选项。编辑选项区域会根据数据类型显示各种格式选项。

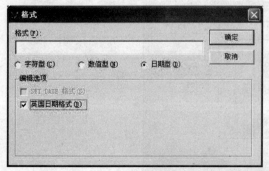 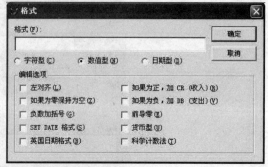

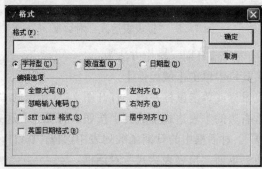

图 7-29 域控件"格式"对话框

4．添加标签控件

添加标签控件的具体步骤如下：

① 在"报表控件"工具栏中单击【标签】按钮。

② 在报表设计器中要添加标签控件的带区的适当位置单击鼠标。

③ 输入在报表中要显示的文字。

④ 选定输入的文字或标签控件，然后选择 "格式"菜单中的"字体"命令，从打开的"字体"对话框中设置文字的字体、字形、字号、效果、颜色等属性。

例如：在标题带区输入"学生成绩表"。操作方法为：

① 在"报表控件"工具栏中单击【标签】按钮。

② 在标题带区的适当位置单击鼠标。

③ 输入文字"学生成绩表"。

④ 选定输入的文字或标签控件，然后选择 "格式"菜单中的"字体"命令，从打开的"字体"对话框中设置文字的字体、字形、字号、效果、颜色等属性。

7.2.3 报表的数据源

报表总是从表或视图中提取数据，所以报表必须有数据源。前面使用的快速报表和报表向导功能建立报表时，都直接指定相关的表作为数据源，而在使用报表设计器创建一个空报表并直接设计报表时，必须专门为报表指定数据源。指定数据源是通过数据环境的设置来实现的。

7.2.4 报表布局

在报表设计器中，构成报表的每个元素都是报表控件，它们又分为域控件和标签控件。例如，字段变量、内存变量、函数和表达式等都属于域控件，而标题、栏目名等文字性内容都是标签控件。下面介绍几个与调整布局有关的操作：

1．删除控件

当某个控件确实不需要时，可以直接在报表设计器中删除该控件，具体步骤如下：

① 单击选择一个要删除的控件，或按下【Shift】键的同时单击多个要删除的控件，或直接拖动鼠标选择多个要删除的控件。

② 当确认要删除的控件被选中后，按下【Delete】键完成删除控件的操作。

2．移动控件

在报表设计器中可以用拖动鼠标的方法将一个控件从原来的位置移动到目标位置，甚至可以将控件从一个带区拖动到另一个带区。例如，将日期从标题带区拖动到页标头带区或页注脚带区，使得在报表的每一页都有日期。

3．对齐控件

当添加了新控件或调整了控件的位置后，通过"布局"工具栏，可以将多个控件对齐或排列控件。对齐或排列控件的具体步骤如下：

① 首先用单击鼠标的方法选中一个要对齐的控件，然后按住【Shift】键，同时用单击鼠标选择其他要参与对齐的控件，直至选中全部需要对齐的控件。

② 根据对齐方式的需要单击"布局"工具栏中的相应按钮。

4．调整带区的空间

可以上、下调整带区的空间，将鼠标移动到带区的上边缘或下边缘，当鼠标指针的形状变为上下双向箭头时，向上或向下进行拖动鼠标，直至达到满意的空间效果。

5．页面设置

通过"页面设置"可以设置报表的栏目数和打印报表的大小等。选择"文件"菜单中的"页面设置"命令，打开"页面设置"对话框，如图 7-30 所示。

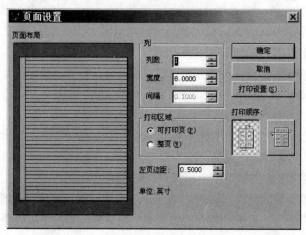

图 7-30 "页面设置"对话框

如果报表只占打印纸不到左边半页的空间，可以将报表设置为多个栏目，方法是在"页面设置"对话框中完成以下操作：

① 在"列"选项区域中调整列数的值、栏目的宽度和栏目的间隔。

② 选择打印顺序，另外还可以设置打印区域和左页边距。

报表默认是打印在 A4 打印纸上的，如果是其他规格的打印纸，则在"页面设置"对话框中单击【打印设置】按钮，打开"打印设置"对话框，然后将纸张大小调整为所需要的大小。

7.2.5 报表设计器设计报表

用报表设计器设计报表的一般步骤包括打开报表设计器、设置数据环境、建立表之间的关系、添加报表内容和调整报表布局等。

1. 打开报表设计器

（1）菜单方式

选择"文件"菜单中的"新建"命令，在"新建"对话框中选择"报表"单选按钮，单击【新建文件】图标按钮。

（2）命令方式

使用 CREATE REPORT 命令建立报表。

用上面两种方式建立报表，都显示如图 7-31 所示的报表设计器。

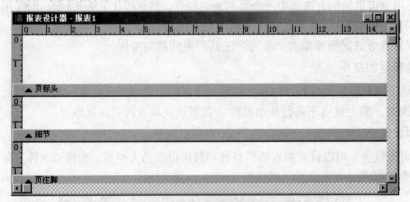

图 7-31　报表设计器

2. 设置数据环境

数据环境为报表管理数据源，在打开和运行报表时自动打开表或视图并提取相关的数据，在关闭或释放报表时自动关闭表或视图。

可以选择下列方式设置数据环境：

① 单击"报表设计器"工具栏中的【数据环境】按钮。

② 选择"显示"菜单中的"数据环境"命令。

③ 右击报表，在弹出的快捷菜单中选择"数据环境"命令。

打开"数据环境设计器"窗口，如图 7-32 所示。右击"数据环境设计器"窗口，从弹出的快捷菜单选择"添加"命令，打开"添加表或视图"对话框；依次将报表要使用的表或视图添加到数据环境设计器中。

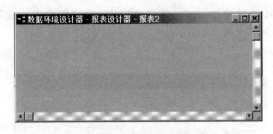

图 7-32 "数据环境设计器"窗口

3．建立表之间的关系

如果报表数据需要两个表，则添加到数据环境设计器中的表或视图之间的关系应该在数据库中已经建立好，否则在此还需要建立表或视图之间的关系。

4．添加报表内容

① 根据需要设置报表带区，默认情况下，报表带区包括页标头、细节和页注脚，可以根据需要增加带区。

② 添加字段，可以直接从数据环境设计器中将字段拖动到报表设计器中，通常拖动到细节带区。

③ 添加控件，单击"报表控件"工具栏中要添加的控件，在报表带区中单击鼠标。

5．调整报表布局

最后修改报表布局，完成报表的设计。

7.3 预览和打印报表

使用报表设计器创建的报表文件只是一个报表的定义，通过它把要打印的数据组织成令人满意的格式。

报表按数据源中记录出现的顺序处理记录。如果直接使用表中的数据，记录可能排序不对，如果有分组，很可能分组也会出错。所以，在打印一个报表文件之前，应该确认数据源是否对数据进行了正确的排序。如果表是数据库的一部分，可以创建视图并且把它添加到报表的数据环境中，通过视图将数据排序。如果数据源是一个自由表，可创建并运行查询，并将查询结果输出到报表中。

7.3.1 控件设置打印选项

控件的布局和它所处的带区的位置决定了控件打印时的位置。除此之外，还可以为每个控件设置特定的打印选项。每个控件都有一个默认的尺寸，对于字段或标签来说，控件的尺寸由它的值决定；对于线条、矩形或者图形来说，控件的尺寸是在创建控件的时候确定。控件在页面上的长度指定了该控件的显示宽度。但有些控件的值根据记录的不同而不同，用户可将控件的高度设置为可向下伸展，以显示整个值，否则，有些数据将在显示的时候被截断。除了标签控件外，所有控件的大小都可变。

1．打印变长度值的控件

为了使控件尽可能少的占用报表的空间，可将其设置为可伸展的。伸展选项适用的控件包括域、垂直线、矩形和圆角矩形。设置方法为：

① 双击要设置为可伸展的控件，显示图 7-33 所示的"报表表达式"对话框。

② 选择"溢出时伸展"选项。

③ 单击【确定】按钮。

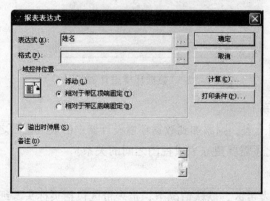

图 7-33　"报表表达式"对话框

2．将控件设置为可浮动的

对于设置了伸展选项的控件，在其下方的控件，可将其设置为向下浮动的。设置方法为：

① 双击要设置为可浮动的控件，显示图 7-33 所示的"报表表达式"对话框。

② 在"域控件位置"选项列表中选择"浮动"选项。

③ 单击【确定】按钮。

3．不输出重复值

对于域控件，如果需要对重复值的记录只输出一次，只需在第一次出现时打印该值，可以设置该域控件为不输出重复值。设置方法为：

① 双击要设置为不输出重复值的控件，显示图 7-33 所示的"报表表达式"对话框。

② 单击【打印条件】按钮，显示图 7-34 所示的"打印条件"对话框。

③ 在"打印重复值"选项中选择"否"选项。

④ 单击【确定】按钮。

⑤ 在"报表表达式"对话框中单击【确定】按钮。

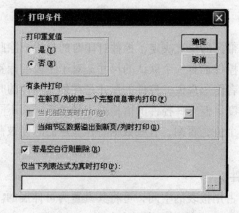

图 7-34　"报表表达式"对话框

7.3.2 为组设置打印选项

在报表中，可以对组的打印方式进行控制。例如：控制同一组的内容不要跨页显示，希望对组标头的打印进行控制等。

选择"报表"菜单中的"数据分组"命令，显示图 7-35 所示的"数据分组"对话框。设置分组表达式后，对"组属性" 选项中的内容进行选择，就可以根据需要控制组的打印方式。

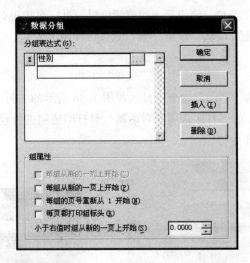

图 7-35 "数据分组"对话框

1．防止出现孤立的组标头

一个组可能会分别打印在两页上，组的标头打印在前一页，而组的大多数内容在下一页上。为了避免这种情况，可以设置打印时组标头到底部的最小距离。如果标头和底部的相对位置比所规定的尺寸要小，Visual FoxPro 会将标头移到新的一页中打印。在"数据分组"对话框中，输入或设定 "小于右值时组从新的一页上开始"的值，就可以防止出现孤立的组标头。

2．重复输出组标头

在组跨两页时，可能需要在新的一页中重复打印组标头，将其显示在连续信息的顶部。如果报表中存在嵌套的多个数据组，那么在连续页码中，标头应是嵌套结构中最内层的组标头。所以，应该将所有组标头中要打印的控件放置在最内层的组标头带区中。在"数据分组"对话框中，在"分组表达式"列表框中选择要重复打印标头的分组表达式，然后，在"组属性"区域中选择"每页都打印组标头"选项。如果不想重复打印组标头，则清除该选项。

3．当组改变时，打印忽略的值

如果已经设置了不输出重复值，但当某个特殊的组发生变化，需要将重复值输出，这时需要设置当组改变时，打印忽略的值。设置方法为：

① 双击要设置为不输出重复值的控件，显示图 7-33 所示的的"报表表达式"对话框。

② 单击【打印条件】按钮，显示图 7-34 所示的"打印条件"对话框。

③ 在"有条件打印"区域选择"当此组改变时打印"选项。

④ 单击【确定】按钮。

⑤ 在"报表表达式"对话框中单击【确定】按钮。

7.3.3　预览报表

打印报表之前通常需要预览报表的效果。通过预览可以看到报表页面的外观，检查数据列的对齐和间隔，并检查报告的数据等。

报表设计好后，可以选择"文件"菜单中的"打印预览"命令，或者直接单击工具栏上的【打印预览】按钮进入"预览"窗口。

"预览"窗口有个自的工具栏，使用其中的按钮可以一页一页地进行预览，也可以直接转到某一页进行预览，如果满意还可以从"预览"窗口直接打印报表。

7.3.4　打印报表

选择"文件"菜单中的"打印"命令，显示如图 7-36 所示的"打印"对话框，单击【选项】按钮，打开如图 7-37 所示的"打印选项"对话框。对打印选项进行设置，最后，单击"打印"对话框中的【确定】按钮开始打印。

图 7-36　"打印"对话框　　　　　　　　图 7-37　"打印选项"对话框

除了可以交互打印报表之外，还可以在程序中使用命令来打印报表。打印报表的命令是 REPORT　FORM。假设已经建立了"学生"报表，打印"学生"报表的命令如下：

```
REPORT FORM 学生
```

如果只打印报表的部分内容，可以使用范围短语、FOR 条件短语或 WHILE 条件短语。例如，下列语句只打印女生的信息：

```
REPORT FORM 学生 FOR 性别="女"
```

用 REPORT　FORM 命令也可以打开"预览"窗口来预览报表的打印效果。例如，预览"学生"报表的打印效果可以使用命令如下：

```
REPORT FORM 学生 PREVIEW
```

REPORT　FORM 命令默认是将报表内容输出在屏幕上，如果要输出到打印机上，就要选用 TO　PRINTER 短语。例如：

```
REPORT FORM 学生 TO PRINTER
```

如果需要在打印之前打开"打印"对话框，选择和设置打印机属性等，则应选用 PROMPT 短语。例如：

```
REPORT FORM 学生 TO PRINTER PROMPT
```

另外，还可以使用 TO　FILE 短语将报表的内容输出到文本文件中。例如：

```
REPORT FORM 学生 TO FILE STUDENT
```

第8章 菜单设计

学习目标

- 了解菜单的组成及设计原则。
- 了解菜单设计步骤。
- 了解菜单设计器的组成。
- 掌握菜单的操作，包括创建、修改、生成和运行菜单。
- 了解为顶层表单添加菜单的方法。
- 了解系统菜单在菜单设计中的用法。
- 了解快捷菜单的建立。

8.1　菜单设计概述

在执行应用程序时，用户一般首先看到的便是菜单，操作最多的也是菜单。如果把菜单设计得很好，用户只要根据菜单的组织形式和内容，就可以很好地理解应用程序。Visual FoxPro 支持两种类型的菜单：一种是条形菜单，如图 8-1 所示；另一种是弹出式菜单，如图 8-2 所示。Visual FoxPro 提供了"菜单设计器"创建菜单，提高了创新菜单的质量。

图 8-1　条形菜单示例　　　　　　　　　　图 8-2　弹出式菜单示例

8.1.1　菜单的组成及设计原则

每一个条形菜单都有一个内部名称和一组菜单选项，每个菜单选项都有一个供用户使用的菜单名称和内部名称。每一个弹出式菜单也有一个内部名称和一组菜单选项，每个菜单选项有一个菜单名称和选项序号。当菜单运行后，菜单名称显示在屏幕上，菜单及菜单项的内部名称或选项序号在代码中引用。

每一个菜单选项都可以设置一个热键和一个快捷键。热键通常是一个字符，当菜单激活时，可以按菜单项的热键快速选择该菜单项。快捷键通常是【Ctrl】键和另一个字符键的组合键，不管菜单是否激活，都可以通过快捷键选择相应的菜单选项。

创建一个菜单系统包括若干步骤，不管应用程序的规模有多大，打算使用的菜单有多么复杂，都需要首先规划菜单系统。因为应用程序的实用性在一定程度上取决于菜单系统的质量。花费一定的精力和时间规划菜单，有助于用户接受这些菜单的操作方式，理解应用程序的功能和掌握应用程序的使用方法。

在规划和设计菜单系统时，应该考虑如下一些原则：

① 按照应用程序的功能组织系统，而不要按应用程序的层次组织系统。也就是说，要做到通过查看菜单和菜单项，即可对应用程序的功能组织方法有一个感性的认识。因此，要设计好这些菜单和菜单项，就必须清楚用户思考问题的方式和完成任务的方法。

② 给每个菜单一个有意义的菜单标题，并且对菜单项的文字描述要准确，同时注意描述菜单项时要使用日常用语而不要使用计算机术语；另外，要尽量用相似的语句结构说明菜单项。

③ 按照估计的菜单项使用频率或逻辑顺序组织菜单项。例如，在一个销售业务系统中，最频繁的业务逻辑是开票和记账，而统计和汇总则定期进行；另外，一项业务一般都有固定的逻辑顺序，例如销售业务总是先开票，然后再收款、记账等。

④ 按功能相近的原则将菜单项分组，然后在菜单项的逻辑组之间放置分隔线。

⑤ 将菜单上菜单项的数目限制在一个屏幕之内。如果菜单项的数目太多，则应为其中的一些菜单项创建子菜单。

⑥ 为常用菜单和菜单项设置快捷键。

8.1.2 菜单设计步骤

对应用程序的功能进行规划和设计，确定需要哪些菜单，哪些菜单出现在界面的何处以及哪几个菜单需要有子菜单等，每个菜单所要执行的任务，例如显示表单或对话框等。如果需要的话，还可以包含初始化代码和清理代码。初始化代码在定义菜单系统之前执行，其中包含的代码用于打开文件，声明变量，或将菜单系统保存在堆栈中，以便今后可以进行恢复。清理代码中包含的代码在菜单定义代码之后执行，用于选择菜单和菜单项可用或不可用。规划好菜单系统之后，就可以利用菜单设计器创建菜单系统。

用菜单设计器设计下拉菜单的基本步骤如图 8-3 所示，它包括：

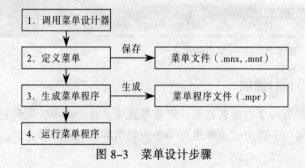

图 8-3　菜单设计步骤

- 建立菜单文件，打开菜单设计器。
- 定义菜单项及其子菜单项。
- 保存并生成菜单程序。
- 运行菜单程序。

8.1.3 菜单设计器的组成

创建菜单系统的大量工作是在"菜单设计器"中完成的，在菜单设计器中可以创建实际的菜单、子菜单和菜单项。"菜单设计器"窗口如图 8-4 所示，其主要包括菜单名称、结果、选项、菜单级、菜单项、预览等内容。

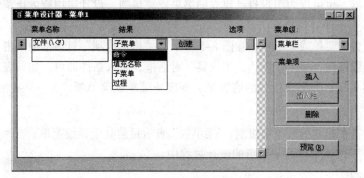

图 8-4 "菜单设计器"窗口

1．菜单名称

菜单名称是菜单运行时显示的菜单项名称。在菜单名称中，可以包含热键，热键用带有下画线的字母表示。例如，Visual FoxPro 环境的"文件（F）"菜单使用 F 作为热键。设置热键的方法是在菜单名称后面输入"\<英文字母"。

可以根据各菜单项功能的相似性或相近性，将子菜单的菜单项分组，分组手段是在两组之间插入一条水平的分组线，方法是在相应行的菜单名称框中输入"\-"。

2．结果

结果是菜单运行时选择此菜单项产生的动作，包括命令、子菜单、过程和填充名称。其中，"命令"结果由一条 Visual FoxPro 命令实现；"子菜单"结果由若干个子菜单项组成；"过程"结果可以由多条命令组成；"填充名称"或"菜单项#"结果，在菜单栏时为"填充名称"，在子菜单中为"菜单项#"，用于指定内部名字或序号。

3．创建或编辑

在确定菜单项的结果后，对结果的内容进行相应的设置，第一次为【创建】按钮。如果选择了结果处理方式并单击【创建】按钮，则创建了结果处理方式的内容，且【创建】按钮变为【编辑】按钮。

4．选项

每个菜单项的选项列都有一个无符号按钮，单击该按钮就会出现"提示选项"对话框，如图 8-5 所示，可以为非顶级菜单项设置快捷键，也可以定义菜单项的其他属性。已经定义过属性的选项按钮上会出现"√"符号。

为非顶级菜单项设置快捷键的具体设置方法为：

① 选择或将光标定位到要定义快捷键的菜单标题或菜单项。

② 单击图 8-4 的"选项"栏中的按钮，打开如图 8-5 所示的"提示选项"对话框。

③ 在"键标签"文本框中按下组合键，按下的组合键将出现在"键标签"文本框中。

④ 在"键说明"文本框中输入希望在菜单项旁边出现的文本，默认是快捷键标记，建议不要更改。

⑤ 单击【确定】按钮，快捷键定义生效。

注意：【Ctrl+J】是无效快捷键，因为在 Visual FoxPro 中经常将其作为关闭某些对话框的快捷键。

在使用 Visual FoxPro 菜单时，经常在操作的不同状态下显示不同的菜单，使用 Visual FoxPro 提供的菜单设计器，也可以为用户自己建立的菜单或菜单项，设计启用或废止条件。设计菜单或菜单项启用或废止条件的具体方法是：

选择需要设置的菜单或菜单项，在图 8-5 所示的"提示选项"对话框中单击"跳过"列表右边的表达式生成器按钮，显示"表达式生成器"对话框，输入条件即可。如果表达式的值为.F.，则启用菜单或菜单项。如果表达式的值为.T.，则废止菜单或菜单项。

5．菜单级

它用于显示正在建立的菜单项级别，"菜单栏"表示目前处于顶级菜单；当为某菜单项的名称时，表示目前处于该菜单项的子菜单的设计过程中。

6．菜单项操作

在图 8-4 的"菜单设计器"窗口中的"菜单项"选项区域中包括插入、插入栏和删除 3 项内容。

● 插入：可在当前菜单项之前插入一个新的菜单项。单击该按钮，会插入一个新的菜单项，再单击"选项"列中的按钮，会弹出图 8-5 所示的对话框。

● 插入栏：可在当前菜单项之前插入一个 Visual FoxPro 系统菜单命令。单击该按钮，打开如图 8-6 所示的"插入系统菜单栏"对话框，选择所需要的菜单命令，按住【Ctrl】键可以多选，单击【插入】按钮。

● 删除：可删除当前的菜单项。

图 8-5　"提示选项"对话框

图 8-6　"插入系统菜单栏"对话框

7．预览

它可预览菜单效果，但不能操作菜单。

8．移动按钮

每一个菜单项左侧都有一个移动按钮，拖动移动按钮可以改变菜单项的位置。

8.2　菜单的操作

8.2.1　创建菜单

1．菜单方式

选择"文件"菜单中的"新建"命令，从打开的"新建"对话框中选择"菜单"单选按钮，然后单击【新建文件】按钮。

2．命令方式

在命令窗口中输入 CREATE MENU 命令，创建菜单文件。命令格式为：

图 8-7　"新建菜单"对话框

```
CREATE  MENU  [菜单文件名|?]
```

以上两种方法都将打开如图 8-7 所示的"新建菜单"对话框。从图 8-7 可以看出，Visual FoxPro 中可以建立两类菜单，一类是普通的菜单（条形菜单），一类是快捷菜单。

条形菜单通常显示在界面上，用来完成常规的系统操作；而快捷菜单通常在右击时弹出，根据选择的对象来完成一些特定的操作功能。

以建立下面的菜单形式为例，说明菜单的建立过程。

文件(F)
　　新建
　　打开
　　保存
　　关闭
　　退出
编辑(E)
　　教师情况表
　　课程情况表
　　学生情况表
　　学生成绩表
输出(P)
　　学生成绩表
　　　全体
　　　个人
　　学生情况表
　　课程情况表
　　　行式
　　　列式

教师情况表

根据以上的菜单结构描述，可以总结出在菜单栏中有"文件"、"编辑"、"输出"3 个菜单项；在"文件"菜单下有"新建"、"打开"，"保存"、"关闭"和"退出"5 个子菜单项；在"编辑"菜单下有"教师情况表"、"课程情况表"、"学生情况表"和"学生成绩表"4 个子菜单项；在"输出"菜单下有"学生成绩表"、"学生情况表"、"课程情况表"和"教师情况表"4 个子菜单项，其中，"学生成绩表"子菜单下又有"全体"和"个人"两个子菜单项，"课程情况表"子菜单下又有"行式"和"列式"两个子菜单项。

具体的建立步骤如下：

① 首先在图 8-4 的菜单设计器中依次输入菜单名称"文件"、"编辑"和"输出"，如图 8-8 所示。

② 将光标定位在"文件"菜单项，在"结果"下拉列表框中选择"子菜单"选项，并单击【创建】按钮，显示类似于图 8-8 的窗口，但"菜单级"列表中显示的是"文件"，依次输入"新建"、"打开"、"保存"、"关闭"和"退出"5 个菜单项，如图 8-9 所示。

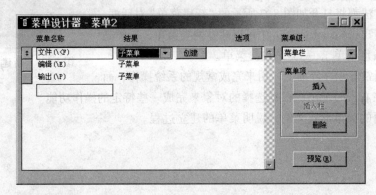

图 8-8　步骤①图示

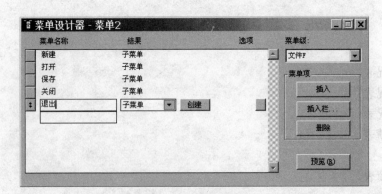

图 8-9　步骤②图示

③ 在图 8-9 的"菜单级"下拉列表框中选择"菜单栏"选项，返回图 8-8 所窗口，选择"编辑"选项，按步骤②建立"编辑"菜单的子菜单项。

④ 按步骤②建立"输出"菜单的子菜单项，并建立"学生成绩表"的子菜单和"课程情况表"的子菜单。

⑤ 为最下级子菜单项指定相应的任务。

8.2.2　生成菜单程序

定义菜单的描述信息将存储在扩展名为".MNX"和".MNT"的菜单文件中。菜单文件要执行，还需要生成扩展名为".MPR"的菜单程序，具体步骤如下：

① 选择"菜单"菜单中的"生成"命令，显示"生成菜单"对话框，如图8-10所示。

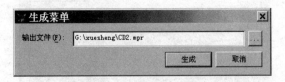

图8-10　"生成菜单"对话框

② 在图8-10所示的"生成菜单"对话框中指定菜单程序文件的名称和路径。

③ 单击【生成】按钮生成菜单程序。

8.2.3　运行菜单

1．菜单方式

选择"程序"菜单中的"运行"命令，在"运行"对话框中找到要运行的菜单文件，单击【运行】按钮。

2．命令方式

在命令窗口输入 DO 命令运行，其命令格式为：

```
DO  菜单程序文件名.mpr
```

扩展名不能省略，因为在 Visual FoxPro 中，DO 命令后省略扩展名默认为 PRG 文件。

8.2.4　修改菜单

1．菜单方式

选择"文件"菜单中的"打开"命令，显示"打开"对话框，在"打开"对话框中选择打开的文件类型为"菜单（*.mnx）"选项，选择要修改的菜单文件名，单击【确定】按钮。

2．命令方式

在命令窗口中使用 MODIFY MENU 命令，打开要修改的菜单文件。命令格式为：

```
MODIFY MENU  [<文件名> |?]
```

8.3　为顶层表单添加菜单

菜单总是要附加在某个表单上，并且通常附加在顶层表单上。为顶层表单添加下拉式菜单的一般方法如下：

① 首先在菜单设计器中设计下拉式菜单，并生成扩展名为".MPR"的菜单程序文件。

② 设计菜单时，在"常规选项"对话框中选择"顶层表单"复选框，如图8-11所示。

③ 将表单的 ShowWindow 属性的值设为"2-作为顶层表单"，使其成为顶层表单。

④ 在表单的 Init 事件或 Load 事件中添加调用菜单程序文件的命令：

```
DO 菜单程序文件名  WITH  THIS ，"菜单名"
```

其中，"菜单名"是为添加到表单的菜单指定的一个内部名称。

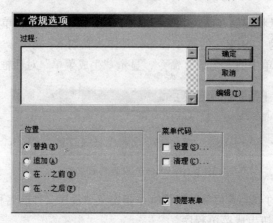

图 8-11 "常规选项"对话框

⑤ 在表单的 Destroy 事件代码中添加释放菜单的命令：

```
Release Menu 菜单名 [EXTENDED]
```

其中，EXTENDED 选项说明在释放菜单的同时清除下属的子菜单。

8.4 系 统 菜 单

8.4.1 Visual FoxPro 系统菜单

Visual FoxPro 系统菜单是一个典型的菜单系统，其主菜单是一个条形菜单。条形菜单中常见选项的名称及内部名字如表 8-1～表 8-8 所示。Visual FoxPro 系统菜单的名称是_MSYSMENU。在定义菜单项时，可以通过插入栏插入 Visual FoxPro 系统菜单来快速定义子菜单。

表 8-1 系统主菜单的名称及其内部名称

菜 单 名 称	内 部 名 称	菜 单 名 称	内 部 名 称
文件（File）	_MSM_FILE	工具（Tools）	_MSM_TOOLS
编辑（Edit）	_MSM_EDIT	程序（Program）	_MSM_PROG
显示（Data Session）	_MSM_VIEW	窗口（Window）	_MSM_WINDO
格式（Format）	_MSM_TEXT	帮助（Help）	_MSM_SYSTM

表 8-2 "文件"菜单及其所属菜单项的名称和内部名称

菜单和菜单项	内 部 名 称	菜单和菜单项	内 部 名 称
"文件"菜单	_MFILE	还原	_MFI_REVRT
新建	_MFI_NEW	导入	_MFI_IMPORT
打开	_MFI_OPEN	导出	_MFI_EXPORT
关闭	_MFI_CLOSE	页面设置	_MFI_PGSET
全部关闭	_MFI_CLALL	打印预览	_MFI_PREVU
保存	_MFI_SAVE	打印	_MFI_SYSPRINT

菜单和菜单项	内 部 名 称	菜单和菜单项	内 部 名 称
另存为	_MFI_SAVAS	发送	_MFI_SEND
另存为 HTML	_MFI_SAVASHTML	退出	_MFI_QUIT

表 8-3 "编辑"菜单及其所属菜单项的名称和内部名称

菜单和菜单项	内 部 名 称	菜单和菜单项	内 部 名 称
"编辑"菜单	_MEDIT	查找…	_MED_FIND
撤销	_MED_UNDO	再次查找	_MED_FINDA
重做	_MED_BEDO	替换	_MED_REPL
剪切	_MED_CUT	定位行	_MED_GOTO
复制	_MED_COPY	插入对象	_MED_INSOB
粘贴	_MED_PASTE	对象	_MED_OBJ
选择性粘贴	_MED_PSTLK	链接	_MED_LINK
清除	_MED_CLEAR	属性	_MED_PREF
全部选定	_MED_SLCTA		

表 8-4 "显示"菜单及其所属菜单项的名称和内部名称

菜 单 和 菜 单 项	内 部 名 称
"显示"菜单	_MVIEW
工具栏…	_MVI_TOOLB

表 8-5 "工具"菜单及其所属菜单项的名称和内部名称

菜单和菜单项	内 部 名 称	菜单和菜单项	内 部 名 称
"工具"菜单	_MTOOLS	代码范围分析器	_MTL_COVERAGE
向导	_MTL_WZRDS	修饰	_MED_BEAUT
拼写检查	_MTL_SPELL	运行 Active Document	_MTI_RUNACTIVEDOC
宏	_MTL_MACRO	调试器	_MTL_DEBUGGER
类浏览器	_MTL_BROWSER	选项	_MTL_OPTNS
组件管理库	_MTL_GALLERY		

表 8-6 "程序"菜单及其所属菜单项的名称和内部名称

菜单和菜单项	内 部 名 称	菜单和菜单项	内 部 名 称
"程序"菜单	_MPROG	继续执行	_MPR_BESUM
运行	_MPR_DO	挂起	_MPR_SUSPEND
取消	_MPR_CANCL	编译	_MPR_COMPL

表 8-7 "窗口"菜单及其所属菜单项的名称和内部名称

菜单和菜单项	内 部 名 称	菜单和菜单项	内 部 名 称
"窗口"菜单	_MWINDOW	清除	_MWI_CLEAR
全部重排	_MWI_ARRAN	循环	_MWI_ROTAT

续表

菜单和菜单项	内 部 名 称	菜单和菜单项	内 部 名 称
隐藏	_MWI_HIDE	命令窗口	_MWI_CMD
全部隐藏	_MWI_HIDE	数据工作期	_MWI_VIEW
全部显示	_MWI_SHOWA		

表 8-8 "帮助"菜单及其所属菜单项的名称和内部名称

菜单和菜单项	内 部 名 称	菜单和菜单项	内 部 名 称
"帮助"菜单	_MSYSTEM	搜索	_MST_MSDNS
Microsoft Visual FoxPro 帮助主题	_MST_HPSCH	技术支持	_MST_TECHS
目录	_MST_MSDNC	Microsoft on the Web	_HELPWEBVFPFREESTUFF
索引	_MST_MSDNI	关于 Microsoft Visual FoxPro	_MST_ABOUT

8.4.2 快速菜单

快速菜单是利用已有的 Visual FoxPro 菜单系统创建用户需要的菜单。以达到快速建立菜单的目的。

选择"文件"菜单中的"新建"命令，在"新建"对话框中选择"菜单"选项，单击【新建文件】按钮，显示"新建菜单"对话框，单击【菜单】按钮，出现"菜单设计器"窗口，选择"菜单"菜单中的"快速菜单"命令，显示图 8-12 所示的菜单设计器。

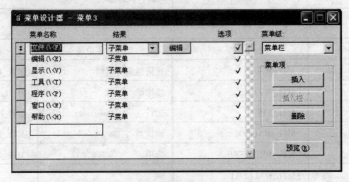

图 8-12　已经创建好的菜单设计器

利用快速菜单功能建立的菜单，具有 Visual FoxPro 系统菜单的所有功能，用户可以根据需要添加或修改菜单项定制菜单系统。

用户可以通过菜单名称左边的移动按钮，更改菜单排列的顺序；可以使用插入按钮插入菜单；使用删除按钮删除不需要的菜单。

利用快速菜单功能建立的菜单，也需要生成菜单程序，才能使用。

8.5　快　捷　菜　单

在控件或对象上右击鼠标时弹出的菜单称为快捷菜单，快捷菜单可以快速展示当前对象可用的所有功能。Visual FoxPro 支持快捷菜单。在 Visual FoxPro 中创建快捷菜单的方法与普通菜单基本相同，只是在图 8-7 的"新建菜单"对话框中选择"快捷菜单"选项，打开快捷菜单设计器。快捷菜单设计器的使用方法与菜单设计器的使用方法相同。

为了使控件或对象能够在右击时激活快捷菜单，就可以将快捷菜单附加到控制或对象中。需要在控件或对象的 RightClick 事件中添加执行菜单的语句，即：

```
DO 快捷菜单程序文件名.MPR
```

快捷菜单使用完后应该及时清理，释放其所占用的内存空间。相应的命令是 RELEASE POPUPS，其格式为：

```
RELEASE POPUPS 快捷菜单程序文件名 [EXTENDED]
```

8.6 SDI 菜单

SDI 菜单是出现在单文档界面（SDI）窗口中的菜单。如果要创建 SDI 菜单，必须在设计菜单时指出该菜单用于 SDI 表单。

8.6.1 创建 SDI 菜单

创建 SDI 菜单的过程与创建普通菜单完全相同，只是需要在"菜单设计器"窗口打开的情况下，选择"显示"菜单中的"常规选项"命令，显示图 8-13 所示的"常规选项"对话框，选择"顶层表单"选项，单击【确定】按钮。

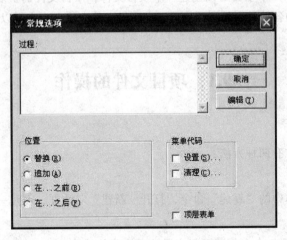

图 8-13 "常规选项"对话框

8.6.2 将 SDI 菜单附加到表单中

将 SDI 菜单附加到表单中需要完成以下操作。

首先设置表单的 ShowWindow 属性，在"表单设计器"窗口中，将表单的 ShowWindow 属性设置为"2-作为顶层表单"；然后在表单的 Init 事件中，调用该菜单。

例如，假设已经建立好了 SDIMENU.MPR 快捷菜单，只要在表单的 Init 事件中，添加下列代码就可以将 SDI 菜单附加到表单中。

```
DO SDIMENU.MPR WITH THIS .T.
```

第 9 章　项目管理器

学习目标

- 了解项目文件的用途。
- 掌握项目文件的操作。
- 了解项目管理器的用法。

项目管理器是 Visual FoxPro 的管理中心，通过它可以集中创建和管理数据库及其应用程序的所有内容。例如，可以创建和打开数据库，创建数据库表，在数据库表上创建各种索引，浏览、修改、删除、插入数据库表的记录等，也可以创建和修改表单、报表及应用程序等。项目管理器还可以在开发应用程序时组织同一个应用程序所用到的各种文件，如数据库、表、表单、报表、查询、菜单、类库等，一个项目可以创建一个项目文件，项目文件的扩展名为".PJX"。

由项目文件管理的各种类型的资源，可以在项目文件中建立，也可以先建立好，再添加到项目文件中。

9.1　项目文件的操作

9.1.1　创建项目文件

创建项目文件通常有两种方法：

1. 菜单方式

选择"文件"菜单中的"新建"命令，打开"新建"对话框，创建一个新的项目文件。

2. 命令方式

用 CREATE PROJECT 命令创建项目文件，其命令格式为：

```
CREATE PROJECT [<项目文件名>|?]
```

例如，建立一个"学生管理"的项目，可以在命令窗口中输入命令：

```
CREATE PROJECT 学生管理
```

以上命令执行完后将在磁盘上创建一个"学生管理.PJX"文件，同时打开如图 9-1 所示的项目管理器。

初始建立的项目文件是空的，它还没有包含任何内容。以后可以在项目管理器中创建或添加已经存在的数据库、数据库表、表单、报表等。

如果新建立项目文件后，没有在项目中创建或添加任何文件，那么在关闭项目管理器时，系统会显示如图 9-2 所示的对话框，这时可以单击【删除】按钮删除项目文件，也可以单击【保持】按钮不删除项目文件。

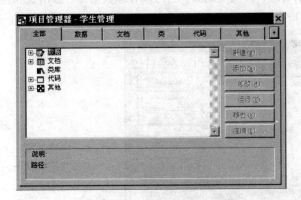

图 9-1　项目管理器　　　　　　　　　　　图 9-2　关闭空项目文件显示的对话框

9.1.2　打开已有的项目文件

当要打开一个已经存在的项目文件时，可以使用下面两种方法：

1．菜单方式

选择"文件"菜单中的"打开"命令，在"打开"对话框中选择或输入要打开的项目文件名，然后单击【确定】按钮。

2．命令方式

使用 MODIFY PROJECT 命令打开项目管理器，修改已经存在的项目文件。其命令格式为：

```
MODIFY PROJECT [<项目文件名>|?]
```

以上两种方法都将打开如图 9-1 所示的项目管理器。

一旦项目管理器被打开，并且项目管理器是当前窗口，则系统会在菜单栏中显示"项目"菜单。

9.2　项目管理器的组成

项目管理器是用树状视图的形式组织管理各类型文件的，可以展开或收缩它们。当已建立某类文件后，在其图标的左边就会出现一个加号（＋）。单击这个加号可列出这种类型的所有文件，此时加号变成减号；单击减号可收缩展开的内容。项目管理器主要由选项卡和命令按钮组成。

9.2.1　选项卡

项目管理器由 6 个选项卡构成，分别是"全部"、"数据"、"文档"、"类"、"代码"和"其他"。每一个选项卡管理某一类别的文件，如果要处理项目中某一特定类型的文件或对象，可选择其所在的选项卡。

1．"全部"选项卡

该选项卡集中了其他 5 个选项卡的全部内容，几乎可以通过此选项卡完成所有的操作。从图 9-1 的界面也可以看出它的 5 个项目"数据"、"文档"、"类库"、"代码"和"其他"正好与另外 5 个选项卡一一对应。

2．"数据"选项卡

"数据"选项卡用于一个项目的所有数据管理。按大类划分，它可以管理数据库、自由表和查询，在一个数据库中又可以有表、本地视图、远程视图、连接和存储过程，如图 9-3 所示。

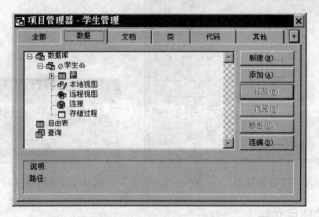

图 9-3 "数据"选项卡

3．"文档"选项卡

"文档"选项卡中包含处理数据时所用的全部文档，如输入和查看数据所用的表单及打印表与查询结果所用的报表和标签等。使用该选项卡可以查找和组织项目中的文档，如图 9-4 所示。

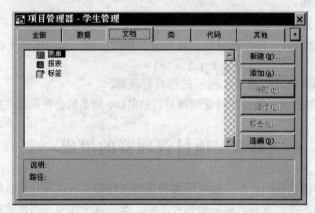

图 9-4 "文档"选项卡

4．"类"选项卡

"类"选项卡中包含由类设计器建立的类库文件。

5．"代码"选项卡

"代码"选项卡中列出了程序、应用程序的主程序及 API 等相关代码，如图 9-5 所示。

6．"其他"选项卡

"其他"选项卡中列出的对象包括应用程序的菜单文件以及一些用于程序说明的文本文件，如图 9-6 所示。

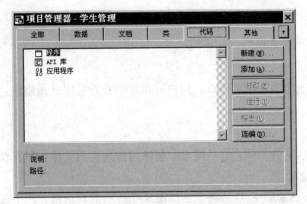

图 9-5 "代码"选项卡

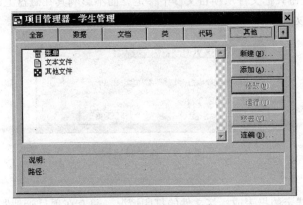

图 9-6 "其他"选项卡

9.2.2 命令按钮

在项目管理器的右边有众多的命令按钮,这些按钮会随着所选选项卡内容的不同而发生变化。例如,当选择一个具体的表时,原来的【运行】按钮会变为【浏览】按钮。

1.【新建】按钮

创建一个在项目管理器中所选定类型的新文件,如数据库、表、表单、报表或查询等,并将其添加到项目文件中。当在项目管理器中选择一个文件类型,如数据库时,该按钮被激活。

2.【添加】按钮

在项目文件中加入一个已经存在的文件。单击此按钮后,系统显示"打开"对话框,可从"打开"对话框中选择一个文件添加到项目文件中。当在项目管理器中选择一个文件类型,如数据库时,该按钮被激活。

3.【修改】按钮

该按钮用于打开一个设计器或编辑器来修改选定的文件。当在项目管理器中选中一个数据库、自由表、查询、表单、报表、标签、类库、程序、菜单或文本文件时,该按钮被激活。

4.【打开】按钮

该按钮用于打开一个数据库。只有在项目管理器中选中一个数据库后,该按钮才会出现。如果选中的数据库已经打开,这个按钮将变成【关闭】按钮。

5.【关闭】按钮

该按钮用于关闭一个数据库。

6.【浏览】按钮

该按钮用于打开选定表的浏览窗口，用户可在其中查看数据并做修改。只有在选中表时该按钮才出现。

7.【移去】按钮

该按钮用于从项目文件中移去或从磁盘中删除当前选定的文件。只有在项目管理器中选中一个文件后，该按钮才被激活。

当单击该按钮后，Visual FoxPro 将显示如图 9-7 所示的对话框，用于提示用户选择移去的方式。其中，【移去】按钮只把文件从项目文件中移走，而不影响其在磁盘上的存在；【删除】按钮则不仅把文件从项目文件中移走，还同时将其从磁盘上删除。

图 9-7　移去对话框

8.【预览】按钮

该按钮用于预览选定的报表或标签文件的打印情况。只有在项目管理器中选中一个报表或标签文件后，该按钮才可用。

9.【运行】按钮

该按钮用于运行选定的查询、表单、菜单或程序文件。只有在项目管理器中选中一个查询、表单、菜单或程序文件时，该按钮才能被激活。

10.【连编】按钮

该按钮用于将所有在项目中引用的文件合成为一个应用程序文件或重新连编一个已存在的项目文件。当单击该按钮时，系统将打开一个"连编"对话框。在该对话框中设置所需的连编选项，单击【确定】按钮之后，系统将生成一个 APP 或 EXE 或 DLL 文件。

9.3　项目管理器的使用

项目管理器是在 Visual FoxPro 中处理数据和对象的主要组织工具。通过使用项目管理器，可以方便地组织管理在应用程序中使用的文件，如创建表和数据库、生成查询文件、建立表单和报表文件、构造整个应用程序等。除此之外，还可以使用项目管理器向项目文件中添加或删除一个文件，创建一个新的文件或修改一个已有的文件，查看表的内容以及连接不同项目文件中的程序等。

1. 使用"数据"选项卡组织和查看数据

由于"数据"选项卡中包含了一个项目所需的全部数据，因此，当要对这些数据进行添加、修改、删除、查看等操作时，可使用该选项卡。

2．使用"文档"选项卡组织和浏览文档

当要对表单、报表及标签进行相应的操作时，可使用"文档"选项卡。

3．添加和移去文件

使用项目管理器可以在项目中添加已存在的文件或者创建新的文件。当要在项目中添加文件时，应先选择相应的选项卡，然后在此选项卡中选择要添加项目的类型，再单击项目管理器的【添加】按钮；在"打开"对话框中选择要添加的文件名，然后单击【确定】按钮。例如，要把表添加到项目中，可在"数据"选项卡中选择"自由表"，然后单击【添加】按钮把它们添加到项目中。

同样，如果要从项目中移去文件，可选定要移去的内容，然后单击项目管理器的【移去】按钮，并在提示框中单击【移去】按钮；如果要删除文件，则单击提示框中的【删除】按钮。

4．创建和修改文件

项目管理器可以让用户快速地进入 Visual FoxPro 设计器，这些工具简化了创建和修改文件的过程。选定要创建或修改的文件类型，然后单击【新建】按钮或【修改】按钮，Visual FoxPro 就会显示与所选文件类型相符的设计工具。例如，当要修改一个表时，先选定表的名称，然后单击【修改】按钮，便可打开该表的表设计器。

5．添加文件的说明

创建或添加新的文件时，可以为文件加上描述性的说明。一旦文件被选定，这些说明信息将显示在项目管理器的底部。如果要为文件添加说明，可先在项目管理器中选定文件，再从开发环境窗口的"项目"菜单中选择"编辑说明"命令，然后在"说明"对话框中输入对文件的说明，最后单击【确定】按钮。

6．在项目间共享文件

在 Visual FoxPro 中，可以同时打开多个项目，并可以从一个项目向另一个项目添加文件，使不同的项目共享同一个文件。这样即可用在其他项目开发中的工作成果。但被共享的文件并没有复制到要共享它的项目文件中，而只是在那个项目中储存对该文件的引用。一个文件可以同时和不同的项目组织在一起。

如果要在项目之间共享文件，可在 Visual FoxPro 中打开要共享文件的两个项目，然后在其中一个项目管理器中选择文件，再将该文件拖动到另一个项目的容器中。

7．定制项目管理器

初始时的项目管理器是作为一个独立的窗口显示的。用户可以移动该窗口，也可以改变其尺寸或者将它折叠起来只显示选项卡标题。

- 移动项目管理器：将鼠标指针置于标题栏，然后将项目管理器拖动到屏幕的任何位置。
- 改变项目管理器的大小：将鼠标指针置于项目管理器的上边界、下边界、两边或角上，然后拖动鼠标即可扩大或缩小其尺寸。
- 折叠项目管理器：单击右上角的向上箭头，在折叠情况下，项目管理器只显示选项卡标题，如图 9-8 所示；如果要恢复折叠后的项目管理器，可单击右部的向下箭头。

图 9-8　折叠的项目管理器

- 分离选项卡：项目管理器被折叠时，用户可以分离且单独放置某一选项卡来适应个人的需要。分离出的选项卡可以在 Visual FoxPro 的主窗口中独立移动，如图 9-9 所示。当要分离某一选项卡时，可在折叠项目管理器的情况下选定一个相应的选项卡，拖动鼠标使它脱离项目管理器。

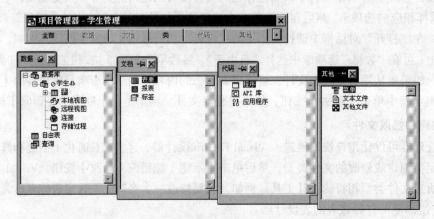

图 9-9　分离的选项卡

在选项卡处于浮动状态时，可以在其浮动框中右击来访问"项目"菜单上的选项。如果要让选项卡始终显示在屏幕的最顶层，可以单击选项卡上的图钉图标，该选项卡就会一直保留在其他 Visual FoxPro 窗口的上面。可以使多个选项卡都处于"顶层显示"的状态。要取消选项卡的"顶层显示"设置，只需再次单击图钉图标。

要想将分离的选项卡恢复到原来的位置，可以单击选项卡上部的【关闭】按钮，或者将其拖动回项目管理器中。

第10章 应用程序系统开发

Visual FoxPro 6.0 是目前流行的数据库管理系统软件之一，用户使用它可以很方便地进行程序开发。本章将结合一个小型系统开发的实例，介绍应用系统开发的一般过程，以及如何设计一个 Visual FoxPro 6.0 的应用系统。本章将综合运用前面各章所介绍的知识和设计技巧，是对 Visual FoxPro 6.0 学习过程的一个系统全面的运用和训练。

10.1 应用程序开发的过程

管理信息系统应用程序开发一般包括系统开发准备、系统调查、系统分析、系统设计、系统实现、系统转换、系统运行与维护、系统评价等步骤。

1．系统开发准备

系统开发准备工作一般包括提出系统开发的要求、成立开发项目组、制定开发计划等。

2．系统调查

调查现行系统的运行情况，明确用户需求，确定开发方式。

3．系统分析

系统分析又称逻辑设计，是开发的关键环节。在软件开发的分析阶段，信息收集是决定软件项目可行性的重要环节。程序设计者要通过对开发项目信息的收集来确定系统目标、软件开发的总体思路及所需的时间等。

4．系统设计

在软件开发的设计阶段，首先根据系统分析中系统的逻辑模型综合考虑各种约束，对软件开发进行总体规划，然后具体设计程序完成的功能、程序输入/输出的要求及采用的数据结构等。

5．系统实施与转换

软件开发实施阶段的工作主要包括系统硬件的购置与安装、程序的编写与调试、系统操作人员的培训、系统有关数据的准备和录入、系统调试与转换。

6．系统维护与评价

系统外部环境与内部因素的变化不断影响系统的运行，因此要经常修正系统程序的缺陷，增加新的功能，这就需要进行系统维护。系统运行后，要与系统预期目标进行对比，及时写出系统评价报告。系统维护与评价是应用程序开发的最后一个阶段，其好坏将影响着系统生命周期的长短和使用效果。

10.2 应用程序开发实例

随着计算机技术的普及，各种管理系统正发挥着前所未有的作用，学校开发学生档案管理系统也尤为必要。本书中开发学生档案管理系统旨在抛砖引玉，使读者了解使用 Visual FoxPro 6.0 进行开发的过程，并能在此基础上进一步完善该管理系统。

1．目标设计

通过学生档案管理系统，使学校的学生档案管理工作规范化、自动化、系统化，从而达到提高档案管理效率的目的。

2．开发设计思想

本系统的开发设计思想如下：

① 尽量采用学校现有的软硬件环境，充分利用学校现有的资源，提高系统开发水平和应用效果。

② 系统应符合学校学生档案管理的规定，满足日常管理的需求。

③ 系统采用模块化程序设计方法，便于系统功能的组合和修改，并便于系统的补充和维护。

④ 系统应具备数据库维护功能，能够对数据进行添加、删除、修改、备份等操作。

3．开发工具和运行环境

开发工具：Visual FoxPro 6.0。

运行环境：Windows 9x、Windows NT、Windows 2000/XP 操作系统。

4．系统功能分析

本系统主要用于学校学生的档案管理，主要任务是对学生的信息进行日常管理，如查询、修改、增加、删除等。

（1）系部信息管理

完成系部信息的添加、修改和删除，包括系部编号、系部名称、系部职能描述和上级部门等信息。

（2）学生信息管理

完成学生基本信息的添加、修改和删除，包括学生编号、姓名、性别、生日、所在系部等信息。

（3）学生照片管理

主要完成学生照片的添加、修改和删除，并将指定的图像文件存储到数据库中。

（4）学生主要家庭成员信息管理

完成学生主要家庭成员信息的添加、修改和删除，包括主要家庭成员的姓名、关系、工作单位等信息。

（5）学生主要教育经历管理

完成主要教育经历信息的添加、修改和删除，包括开始日期、截止日期、学校、职务等信息。

（6）考评管理

完成学生考评信息的添加、修改和删除，包括考评学期、奖励事由、奖励金额、处罚事由、处罚金额和总体评价等信息。

（7）日志管理

完成用户使用本系统情况的统计功能。

（8）系统用户管理

完成系统用户信息的添加和删除，包括用户名、密码、用户类型等信息。

5．系统功能模块设计

根据系统的功能分析，确定如下模块。

（1）主界面模块

该模块是学生档案管理的主界面，是系统的唯一入口和出口，该界面提供用户选择并调用各子模块的功能，对于进入学生档案管理系统的用户，要核对其用户名和密码。

（2）基本信息管理模块

该模块提供对学生信息进行录入、增加、删除、打印、查询等功能。

（3）考评管理模块

该模块完成考评功能。

（4）系统日志模块

该模块用于工作日志的管理。

（5）用户管理模块

该模块完成对系统用户进行管理的功能。

系统结构如图 10-1 所示。

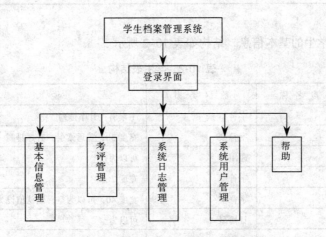

图 10-1　学生档案管理系统的功能模块

其中，基本信息管理模块的基本功能模块如图 10-2 所示。

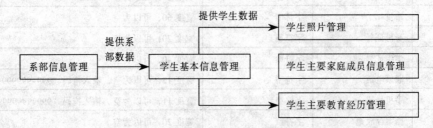

图 10-2　基本信息管理功能集合模块关系图

10.3 数据库设计

数据库设计首先要进行数据需求分析，如分析应用系统需要存储哪些数据，而且要从优化表结构和减少数据冗余的角度考虑，合理地创建一系列的表。用表设计器设计好表结构后，为了保持数据的完整性和一致性，这些表要添加到数据库中，并且要建立表间的永久关系和参照完整性。

本系统中所涉及的主要实体共有一个数据库，即学生数据库.DBC；其中有 6 个数据表，即系部表、学生表、学生家庭表、学生经历表、考评表和用户表。

各表的物理结构如下：

1. 系部表

该表用来保存系部的信息，结构如表 10-1 所示。

表 10-1　系部表结构

编　号	字 段 名 称	数 据 类 型	说　　　　明
1	编号	整型	主索引，升序排列
2	名称	字符型	宽度 40，普通索引，升序排列
3	描述	备注型	可以为空
4	上级编号	整型	用于保存上级部门的编号

2. 学生表

该表用来保存学生的基本信息，结构如表 10-2 所示。

表 10-2　学生表结构

编　号	字 段 名 称	数 据 类 型	说　　　　明
1	编号	字符型	主索引，升序排列
2	姓名	字符型	宽度 30，普通索引，升序排列
3	照片	通用型	可以为空
4	性别	字符型	宽度 2
5	民族	字符型	宽度 40，可以为空，默认值设为"汉族"
6	生日	日期型	可以为空
7	政治面貌	字符型	宽度 40，可以为空
8	文化程度	字符型	宽度 40，可以为空
9	婚姻状况	字符型	宽度 20，可以为空
10	籍贯	字符型	宽度 60，可以为空
11	身份证号	字符型	宽度 20，可以为空
12	学生证号	字符型	宽度 40，可以为空
13	联系电话	字符型	宽度 12，可以为空，输入掩码 "999-99999999"
14	手机号码	字符型	宽度 11，可以为空，输入掩码 "999999999999"
15	档案存放地	字符型	宽度 20，可以为空

编　号	字 段 名 称	数 据 类 型	说　　　明
16	户口所在地	字符型	宽度 100，可以为空
17	入学日期	日期型	默认值设置为 Date()
18	所在系部编号	数值型	宽度 10，小数位数为 0，普通索引，升序排列
19	职务	字符型	宽度 20，可以为空
20	学生状态	字符型	宽度 10
21	备注	字符型	宽度 200，可以为空
22	填表用户	字符型	宽度 20
23	填表日期	日期型	默认值设置为 Date()

3．学生家庭表

该表用来保存学生家庭主要成员的基本信息，结构如表 10-3 所示。

表 10-3　学生家庭表结构

编　号	字 段 名 称	数 据 类 型	说　　　明
1	编号	整型	普通索引，升序排列
2	学生编号	整型	对应学生表中的"编号"字段
3	姓名	字符型	宽度 30
4	性别	字符型	宽度 2
5	年龄	数值型	宽度 2，小数位数为 0
6	与本人关系	字符型	宽度 20
7	工作单位	字符型	宽度 40，可以为空

4．学生经历表

该表用来保存学生的教育经历的基本信息，结构如表 10-4 所示。

表 10-4　学生经历表结构

编　号	字 段 名 称	数 据 类 型	说　　　明
1	编号	整型	普通索引，升序排列
2	学生编号	整型	对应学生表中的"编号"字段
3	开始日期	日期型	默认字段宽度 8
4	终止日期	日期型	默认字段宽度 8
5	学校名称	字符型	宽度 50
6	职务	字符型	宽度 20，可以为空

5．考评表

该表用来保存学生学期考评的信息，结构如表 10-5 所示。

表 10-5　考评表结构

编　　号	字　段　名　称	数　据　类　型	说　　　　明
1	考评学期	字符型	宽度 7
2	学生编号	整型	默认宽度 4
3	总体评价	备注型	宽度 200
4	奖励事由	备注型	宽度 200
5	奖励金额	数值型	宽度 10，小数位数为 2
6	处罚事由	备注型	宽度 200
7	处罚金额	数值型	宽度 10，小数位数为 2
8	备注	备注型	宽度 200，可以为空

6．用户表

该表用来保存系统用户信息，结构如表 10–6 所示。

表 10-6　用户表结构

编　　号	字　段　名　称	数　据　类　型	说　　　　明
1	用户名	字符型	宽度 40，主索引，升序排列
2	密码	字符型	宽度 40
3	用户类型	数值型	宽度 1

10.4　设计项目框架

项目框架包括创建项目文件、建立主文件、创建主表单、创建系统菜单和设计登录表单等。

首先创建一个名为"学生档案管理系统"的项目文件，在项目文件中依次建立主文件、表单、系统菜单和设计登录表单等。

10.4.1　创建菜单

创建菜单的方法可参照第 8 章，本系统的菜单结构如图 10–3 所示。

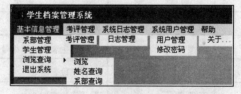

图 10–3　学生档案管理系统的菜单结构

在项目文件中创建菜单并保存为 MYMENU.MNX，其属性如表 10–7 所示。

表 10-7　菜单 MYMENU.MNX 的属性

菜　单　名　称	结　　果	菜　单　级	上　级　菜　单	代　　　　码
基本信息管理	子菜单	菜单栏		
系部管理	命令	新菜单项	基本信息管理	Do Form form\frmBmg

续表

菜单名称	结果	菜单级	上级菜单	代码
学生管理	命令	新菜单项	基本信息管理	Do Form form\frmRyg
浏览查询	子菜单	新菜单项	基本信息管理	
姓名查询	命令		浏览查询	Do Form frmchaxun1
系部查询	命令		浏览查询	Do Form frmchaxun2
退出系统	命令	新菜单项	基本信息管理	Quit
考评管理	子菜单	菜单栏		
考评管理	命令	新菜单项	考评管理	Do Form form\frmkp
系统日志管理		菜单栏		

日志管理	过程	新菜单项	系统日志管理	If UserType = 1
				　　Do Form form\frmSysLog
				Else
				　　MessageBox("没有权限")
				Endif

系统用户管理	下拉菜单	菜单栏		

用户管理	过程	新菜单项		If UserType = 1
				　　Do Form Form\frmUsers
				Else
				　　MessageBox("没有权限")
				Endif

修改密码	命令	新菜单项	系统用户管理	Do Form Form\frmPwd
帮助	子菜单	菜单栏		
关于…	命令	新菜单项	帮助	Do Form Form\frmAbout

10.4.2　创建主文件

主文件就是一个应用系统的主控文件，是系统首先要执行的程序，是一个已编译应用程序的执行起点。主文件的设置是在项目管理器中选择"代码"选项卡，然后在需要设置为主文件的文件名上右击鼠标，选择"设置主文件"命令，如图 10-4 所示。

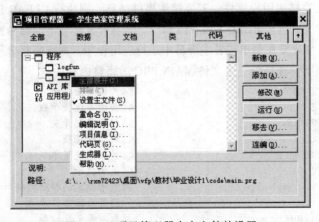

图 10-4　项目管理器中主文件的设置

在主文件中，一般要完成如下任务：

1．设置系统运行状态参数

主文件必须做的第一件事情就是对应用程序的环境进行初始化。在打开 Visual FoxPro 6.0 时，默认的 Visual FoxPro 开发环境将设置 SET 命令和系统变量的值，但对于应用程序来说，这些值不一定是最适合的。

例如：Visual FoxPro 6.0 中，命令 SET TALK 的默认状态是 ON，在这种状态下执行了某些命令后，主窗口或表单窗口中会显示出运行结果，这些命令如 APPEND FROM（追加记录）、AVERAGE（计算平均值）、COUNT（计数）和 SUM（求和）等，但在应用程序中一般不需要在主窗口或表单窗口中显示运行这些命令的结果，所以必须在执行这些命令之前将 SET TALK 设置为 OFF。因此，在主文件中都会有一条命令：SET TALK OFF。

2．定义系统全局变量

在整个应用程序运行过程中，可能会需要一些全局变量。例如，在"学生档案管理系统"主文件中，就定义了全局变量 UserName 和 UserType，用来确定系统用户名和用户类型是可用状态还是不可用状态，这个变量的作用类似于表单控件中的 Enabled 属性。

3．设置系统屏幕界面

系统屏幕就是指应用程序所使用的主窗口，在 Visual FoxPro 中有一个系统变量 "_screen"，它代表 Visual FoxPro 主窗口名称对象，其使用方法与表单对象类似，也具有与表单类似的诸多属性。

例如，若想让主窗口标题栏显示"学生档案管理系统"，则在主文件中对应的语句为：

```
_screen.caption="学生档案管理系统"
```

4．调用应用程序界面

在主文件中，应该使应用程序显示初始的界面，"学生档案管理系统"中的初始界面是系统登录表单，则在主文件中对应的命令为：

```
DO FORM frmLogin.scx
```

5．设置事件循环

一旦应用程序的环境建立起来，同时显示出初始的用户界面，就需要建立一个事件循环来等待用户的交互使用。在 Visual FoxPro 中执行 READ EVENTS 命令，该命令使应用程序开始处理像单击鼠标、键盘输入这样的用户事件。若要结束事件循环，则执行 CLEAR EVENTS 命令。

如果在主文件中没有包含 READ EVENTS 命令，则在开发环境下的命令窗口中可以正确地运行应用程序。但是，如果要在菜单或者主屏幕中运行应用程序，则程序将显示片刻，然后退出。

以下是"学生档案管理系统"主文件 MAIN.PRG 的完整内容：

```
SET SAFETY OFF                    &&关闭安全提示
SET STATUS BAR OFF                &&关闭系统提示栏
SET CENTURY ON                    &&打开世纪开关
SET DELETED ON                    &&屏蔽删除项
SET SYSMENU OFF                   &&关闭系统菜单
SET NOTIFY OFF                    &&关闭提示
SET HELP TO [MyHelp.chm]          &&激活指定的帮助文件
                                  &&设置系统窗口属性
_SCREEN.MaxButton=.F.             &&取消最大化按钮
```

```
_SCREEN.MaxWidth=780                  &&设置最大宽度
_SCREEN.MaxHeight=600                 &&设置最大高度
_SCREEN.Caption="学生档案管理系统"      &&设置窗口标题
_SCREEN.Picture='img\hr.bmp'          &&设置窗口背景图片
_SCREEN.AutoCenter=.T.                &&指定表单初次显示时自动位于主窗口中央
public UserName,UserType              &&定义全局变量
Do Form Form\frmLogin.scx
Do mymenu.mpr                         &&打开菜单
READ EVENTS
Procedure OnQuit
  CLEAR EVENTS
  CLOSE ALL
  QUIT
Endproc
```

设置完主文件后，通过对项目进行连编可以查看项目的运行结果，系统主界面如图 10-5 所示。

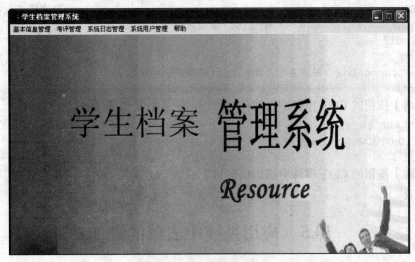

图 10-5　系统主界面

10.4.3　设计登录模块

用户使用本系统，首先必须通过系统的身份验证，这个过程称为登录。建立名为 frmLogin.scx 表单，表单内容如图 10-6 所示。系统将根据用户名和密码判断是否为合法用户，并根据用户类型判断用户拥有的权限。

在【确定】按钮的 Click 事件中添加代码如下：

```
IF ALLTRIM(thisform.txtUserName.Value)==''
  MessageBox("请输入用户名")
  RETURN
ENDIF
IF ALLTRIM(thisform.txtUserPwd.Value)==''
  MessageBox("请输入密码")
  RETURN
ENDIF
SELECT 用户表
Locate For Allt(用户名)=Allt(thisform.txtUserName.Value)&&查找指定用户名的记录
```

图 10-6　"登录对话框"的界面

```
If Found()==.T.    &&如果找到
  If Allt(密码)==Allt(thisform.txtUserPwd.Value)    &&比较密码，成功则进入
    MessageBox("欢迎光临",64,"提示信息")
    UserName=用户名
    UserType=用户类型
    &&将用户登录信息放入系统日志
    &&激活过程，在不关闭当前已打开的过程文件的情况下打开其他过程文件
    SET PROCEDURE TO [code\logfun.prg] ADDITIVE LOCAL slog
    && 从类定义或支持 OLE 的应用程序中创建对象，创建 SystemLog 类的实例
    slog=CREATEOBJECT("SystemLog")
    && 调用类的方法，传递指定参数
    slog.LogFun('登录操作','用户登录',UserName)
    RELEASE PROCEDURE [code\logfun.prg]            && 释放过程
    SELECT 用户表
    release thisform
  Else                                             &&比较密码不成功
    MessageBox("密码不正确",16,"错误提示")
  Endif
Else                                               &&没有找到指定用户
  MessageBox("用户名不存在",16,"错误提示")
Endif
```

在【取消】按钮的 Click 事件中添加代码如下：

```
RELEASE thisform
ON SHUTDOWN Do OnQuit
Quit
```

在【帮助】按钮的 Click 事件中添加代码如下：

```
Help
```

10.5 应用系统中表单的设计

表单是与用户进行信息交流的界面，它在系统中的数量很大。建立表单的步骤和主要问题如下：

1．为表单设置数据环境

所有表单中用到其中信息的表都需要添加到该表单的数据环境中。

2．添加需要的控件

可以使用许多方法添加控件，如逐一添加，或使用快速表单添加，也可以用表单向导完成控件的添加，然后通过表单设计器进行修改。但需要注意的是，使用控件的目的是使信息更清晰完整，让用户使用更简便。

3．属性的设置

这与前一步是相联系的，也可以同时进行。

4．事件代码的编写

事件代码的编写应考虑代码的可靠性和容错性，其中容错性是最容易被初学者忽视的。

5．调试表单

调试表单是为了检查整个表单的设计是否有错误或遗漏，可以使用 Visual FoxPro 提供的调试器进行调试。

10.5.1　学生信息管理表单的设计

学生信息管理表单是学生档案管理系统的核心部分，是用来添加、修改和删除学生表中数据的表单，它的界面如图 10-7 所示。

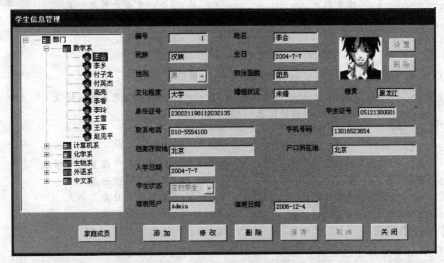

图 10-7　学生信息管理表单界面

1．数据环境的设定

这个表单需要在数据环境中加入两个表，即系部表和学生表。

2．添加控件、属性设置和代码编写

这个表单中与系部表和学生表中字段相对应的控件，如"姓名"文本框，可以从数据环境中的学生表中拖动到表单中，也可以使用"表单控件"工具栏创建。

（1）【添加】按钮

当用户单击【添加】按钮时，触发 Click 事件，对应代码如下：

```
If thisform.tree.SelectedItem.Image = 2&&必须选择系部结点才能添加员工记录
  MessageBox("请选择系部")
  return
Endif
Local Bmbh
Bmmc=thisform.tree.SelectedItem.Key
Bmbh=Val(Right(Bmmc,Len(Bmmc)-1))      &&提取系部编号
If Bmbh==0                              &&判断是否选择了根结点
  MessageBox("请选择所在系部")
  return
Endif
thisform.ModeEdit                      &&将编辑控件设置为可修改
thisform.fmode ="add"                  &&设置表单属性 fmode 为"add"，表示添加记录
SELECT 学生表
GO Bottom                              &&移到最后一条记录
LOCAL bh                               &&定义局部变量
bh=编号                                &&保存最后一条记录的编号
APPEND BLANK                           &&插入新记录
```

```
    If File('img\no.bmp')                      &&插入默认的照片
      APPEND GENERAL 照片 FROM 'img\no.bmp'
    Endif
    thisform.txt 编号.Value=bh+1                &&生成新编号
    thisform.txt 填表用户.Value = UserName      &&自动生成当前用户名
    thisform.txt 所在系部编号.Value = Bmbh       &&系部编号
    thisform.Refresh                           &&刷新表单
```

（2）【修改】按钮

当用户单击【修改】按钮时，触发 Click 事件，对应代码如下：

```
    If thisform.txt 编号.Value=0                &&判断空记录不能被修改
      MessageBox("不能编辑当前记录",16,"提示")
      return
    Endif
    thisform.ModeEdit                          &&将编辑控件设置为可修改
    thisform.txt 姓名.ReadOnly =.T.             &&不允许修改姓名
    thisform.txt 填表日期.Value=Date()          &&设置填表日期为当天
    thisform.fmode="modify"                     &&设置修改标记
```

（3）【保存】按钮

当用户单击【保存】按钮时，触发 Click 事件，对应代码如下：

```
    If thisform.txt 姓名.Value==''             &&必须输入学生姓名
      MessageBox("请输入学生姓名",16,"提示")
      return
    Endif
    SELECT 部门表
    Local Bmnum
    Bmnum=RECCOUNT()                           &&计算系部数量，为学生结点编号提供数据
    SELECT 学生表
    If MessageBox("是否确定要保存当前学生信息?",4+32,"请确认")=6
      *! 保存缓冲区中的数据
      TableUpdate(.F.)
      If thisform.fmode="add"
        &&如果是添加记录，则在 tree 控件中添加新结点
        thisform.tree.Nodes.Add('N'+ALLTRIM(STR(所在系部编号)),4,'ND'+;
                    ALLTRIM(STR(编号)),ALLTRIM(姓名))
        thisform.tree.Nodes(Bmnum+RECNO()+1).Image=2
      Endif
      thisform.ModeRead
    Endif
```

（4）【删除】按钮

当用户单击【删除】按钮时，触发 Click 事件，对应代码如下：

```
    If thisform.txt 编号.Value = 0              &&判断是否是空记录
      MessageBox("不能删除空记录",16,"提示")
      return
    Endif
    Local Rybh
    Rybh = thisform.txt 编号.Value              &&提取学生编号
    SELECT 学生表
```

```
&&确认是否删除
If MessageBox("是否删除当前学生",4+32,"请确认")=6
 *！删除学生家庭表中的相关记录
 USE 学生家庭表 In 10
 SELECT 10
 DELETE FOR 学生编号 = Rybh
 PACK
 *！删除学生经历表中的相关记录
 USE 员工经历表
 DELETE FOR 学生编号 = Rybh
 PACK
 *！删除考评表中的相关记录
 USE 考评表
 DELETE FOR 学生编号 = Rybh
 PACK
 SELECT 学生表
 DELETE                &&逻辑删除
 PACK                  &&彻底删除
 &&从 tree 控件中删除当前学生结点
 thisform.tree.Nodes.Remove(thisform.tree.SelectedItem.Index)
 thisform.tree.NodeClick(1)
 Thisform.tree.Nodes(1).Selected =.T.
 Thisform.tree.click
 thisform.Refresh
Endif
```

（5）【取消】按钮

当用户单击【取消】按钮时，触发 Click 事件，对应代码如下：

```
If MessageBox("是否确定取消保存?",4+32,"请确认")=6
 TableRevert(.F.)       &&取消缓冲区中的变化，不保存到数据库中
 thisform.tree.click
 thisform.ModeRead
 thisform.Refresh
Endif
```

（6）【关闭】按钮

当用户单击【关闭】按钮时，触发 Click 事件，对应代码如下：

```
release thisform
```

说明：在图 10-7 中的左侧使用了 TreeView 控件（树型结构），本书不做赘述，读者可查阅有关资料。

10.5.2　其他管理表单的设计

其他表单的制作过程与这两个例子相类似，如果需要多个表单同时使用，那么可以通过"表单集"的方式增加表单。对表单的管理可以充分利用项目管理器的各项功能。如图 10-8～图 10-12 所示是几个表单实例。

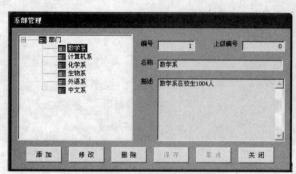

图 10-8　系部管理表单实例

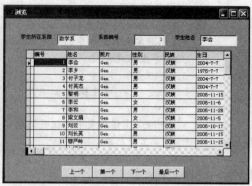

图 10-9　浏览表单实例

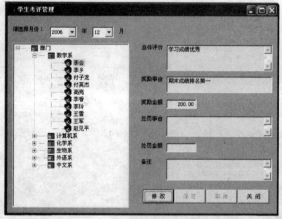

图 10-10　学生考评管理表单实例

图 10-11　系统日志管理表单实例

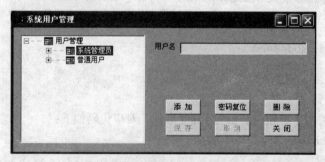

图 10-12　系统用户管理表单实例

10.6　报表的设计

　　制作学生信息报表是为了使学生的信息能够打印出来，可以在表单中通过命令调用报表。报表的设计可以通过报表向导进行设计，然后在报表设计器中进行修改，图 10-13、图 10-14 所示为报表的预览效果。

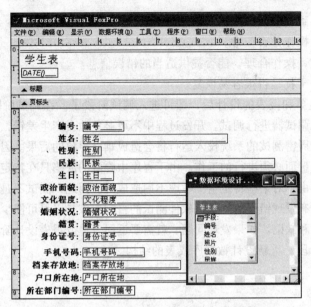

图 10-13　使用报表设计器修改学生信息报表

图 10-14　报表的预览效果

10.7　测试与连编

　　程序测试是指发现程序代码中的错误；程序调试是指从程序中找到每个问题，然后逐一解决。测试和调试是程序开发中必不可少的阶段，在程序开发的早期工作中，它们显得尤为重要。当对每个组件全面测试和调试之后，整个应用程序的测试和调试工作就十分简单了。

10.7.1　程序测试和调试

　　在测试和调试应用程序时，实际是在研究程序不同级别的可靠性，这些可靠性包括：

- 运行会不会导致崩溃或产生错误信息。
- 在一般情况下操作是否正常。
- 在一定范围内，操作合理，能否提供适当的错误信息。
- 对意外的用户干扰是否很容易恢复。

当完成所有的表单和报表的设计后，即可进入调试阶段了。在调试阶段，可以使用 Visual FoxPro 6.0 所提供的调试器进行调试。开发过程中不可避免地会产生差错，系统中通常可能隐藏着错误和缺陷，未经周密测试的系统投入运行将会造成难以想象的后果。因此，系统测试是开发过程中为保证软件质量而必须进行的工作。由于程序中隐藏的缺陷只在特定的环境下才有可能显露，系统缺陷通常是由于对某些特定情况考虑不周造成的。因此，测试不是为了表明程序正确，成功的测试也不是没有发现错误的测试。软件测试的目标应该是以尽可能少的代价和时间找出软件系统中潜在的错误和缺陷。如果发现问题，就需要返回表单或报表设计阶段重新设计，甚至返回数据库或表设计阶段，重新设计数据库或表的结构。

10.7.2 连编

调试完成后即可进行连编了，连编是将应用程序连编为可执行程序。需要注意的是，在连编之前，不要忘了在项目管理器中设置主文件。还可以在 Visual FoxPro 系统菜单下，选择"项目"菜单中的"项目信息"命令，在"项目信息"对话框中填写系统开发的作者信息、系统桌面图标以及是否加密等项目信息内容，如图 10-15 所示。

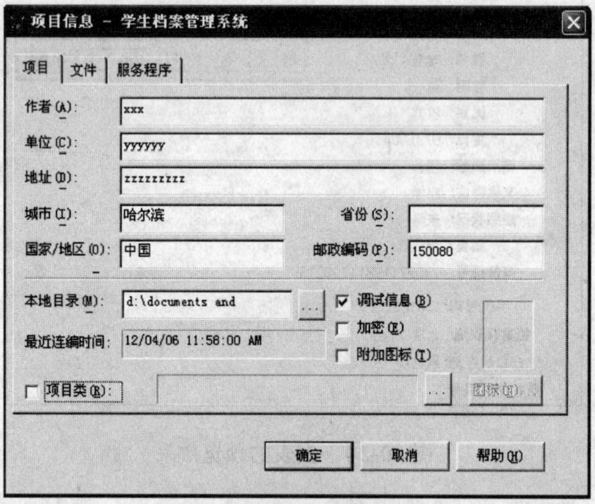

图 10-15　填写项目信息

最后，在项目管理器中单击【连编】按钮，弹出"连编选项"对话框，选择"连编成可执行文件"单选按钮，然后单击【确定】按钮，在"另存为"对话框中，输入可执行文件名"学生管理系统"，即可编译成一个可独立运行的"学生档案管理系统.EXE"文件。

附录 A Visual FoxPro 常用文件类型一览表

表 A-1 Visual FoxPro 常用文件类型一览表

文 件 类 型	扩 展 名	说　　明
生成的应用程序	.APP	可在 Visual FoxPro 环境支持下，用 DO 命令运行该文件
复合索引	.CDX	结构复合索引文件和独立复合索引
数据库	.DBC	存储有关该数据库的所有信息（包括和它关联的文件名和对象名）
表	.DBF	存储表结构及记录
数据库备注	.DCT	存储相应 ".DBC" 文件的相关信息
Windows 动态链接库	.DLL	包含能被 Visual FoxPro 和其他 Windows 应用程序使用的函数
可执行程序	.EXE	可脱离 Visual FoxPro 环境而独立运行
Visual FoxPro 动态链接库	.FLL	与 ".DLL" 类似，包含专为 Visual FoxPro 内部调用建立的函数
报表备注	.FRT	存储相应 ".FRX" 文件的有关信息
报表	.FRX	存储报表的定义数据
编译后的程序文件	.FXP	对 ".PRG" 文件进行编译后产生的文件
索引、压缩索引	.IDX	单个索引的标准索引及压缩索引文件
标签备注	.LBT	存储相应 ".LBX" 文件的有关信息
标签	.LBX	存储标签的定义数据
内存变量	.MEM	存储已定义的内存变量，以便需要时可从中恢复它们
菜单备注	.MNT	存储相应 ".MNX" 文件的有关信息
菜单	.MNX	存储菜单的格式
生成的菜单程序	.MPR	根据菜单格式文件而自动生成的菜单程序文件
编译后的菜单程序	.MPX	编译后的程序菜单程序
ActiveX(或 OLE)控件	.OCX	将 ".OCX" 并到 Visual FoxPro 后，可像基类一样使用其中的对象
项目备注	.PJT	存储相应 ".PJX" 文件的相关信息
项目	.PJX	实现对项目中各类型文件的组织
程序	.PRG	也称命令文件，存储用 Visual FoxPro 语言编写的程序
生成的查询程序	.QPR	存储通过查询设计器设置的查询条件和查询输出要求等
编译后的查询程序	.QPX	对 ".QPR" 文件进行编译后产生的文件
表单	.SCX	存储表单格式文件
表单备注	.SCT	存储相应 ".SCX" 文件的有关信息
文本	.TXT	用于供 Visual FoxPro 与其他应用程序进行数据交换
可视类库	.VCX	存储一个或多个类定义

附录 B　Visual FoxPro 6.0 常用命令一览表

Visual FoxPro 的命令子句较多，本附录未列出它们的完整格式，只列出其概要说明，目的是为读者提供线索。

表 B-1　Visual FoxPro 6.0 常用命令一览表

命　　令	功　　能
&&	标明命令行尾注释的开始
*	标明程序中注释行的开始
? | ??	计算表达式的值，并输出计算结果
???	把结果输出到打印机
@…BOX	使用指定的坐标绘制方框，现用 Shape 控件代替
@…CLASS	创建一个能够用 READ 激活的控件或对象
@…CLEAR	清除窗口的部分区域
@…EDIT–编辑框部分	创建一个编辑框，现用 Editbox 控件代替
@…FILL	更改屏幕某区域内已有文本的颜色
@…GET–按钮命令	创建一个命令按钮，现用 Commandbutton 控件代替
@…GET–复选框命令	创建一个复选框，现用 Checkbox 控件代替
@…GET–列表框命令	创建一个列表框，现用 Listbox 控件代替
@…GET–透明按钮命令	创建一个透明命令按钮，现用 Commandbutton 控件代替
@…GET–微调命令	创建一个微调控件，现用 Spinner 控件代替
@…GET–文本框命令	创建一个文本框，现用 Textbox 控件代替
@…GET–选项按钮命令	创建一组选项按钮，现用 Optiongroup 控件代替
@…GET–组合框命令	创建一个组合框，现用 Combobox 控件代替
@…MENU	创建一个菜单，现用菜单设计器和 CREATE MENU 命令
@…PROMPT	创建一个菜单栏，现用菜单设计器和 CREATE MENU 命令
@…SAY	在指定的行列显示或打印结果，现用 Label 控件和 Textbox 控件代替
@…SAY–图片&OLE 对象	显示图片和OLE对象，现用 Image、OLE Bound、OLE Container 控件代替
@…SCROLL	将窗口中的某区域向上、下、左、右移动
@…TO	画一个方框、圆或椭圆，现用 Shape 控件代替
\ | \\	输出文本行

命　　　令	功　　　能
ACCEPT	从显示屏接收字符串，现用 Textbox 控件代替
ACTIVATE MENU	显示并激活一个菜单栏
ACTIVATE POPUP	显示并激活一个菜单
ACTIVATE SCREEN	将所有后续结果输出到 Visual FoxPro 的主窗口
ACTIVATE WINDOW	显示并激活一个或多个窗口
ADD CLASS	向一个 ".VCX" 可视类库中添加类定义
ADD TABLE	向当前打开的数据库中添加一个自由表
ALTER TABLE-SQL	以编程方式修改表结构
APPPEND	在表的末尾添加一个或者多个记录
APPEND FROM	将其他文件中的记录添加到当前表的末尾
APPEND FROM ARRAY	将数组的行作为记录添加到当前表中
APPEND GENERAL	从文件导入一个 OLE 对象，并将此对象置于数据库的通用字段中
APPEND MEMO	将文本文件的内容复制到备注字段中
APPEND PROCEDURES	将文本文件中的内部存储过程追加到当前数据库的内部存储过程中
ASSERT	若指定的逻辑表达式为假，则显示一个消息框
AVERAGE	计算数值型表达式或者字段的算术平均值
BEGIN TRANSACTION	开始一个事务
BLANK	清除当前记录所有字段的数据
BROWSE	打开浏览窗口
BUILD APP	创建以 ".APP" 为扩展名的应用程序
BUILD DLL	创建一个动态链接库
BUILD EXE	创建一个可执行文件
BUILD PROJECT	创建并联编一个项目文件
CALCULATE	对表中的字段或字段表达式执行财务和统计操作
CALL	执行由 LOAD 命令放入内存的二进制文件、外部命令或外部函数
CANCEL	终止当前运行的 Visual FoxPro 程序文件
CD | CHDIR	将默认的 Visual FoxPro 目录改为指定的目录
CHANGE	显示要编辑的字段
CLEAR	清除屏幕，或从内存中释放指定项
CLOSE	关闭各种类型的文件
CLOSE MEMO	关闭备注编辑窗口
COMPILE	编译程序文件，并生成对应的目标文件
COMPILE DATABASE	编译数据库中的内部存储过程
COMPILE FORM	编译表单对象

续表

命　　　令	功　　　能
CONTINUE	继续执行前面的 LOCATE 命令
COPY FILE	复制任意类型的文件
COPY INDEXES	由单索引文件（扩展名为".IDX"）创建复合索引文件
COPY MEMO	将当前记录的备注字段的内容复制到一个文本文件中
COPY PROCEDURES	将当前数据库中的内部存储过程复制到文本文件中
COPY STRUCTURE	创建一个同当前表具有相同数据结构的空表
COPY STRUCTURE EXTENDED	将当前表的结构复制到新表中
COPY TAG	由复合索引文件中的某一索引标识创建一个单索引文件（扩展名".IDX"）
COPY TO	将当前表中的数据复制到指定的新文件中
COPY TO ARRAY	将当前表中的数据复制到数组中
COUNT	计算表记录数目
CREATE	创建一个新的 Visual FoxPro 表
CREATE CLASS	打开类设计器，创建一个新的类定义
CREATE CLASSLIB	以".VCX"为扩展名创建一个新的可视类库文件
CREATE COLOR SET	从当前颜色选项中生成一个新的颜色集
CREATE CONNECTION	创建一个命名连接，并把它存储在当前数据库中
CREATE CURSOR-SQL	创建临时表
CREATE DATABASE	创建并打开数据库
CREATE FORM	打开表单设计器
CREATE FROM	利用 COPY STRUCTURE EXTENDED 命令建立的文件创建一个表
CREATE LABEL	启动标签设计器，创建标签
CREATE MENU	启动菜单设计器，创建菜单
CREATE PROJECT	打开项目管理器，创建项目
CREATE QUERY	打开查询设计器
CREATE REPORT	在报表设计器中打开一个报表
CREATE REPORT…	快速报表命令，以编程方式创建一个报表
CREATE SCREEN	打开表单设计器
CREATE SCREEN…	快速屏幕命令，以编程方式创建屏幕画面
CREATE SQL VIEW	显示视图设计器，创建一个 SQL 视图
CREATE TABLE-SQL	创建具有指定字段的表
CREATE TRIGGER	创建一个表的触发器
CREATE VIEW	从 Visual FoxPro 环境中生成一个视图文件
DEACTIVATE MENU	使一个用户自定义的菜单栏失效，并将它从屏幕上移开
DEACTIVATE POPUP	关闭用 DEFINE POPUP 创建的菜单

续表

命　　令	功　　　　　能
DEACTIVATE WINDOW	使窗口失效，并将它们从屏幕上移开
DEBUG	打开 Visual FoxPro 调试器
DEBUGOUT	将表达式的值显示在"调试输出"窗口中
DECLARE	创建一维或二维数组
DEFINE BAR	在 DEFINE POPUP 创建的菜单上创建一个菜单项
DEFINE BOX	在打印文本周围画一个框
DEFINE CLASS	创建一自定义的类或子类，同时定义这个类或子类的属性、事件和方法程序
DEFINE MENU	创建一个菜单栏
DEFINE PAD	在菜单栏上创建菜单标题
DEFINE POPUP	创建菜单
DEFINE WINDOW	创建一个窗口，并定义其属性
DELETE	对要删除的记录做标记
DELETE CONNECTION	从当前的数据库中删除一个命名联接
DELETE DATABASE	从磁盘上删除一个数据库
DELETE FILE	从磁盘上删除一个文件
DELETE FROM-SQL	对要删除的记录做标记
DELETE TAG	删除复合索引文件".CDX"中的索引标识
DELETE TRIGGER	从当前数据库中移去一个表的触发器
DELETE VIEW	从当前数据库中删除一个 SQL 视图
DIMENSION	创建一维或二维的内存变量数组
DIR	DIRECTORY	显示目录或文件信息
DISPLAY	在窗口中显示当前表的信息
DISPLAY CONNECTIONS	在窗口中显示当前数据库中的命名联接的信息
DISPLAY DATABASE	显示当前数据库的信息
DISPLAY DLLS	显示 32 位 Windows 动态链接库函数的信息
DISPLAY FILES	显示文件的信息
DISPLAY MEMORY	显示内存或数组的当前内容
DISPLAY OBJECTS	显示一个或一组对象的信息
DISPLAY PROCEDURES	显示当前数据库中内部存储过程的名称
DISPLAY STATUS	显示 Visual FoxPro 环境的状态
DISPLAY STRUCTURE	显示表的结构
DISPLAY TABLES	显示当前数据库中的所有表及其相关信息
DISPLAY VIEWS	显示当前数据库中的视图信息
DO	执行一个 Visual FoxPro 程序或过程

命　　令	功　　　能
DO CASE…ENDCASE	多项选择命令，执行第一组条件表达式计算为"真"（.T.）的命令
DO FORM	运行已编译的表单或表单集
DO WHILE…ENDDO	DO WHILE 循环语句，在条件循环中运行一组命令
DOEVENTS	执行所有等待的 Windows 事件
DROP TABLE	把表从数据库中移出，并从磁盘中删除
DROP VIEW	从当前数据库中删除视图
EDIT	显示要编辑的字段
EJECT	向打印机发送换页符
EJECT PAGE	向打印机发出条件走纸的指令
END TRANSACTION	结束当前事务
ERASE	从磁盘上删除文件
ERROR	生成一个 Visual FoxPro 错误信息
EXIT	退出 DO WHILE、FOR 或 SCAN 循环语句
EXPORT	从表中将数据复制到不同格式的文件中
EXTERNAL	对未定义的引用，向应用程序编译器发出警告
FIND	查找命令，现用 SEEK 命令
FLUSH	将对表和索引所做的改动存入磁盘中
FOR EACH…ENDFOR	FOR 循环语句，对数组中或集合中的每一个元素执行一系列命令
FOR…ENDFOR	FOR 循环语句，按指定的次数执行一系列命令
FUNCTION	定义一个用户自定义函数
GATHER	将选定表中当前记录的数据替换为某个数组、内存变量组或对象中的数据
GETEXPR	显示表达式生成器，以便创建一个表达式，并将表达式存储在一个内存变量或数组元素中
GO | GOTO	移动记录指针，使它指向指定记录号的记录
HELP	打开帮助窗口
HIDE MENU	隐藏用户自定义的活动菜单栏
HIDE POPUP	隐藏用 DEFINE POPUP 命令创建的活动菜单
HIDE WINDOW	隐藏一个活动窗口
IF…ENDIF	条件转向语句，根据逻辑表达式有条件地执行一系列命令
IMPORT	从外部文件格式导入数据，创建一个 Visual FoxPro 新表
INDEX	创建一个索引文件
INPUT	从键盘输入数据，赋给一个内存变量或元素
INSERT	在当前表中插入新记录
INSERT INTO-SQL	在表尾追加一个包含指定字段值的记录
JOIN	联接两个表来创建新表

续表

命　　　令	功　　　　　能
KEYBOARD	将指定的字符表达式放入键盘缓冲区
LABEL	从一个表或标签定义文件中打印标签
LIST	显示表或环境信息
LIST CONNECTIONS	显示当前数据库中命名联接的信息
LIST DATABASE	显示当前数据库的信息
LIST DLLS	显示有关 32 位 Windows DLL()函数的信息
LIST FILES	显示文件信息
LIST MEMORY	显示变量信息
LIST OBJECTS	显示一个或一组对象的信息
LIST PROCEDURES	显示数据库中内部存储过程的名称
LIST STATUS	显示状态信息
LIST TABLES	显示存储在当前数据库中的所有表及其信息
LIST VIEWS	显示当前数据库中的 SQL 视图的信息
LOAD	将一个二进制文件、外部命令或者外部函数装入内存
LOCAL	创建一个本地内存变量或内存变量数组
LOCATE	按顺序查找满足指定条件（逻辑表达式）的第一个记录
LPARAMETERS	指定本地参数，接受调用程序传递来的数据
MD | MKDIR	在磁盘上创建一个新目录
MENU	创建菜单系统
MENU TO	激活菜单栏
MODIFY CLASS	打开类设计器，允许修改已有的类定义或创建新的类定义
MODIFY COMMAND	打开编辑窗口，以便修改或创建一个程序文件
MODIFY CONNECTION	显示联接设计器，允许交互地修改当前数据库中存储的命名联接
MODIFY DATABASE	打开数据库设计器，允许交互地修改当前数据库
MODIFY FILE	打开编辑窗口，以便修改或创建一个文本文件
MODIFY FORM	打开表单设计器，允许修改或创建表单
MODIFY GENERAL	打开当前记录中通用字段的编辑窗口
MODIFY LABEL	修改或创建标签，并把它们保存到标签定义文件中
MODIFY MEMO	打开一个编辑窗口，以便编辑备注字段
MODIFY MENU	打开菜单设计器，以便修改或创建菜单系统
MODIFY PROCEDURE	打开 Visual FoxPro 文本编辑器，为当前数据库创建或修改内部存储过程
MODIFY PROJECT	打开项目管理器，以便修改或创建项目文件
MODIFY QUERY	打开查询设计器，以便修改或创建查询
MODIFY REPORT	打开报表设计器，以便修改或创建报表

续表

命　　令	功　　能
MODIFY SCREEN	打开表单设计器，以便修改或创建表单
MODIFY STRUCTURE	显示"表结构"对话框，允许在对话框中修改表的结构
MODIFY VIEW	显示视图设计器，允许修改已有的 SQL 视图
MODIFY WINDOW	修改窗口
MOUSE	单击、双击、移动或拖动鼠标
MOVE POPUP	把菜单移到新位置
MOVE WINDOW	把窗口移到新位置
ON BAR	指定要激活的菜单或菜单栏
ON ERROR	指定发生错误时要执行的命令
ON ESCAPE	程序或命令执行期间，指定按【Esc】键时所执行的命令
ON EXIT BAR	离开指定的菜单项时执行的命令
ON KEY LABEL	当按下指定的键（组合键）或单击鼠标时指定执行的命令
ON PAD	指定选定菜单标题时要激活的菜单或菜单栏
ON PAGE	当打印输出到达报表指定行，或使用 EJECT PAGE 时指定执行的命令
ON READERROR	指定为响应数据输入错误而执行的命令
ON SELECTION BAR	指定选定菜单项时执行的命令
ON SELECTION MENU	指定选定菜单栏的任何菜单标题时执行的命令
ON SELECTION PAD	指定选定菜单栏上的菜单标题时执行的命令
ON SELECTION POPUP	指定选定弹出式菜单的任一菜单项时执行的命令
ON SHUTDOWN	当试图退出 Visual FoxPro 和 Microsoft Windows 时执行指定的命令
OPEN DATABASE	打开数据库
PACK	对当前表中具有删除标记的所有记录完成永久删除
PACK DATABASE	从当前数据库中删除已作删除标记的记录
PARAMETERS	把调用程序传递来的数据赋给私有内存变量或数组
PLAY MACRO	执行一个键盘宏
POP KEY	恢复用 PUSH KEY 命令放入堆栈内的 ON KEY LABEL 指定的键值
POP POPUP	恢复用 PUSH POPUP 命令放人堆栈内的指定的菜单定义
PRIVATE	在当前程序文件中指定隐藏调用程序中定义的内存变量或数组
PROCEDURE	标识一个过程的开始
PUBLIC	定义全局内存变量或数组
PUSH KEY	把所有当前的 ON KEY LABEL 命令设置放入内存堆栈中
PUSH MENU	把菜单栏定义放入内存的菜单栏定义堆栈中
PUSH POPUP	把菜单定义放入内存的菜单定义堆栈中
QUIT	结束当前运行的 Visual FoxPro，并把控制移交给操作系统

续表

命　　　令	功　　　　　能
RD | RMDIR	从磁盘上删除目录
READ	激活控件，现用表单设计器代替
READ EVENTS	开始事件处理
READ MENU	激活菜单，现用菜单设计器创建菜单
RECALL	在选定表中去掉指定记录的删除标记
REGIONAL	创建局部内存变量和数组
REINDEX	重建已打开的索引文件
RELEASE	从内存中删除内存变量或数组
RELEASE BAR	从内存中删除指定的菜单项或所有菜单项
RELEASE CLASSLIB	关闭包含类定义的".VCX"可视类库
RELEASE LIBRARY	从内存中删除一个单独的外部 API 库
RELEASE MENUS	从内存中删除用户自定义的菜单栏
RELEASE PAD	从内存中删除指定的菜单标题或所有菜单标题
RELEASE POPUPS	从内存中删除指定的菜单或所有菜单
RELEASE PROCEDURE	关闭用 SET PROCEDURE 打开的过程
RELEASE WINDOWS	从内存中删除窗口
RENAME	把文件名改为新文件名
RENAME CLASS	对包含在".VCX"可视类库的类定义重新命名
RENAME CONNECTION	给当前数据库中已命名的联接重新命名
RENAME TABLE	重新命名当前数据库中的表
RENAME VIEW	重新命名当前数据库中的 SQL 视图
REPLACE	更新表的记录
REPLACE FROM ARRAY	用数组中的值更新字段数据
REPORT FORM	显示或打印报表
RESTORE FROM	检索内存文件或备注字段中的内存变量和数组，并把它们放入内存中
RESTORE MACROS	把保存在键盘宏文件或备注字段中的键盘宏还原到内存中
RESTORE SCREEN	恢复先前保存在屏幕缓冲区、内存变量或数组元素中的窗口
RESTORE WINDOW	把保存在窗口文件或备注字段中的窗口定义或窗口状态恢复到内存
RESUME	继续执行挂起的程序
RETRY	重新执行同一个命令
RETURN	程序控制返回调用程序
ROLLBACK	取消当前事务期间所作的任何改变
RUN | !	运行外部操作命令或程序
SAVE SCREEN	把窗口的图像保存到屏幕缓冲区、内存变量或数组元素中

续表

命 令	功 能
SAVE TO	把当前内存变量或数组保存到内存变量文件或备注字段中
SAVE WINDOWS	把窗口定义保存到窗口文件或备注字段中
SCAN…ENDSCAN	记录指针遍历当前选定的表，并对所有满足指定条件的记录执行一组命令
SCATTER	把当前记录的数据复制到一组变量或数组中
SCROLL	向上、下、左或右滚动窗口的一个区域
SEEK	在当前表中查找首次出现的、索引关键字与通用表达式匹配的记录
SELECT	激活指定的工作区
SELECT-SQL	从表中查询数据
SET	打开"数据工作期"窗口
SET ALTERNATE	把?、??、DISPLAY 或 LIST 命令创建的输出定向到一个文本文件
SET ANSI	确定 Visual FoxPro SQL 命令中如何用操作符对不同长度的字符串进行比较
SET ASSERTS	确定是否执行 ASSERT 命令
SET AUTOSAVE	当退出 READ 或返回到命令窗口时，确定 Visual FoxPro 是否把缓冲区中的数据保存到磁盘上
SET BELL	打开或关闭计算机的铃声，并设置铃声属性
SET BLINK	设置闪烁属性或高密度属性
SET BLOCKSIZE	指定 Visual FoxPro 如何为保存备注字段分配磁盘空间
SET BORDER	为要创建的框、菜单和窗口定义边框，现用 BorderStyleProperty 代替
SET BRSTATUS	控制浏览窗口中状态栏的显示
SET CARRY	确定是否将当前记录的数据送到新记录中
SET CENTURY	确定是否显示日期表达式的世纪部分
SET CLASSLIB	打开一个包含类定义的".VCX"可视类库
SET CLEAR	当 SET FORMAT 执行时，确定是否清除 Visual FoxPro 主窗口
SET CLOCK	确定是否显示系统时钟
SET COLLATE	指定在后续索引和排序操作中字符字段的排序顺序
SET COLOR OF	指定用户自定义菜单和窗口的颜色
SET COLOR OF SCHEME	指定配色方案中的颜色
SET COLOR SET	加载已定义的颜色集
SET COLOR TO	指定用户自定义菜单和窗口的颜色
SET COMPATIBLE	控制与 FoxBase+以及其他 XBase 语言的兼容性
SET CONFIRM	指定是否可以通过在文本框中输入最后一个字符来退出文本框
SET CONSOLE	启用或废止从程序内向窗口的输出
SET COVERAGE	开或关编辑日志，或指定一文本文件，编辑日志的所有信息并输出到其中
SET CPCOMPILE	指定编译程序的代码页
SET CPDIALOG	打开表时，指定是否显示"代码页"对话框

命　　令	功　　能
SET CURRENCY	定义货币符号，并指定货币符号在数值型表达式中的显示位置
SET CURSOR	Visual FoxPro 等待输入时，确定是否显示插入点
SET DATASESSION	激活指定的表单的数据工作期
SET DATE	指定日期表达式（日期时间表达式）的显示格式
SET DATEBASE	指定当前数据库
SET DEBUG	从 Visual FoxPro 的菜单系统中打开"调试"窗口和"跟踪"窗口
SET DEBUGOUT	将调试结果输出到文件
SET DECIMALS	显示数值表达式时指定小数位数
SET DEFAULT	指定默认驱动器、目录（文件夹）
SET DELETED	指定 Visual FoxPro 是否处理带有删除标记的记录
SET DELIMITED	指定是否分隔文本框
SET DEVELOPMENT	在运行程序时，比较目标文件的编译时间与程序的创建日期时间
SET DEVICE	指定@…SAY 产生的输出定向到屏幕、打印机或文件中
SET DISPLAY	在支持不同显示方式的监视器上允许更改当前显示方式
SET DOHISTORY	把程序中执行过的命令放入命令窗口或文本文件中
SET ECHO	打开程序调试器及"跟踪"窗口
SET ESCAPE	按下【Esc】键时中断所执行的程序和命令
SET EVENTLIST	指定调试时跟踪的事件
SET EVENTTRACKING	开启或关闭事件跟踪，或将事件跟踪结果输出到文件
SET EXACT	指定用精确或模糊规则来比较两个不同长度的字符串
SET EXCLUSIVE	指定 Visual FoxPro 以独占方式还是以共享方式打开表
SET FDOW	指定一星期的第一天要满足的条件
SET FIELDS	指定可以访问表中的哪些字段
SET FILTER	指定访问当前表中记录时必须满足的条件
SET FIXED	数值数据显示时，指定小数位数是否固定
SET FULLPATH	指定 CDX()、DBF()、IDX()和 NDX()是否返回文件名中的路径
SET FUNCTION	把表达式（键盘宏）赋给功能键或组合键
SET FWEEK	指定一年的第一周要满足的条件
SET HEADINGS	指定显示文件内容时，是否显示字段的列标头
SET HELP	启用或废止 Visual FoxPro 的联机帮助功能，或指定一个帮助文件
SET HELPFILTER	让 Visual FoxPro 在帮助窗口显示 ".DBF" 风格帮助主题的子集
SET HOURS	将系统时钟设置成 12 或 24 小时格式
SET INDEX	打开索引文件
SET KEY	指定基于索引键的访问记录范围

命　　令	功　　能
SET KEYCOMP	控制 Visual FoxPro 的击键位置
SET LIBRARY	打开一个外部 API（应用程序接口）库文件
SET LOCK	激活或废止在某些命令中的自动锁定文件
SET LOGERRORS	确定 Visual FoxPro 是否将编译错误信息送到一个文本文件中
SET MACKEY	指定显示"宏键定义"对话框的单个键或组合键
SET MARGIN	设定打印的左页边距，并对所有定向到打印机的输出结果都起作用
SET MARK OF	为菜单标题或菜单项指定标记字符
SET MARK TO	指定日期表达式显示时的分隔符
SET MEMOWIDTH	指定备注字段和字符表达式的显示宽度
SET MESSAGE	定义在 Visual FoxPro 主窗口或图形状态栏中显示的信息
SET MOUSE	设置鼠标能否使用，并控制鼠标的灵敏度
SET MULTILOCKS	可以用 LOCK() 或 RLOCK() 锁住多个记录
SET NEAR	FIND 或 SEEK 查找命令不成功时，确走记录指针停留的位置
SET NOCPTRANS	防止把已打开表中的选定字段转到另一个代码页
SET NOTIFY	显示某种系统信息
SET NULL	确定 ALTER TABLE、CREATE TABLE、INSERT-SQL 命令是否支持 NULL 值
SET NULLDISPLAY	指定 NULL 值显示时对应的字符串
SET ODOMETER	为处理记录的命令设置计数器的报告间隔
SET OLEOBJECT	Visual FoxPro 找不到对象时，指定是否在"Windows Registry"中查找
SET OPTIMIZE	使用 Rushmorle 优化
SET ORDER	为表指定一个控制索引文件或索引标识
SET PALETTE	指定 Visual FoxPro 使用默认调色板
SET PATH	指定文件搜索路径
SET PDSETUP	加载／清除打印机驱动程序
SET POINT	显示数值表达式或货币表达式时，确定小数点字符
SET PRINTER	指定输出到打印机
SET PROCEDURE	打开一个过程文件
SET READBORDER	确定是否在 @…GET 创建的文本框周围放上边框
SET REFRESH	当网络上的其他用户修改记录时，确定能否更新浏览窗口
SET RELATION	建立两个或多个已打开的表之间的关系
SET RELATION OFF	解除当前选定工作区父表与相关子表之间已建立的关系
SET REPROCESS	指定一次锁定尝试不成功时，再尝试加锁的次数或时间
SET RESOURCE	指定或更新资源文件
SET SAFETY	在改写已有文件之前，确定是否显示对话框

续表

命　　令	功　　能
SET SCOREBOARD	指定在何处显示 Num Lock、Caps Lock 和 Insert 等键的状态
SET SECONDS	当显示日期时间值时，指定显示时间部分的秒
SET SEPARATOR	在小数点左边，指定每三位数一组所用的分隔字符
SET SHADOWS	给窗口、菜单、对话框和警告信息放上阴影
SET SKIP	在表之间建立一对多的关系
SET SKIP OF	启用或废止用户自定义菜单或 Visual FoxPro 系统菜单的菜单栏、菜单标题或菜单项
SET SPACE	设置?或??命令时，确定字段或表达式之间是否要显示…个空格
SET STATUS	显示或删除字符表示的状态栏
SET STATUS BAR	显示或删除图形状态栏
SET STEP	为程序调试打开跟踪窗口并挂起程序
SET STICKY	在选择一个菜单项、按【Esc】键或在菜单区域外单击鼠标之前，指定菜单保持拉下状态
SET SYSFORMATS	指定 Visual FoxPro 系统设置是否随当前 Windows 系统设置而更新
SET SYSMENU	在程序运行期间，启用或废止 Visual FoxPro 系统菜单栏，并对其重新配置
SET TALK	确定是否显示命令执行结果
SET TEXTMERGE	指定是否对文本合并分隔符括起的内容进行计算，允许指定文本合并输出
SET TEXTMERGE DELIMETERS	指定文本合并分隔符
SET TOPIC	激活 Visual FoxPro 帮助系统时，指定打开的帮助主题
SET TOPIC ID	激活 Visual FoxPro 帮助系统时，指定显示的帮助主题
SET TRBETWEEN	在跟踪窗口的断点之间启用或废止跟踪
SET TYPEAHEAD	指定键盘输入缓冲区可以存储的最大字符数
SET UDFPARMS	指定参数传递方式（按值传递或引用传递）
SET UNIQUE	指定有重复索引关键字值的记录是否被保留在索引文件中
SET VIEW	打开或关闭"数据工作期"窗口，或从一个视图文件中恢复 Visual FoxPro 环境
SET WINDOW OF MEMO	指定可以编辑备注字段的窗口
SHOW GET	重新显示所指定到内存变量、数组元素或字段的控件
SHOW GETS	重新显示所有控件
SHOW MENU	显示用户自定义菜单栏，但不激活该菜单
SHOW OBJECT	重新显示指定控件
SHOW POPUP	显示用 DEFINE POPUP 定义的菜单，但不激活它们
SHOW WINDOW	显示窗口，但不激活它们
SIZE POPUP	改变用 DEFINE POPUP 创建的菜单大小
SIZE WINDOW	更改窗口的大小
SKIP	使记录指针在表中向前或向后移动
SORT	对当前表排序，并将排序后的记录输出到一个新表中

续表

命　　令	功　　能
STORE	把数据存储到内存变量、数组或数组元素中
SUM	对当前表的指定数值字段或全部数值字段进行求和
SUSPEND	暂停程序的执行，并返回到 Visual FoxPro 交互状态
TEXT…ENDTEXT	输出若干行文本、表达式和函数的结果
TOTAL	计算当前表中数值字段的总和
TYPE	显示文件的内容
UNLOCK	从表中释放记录锁定或文件锁定
UPDATE	用其他表的数据更新当前选定工作区中打开的表
UPDATE-SQL	以新值更新表中的记录
USE	打开表及其相关索引文件，或打开一个 SQL 视图，或关闭所有表
VALIDATE DATABASE	保证当前数据库中表和索引位置的正确性
WAIT	显示信息并暂停 Visual FoxPro 的执行，等待任意键的输入
WITH…ENDWITH	给对象指定多个属性
ZAP	清空打开的表，只留下表的结构
ZOOM WINDOW	改变窗口的大小及位置

附录 C　　Visual FoxPro 6.0 常用函数一览表

本附录中使用的函数参数具有其英文单词（串）表示的意义，如 nExpression 表示参数为数值表达式，cExpression 为字符串表达式，lExpression 为逻辑型表达式等。

表 C-1　Visual FoxPro 6.0 常用函数一览表

函　　　　　数	功　　　能
&	宏代换函数
ABS(nExpression)	求绝对值
ACLASS(ArrayName,oExpression)	将对象的类名代入数组
ACOPY(SourceArrayName,DestinationArrayName[,nFirstSource–Element[,nNumberElements[,nFirst–DestElement]]])	复制数组
ACOS(nExpression)	返回弧度制余弦值
ADATABASES(ArrayName)	将打开的数据库的名字代入数组
ADBOBJECTS(ArrayName,cSetting)	将当前数据库中表等对象的名字代入数组
ADDBS(cPath)	在路径末尾加反斜杠
ADEL(ArrayName,nElementNumber[,2])	删除一维数组元素，或二维数组的行或列
ADIR(ArrayName[,cFileSkeletonE,cAttribute]])	文件信息写入数组并返回文件数
AELEMENT(ArrayName, nRowSubscript[,nColumnSubscript])	由数组下标返回数组元素号
AERROR(ArrayName)	创建包含最近 Visual FoxPro、OLE、ODBC 错误信息的数组
AFIELDS(ArrayNameV,nWorkArea | cTableAlias))	当前表的结构存入数组并返回字段数
AFONT(ArrayName[,cFontName[,nFontSize]])	将字体名、字体尺寸代入数组
AGETCLASS(ArrayName[,cLibraryName[,cClassName[,cTitleText[,cFileNameCaption[,ButtonCaption]]]]])	在打开对话框中显示类库，并创建包含类库名和所选类的数组
AGETFILEVERSION(ArrayName,cFileName)	创建包含 Windows 版本文件信息的数组
AINS(ArrayName,nElementNumber[,2])	一维数组插入元素，二维数组插入行或列
AINSTANCE(ArrayName,cClassName)	将类的实例代入数组，并返回实例数
ALEN(ArrayName[,nArrayAttribute])	返回数组元素数、行或列数
ALIAS([nWorkArea | cTableAlias])	返回表的别名，或指定工作区的别名
ALINES(ArrayName,cExpressionE,lTrim))	字符表达式或备注型字段按行复制到数组
ALLTRIM(cExpression)	删除字符串前后空格

函　　　　数	功　　　　能
AMEMBERS(ArrayName,ObjectName | cClassName[,1 | 2])	将对象的属性、过程、对象成员名代入数组
AMOUSEOBJ(ArrayName[,1])	创建包含鼠标指针位置信息的数组
ANETRESOURCES(ArrayName,cNetworkName,NresourceType)	将网络共享或打印机名代入数组，返回资源数
APRINTERS(ArrayName)	将 Windows 打印管理器的当前打印机名代入数组
ASC(cExpression)	取字符串首字符的 ASCII 码值
ASCAN(ArrayName,eExpression[,nStartElement[,nElementsSearched]])	数组中找指定表达式
ASELOBJ(ArrayName,[1 | 2])	将表单设计器当前控件的对象引用代入数组
ASIN(nExpression)	求反正弦值
ASORT(ArrayName[,nStartElemem[,nNumberSorted[,nSortOrder]]])	将数组元素排序
ASUBSCRIPT(ArrayName,nElementNumber,nSubscript)	从数组元素序号返回该元素行或列的下标
AT(cSearchExpression,cExpressionSearched[,nOccurrence])	求子字符串的起始位置
AT_C(cSearchExpression,cExpressionSearched[,nOccurrence])	可用于双字节字符表达式，对于单字节同 AT
ATAN(nExpression)	求反正切值
ATC(cSearchExpression,cExpressionSearched[,nOccurrence])	类似 AT，但不分大、小写
ATCC(cSearchExpression,cExpressionSearched [,nOccurrence])	类似 AT_C，但不分大、小写
ATCLINE(cSearchExpression,cExpressionSearched)	子串行号函数
ATLINE(cSearchExpression,cExpressionSearched)	子串行号函数，但不分大、小写
ATN2(nYCoordinate,nXCoordinate)	由坐标值求反正切值
AUSED(ArrayName[,nDataSessionNumber])	将表的别名和工作区代入数组
AVCXCLASSES(ArrayName,cLibraryName)	将类库中类的信息代入数组
BAR()	返回所选弹出式菜单或 Visual FoxPro 菜单命令项号
BETWEEN(eTestValue,eLowValue,eHighValue)	表达式值是否在其他两个表达式值之间
BINTOC(nExpression[,nSize])	整型值转换为二进制字符
BITAND(nExpression1,nExpression2)	按二进制 AND 操作的结果返回两个数值
BITCLEAR(nExpression1,nExpression2)	对数值中指定的二进制位置零，并返回结果
BITLSHIFT(nExpression1,nExpression2)	按二进制左移结果返回数值
BITNOT(nExpression)	按二进制 NOT 操作的结果返回数值
BITOR(nExpression1,nExpression2)	按二进制 OR 操作的结果返回数值
BITRSHIFT(nExpression1,nExpression2)	按二进制右移结果返回数值
BITSET(nExpression1,nExpression2)	对数值中指定的二进制位置 1，并返回结果
BITTEST(nExpression1,nExpression2)	若数值中指定的二进位置 1，则返回.T.
BITXOR(nExpression1,nExpression2)	按二进制 XOR 操作的结果返回数值
BOF([nWorkArea | cTableAlias])	判断记录指针是否移动到文件头
CANDIDATE([nIndexNumber][,nWorkArea | cTableAlias])	判断索引标识是否为候选索引

续表

函　　　　　　数	功　　　　　能
CAPSLOCK([lExpression])	返回【Caps Lock】键的状态 On 或 Off
CDOW(dExpression | tExpression)	返回英文星期几
CDX(nIndexNumber[,nWorkArea | cTableAlias])	返回复合索引文件名
CEILING(nExpression)	返回不小于某值的最小整数
CHR(nANSICode)	由 ASCII 码转换为相应字符
CHRSAW([nSeconds])	判断键盘缓冲区是否有字符
CHRTRAN(cSearchedExpression,cSearchExpression, cReplacementExpression)	替换字符
CHRTRANC(cSearched,cSearchFor,cReplacement)	替换双字节字符，对于单字节等同于 CHRTRAN
CMONTH(dExpression | tExpression)	返回英文月份
CNTBAR(cMenuName)	返回菜单项数
CNTPAD(cMenuBarName)	返回菜单标题数
COL()	返回光标所在列，现用 CurrentX 属性代替
COMPOBJ(oExpression1,oExpression2)	比较两个对象属性是否相同
COS(nExpression)	返回余弦值
CPCONVERT(nCurrentCodePage,mNewCodePage,cExpression)	备注型字段或字符表达式转为另一代码页
CPCURRENT([1 | 2])	返回 Visual FoxPro 配置文件或操作系统代码页
CPDBF([nWorkArea | cTableAlias])	返回打开的表被标记的代码页
CREATEBINARY(cExpression)	转换字符型数据为二进制字符串
CREATEOBJECT(ClassName[,eParameter1,eParameter2,…])	从类定义创建对象
CREATEOBJECTEX(cCLSID | cPROGID,cComputerName)	创建远程计算机上注册为 COM 对象的实例
CREATEOFFLINE(ViewName[,cPath])	取消存在的视图
CTOBIN(cExpression)	二进制字符转换为整型值
CTOD(cExpression)	日期字符串转换为字符型
CTOT(eCharacterExpression)	从字符表达式返回日期时间
CURDIR()	返回 DOS 当前目录
CURSORGETPROP(cProperty[,nWorkArea | cTableAlias])	返回为表或临时表设置的当前属性
CURSORSETPROP(cProperty[,eExpression][,cTableAlias |nWorkArea])	为表或临时表设置属性
CURVAL(cExpression[,cTableAlias | nWorkArea])	直接从磁盘返回字段值
DATE(nYear,nMonth,nDay))	返回当前系统日期
DATETIME([nYear,nMonth,nDay[,nHours[,nMinutes[,nSeconds]]]])	返回当前日期时间
DAY(dExpression | tExpression)	返回日期数
DBC()	返回当前数据库名
DBF([cTableAlias | nWorkArea])	指定工作区中的表名

函　　　　数	功　　　　能
DBGETPROP()	返回当前数据库、字段、表或视图的属性
DBSETPROP(eName,cType,cProperty,ePropertyValue)	为当前数据库、字段、表或视图设置属性
DBUSED(cDatabaseName)	判断数据库是否打开
DDEAborTrans(nTransactionNumber)	中断 DDE 处理
DDEAdvise(nChannelNumber,cItemName,cUDFName,nLinkType)	创建或关闭一个温式或热式联接
DDEEnabled(([lExpression1 | nChannelNumber[,lExpression2]])	允许或禁止 DDE 处理，或返回 DDE 状态
DDEExecute(nChannelNumber,eCommand[,cUDFName])	利用 DDE 执行服务器的命令
DDEInitiate(cServiceName,cTopicName)	建立 DDE 通道，初始化 DDE 对话
DDELastError()	返回最后一次 DDE 函数的错误
DDEPoke(nChannelNumber,cItemName,cDataSent[,cDataFormat[,cUDFName]])	在客户和服务器之间传送数据
DDERequest(nChannelNumber,cItemName[,cDataFormat[,cUDFName]])	向服务器程序获取数据
DDESetOption(cOption[,nTimeoutValue | lExpression])	改变或返回 DDE 的设置
DDESetService(cServiceName,cOption[,cDataFormat | lExpression])	创建、释放或修改 DDE 服务名和设置
DDETerminate(nChannelNumber | cServiceName)	关闭 DDE 通道
DELETED([cTableAlias | nWorkArea])	测试指定工作区当前记录是否有删除标记
DIFFERENCE(cExpression1,cExpression2)	用数表示两字符串拼法的区别
DIRECTORY(cDirectoryName)	目录在磁盘上找到时返回.T.
DISKSPACE([cVolumeName])	返回磁盘可用空间的字节数
DMY(dExpression | tExpression)	以 day-month-year 格式返回日期
DOW(dExpression,tExpression[,nFirstDayOfWeek])	返回星期几
DRIVETYPE(cDrive)	返回驱动器类型
DTOC(dExpression | tExpression[,l])	日期型转换为字符型
DTOR(nExpression)	度转换为弧度
DTOS(dExpression | tExpression)	以 yyyymmdd 格式返回字符串日期
DTOT(dDateExpression)	从日期表达式返回日期时间
EMPTY(eExpression)	判断表达式是否为空
EOF([nWorkArea | cTableAlias])	判断记录指针是否在表尾后
ERROR()	返回错误号
EVALUATE(cExpression)	返回表达式的值
EXP(nExpression)	返回指数值
FCHSIZE(nFileHandle,nNewFileSize)	改变文件的大小
FCLOSE(nFileHandle)	关闭文件或通信口
FCOUNT([nWorkArea | cTableAlias])	返回字段数

续表

函　　　　数	功　　　能
FCREATE(cFileName[,nFileAttribute])	创建并打开低级文件
FDATE(cFileName[,nType])	返回最后修改日期或日期时间
FEOF(nFileHandle)	判断指针是否指向文件尾部
FERROR()	返回执行文件的出错信息号
FFLUSH(nFileHandle)	存盘
FGETS(nFileHandle[,nBytes])	取主件内容
FIELD(nFieldNumber[,nWorkArea | cTableAlias])	返回字段名
FILE(cFileName)	测试指定文件名是否存在
FILETOSTR(cFileName)	以字符串返回文件内容
FILTER([nWorkArea | cTableAlias])	SET FILTER 中设置的过滤器
FKLABEL(nFunctionKeyNumber)	返回功能键名
FKMAX()	可编程的功能键个数
FLOCK([nWorkArea | cTableAlias])	企图对当前表或指定表加锁
FLOOR(nExpression)	返回不大于指定数的最大整数
FONTMETRIC(nAttribute[,cFontName,nFontSize[,cFontStyle]])	从当前安装的操作系统字体返回字体属性
FOPEN(cFileName[,nAttribute])	打开文件
FOR([nIndexNumber[,nWorkArea | cTableAlias]])	返回索引表达式
FOUND([nWorkArea | cTableAlias])	判断最近一次搜索数据是否成功
FPUTS(nFileHandle,cExpression[,nCharactersWritten])	向文件中写内容
FREAD(nFileHandle,nBytes)	读文件内容
FSEEK(nFileHandle,nBytesMoved[,nRelativePosition])	移动文件指针
FSIZE(cFieldName[,nWorkArea | cTableAlias]| cFileName)	指定字段字节数
FTIME(cFileName)	返回文件的最后修改时间
FULLPATH(cFileName1[,nMSDOSPath | cFileName2])	路径函数
FV(nPayment,nInterestRate,nPeriods)	未来值函数
FWRITE(nFileHandle,cExpression[,nCharactersWritten])	向文件中写内容
GETBAR(MenuItemName,nMenuPosition)	返回菜单项数
GETCOLOR([nDefaultColorNumber])	显示"窗口颜色"对话框,返回所选颜色数
GETCP([nCodePage][,cText][,cDialogTitle])	显示"代码页"对话框
GETDIR([cDirectory[,cText]])	显示"选择目录"对话框
GETENV(cVariableName)	返回指定的 MS-DOS 环境变量内容
GETFILE([cFileExtensions][,eText][,cOpenButtonCaption] [,nButtonType][,cTitleBarCaption])	显示"打开"对话框,返回所选文件名
GETFLDSTATE(cFieldName | nFieldNumber[,cTableAlias |nWorkArea])	表或临时表的字段被编辑返回的数值

续表

函　　数	功　　能
GETFONrr(cFontName[,nFontsize[,cFontStyle]])	显示"字体"对话框，返回选取的字体名
GETHOST()	返回对象引用
GETOBJECT(FileName[,ClassName])	激活自动对象，创建对象引用
GETPAD(cMenuBarName,nMenuBarPosition)	返回菜单标题
GETPEM(oObjectName | cClassName,cProperty | cEvent　cMethod)	返回属性值、事件或方法程序的代码
GETPICT([cFileExtensions][,cFileNameCaption][,cOpenButtonCaption])	显示"打开图像"对话框，返回所选图像的文件名
GETPRINTER()	显示"打印"对话框，返回所选的打印机名
GOMONTH(dExpression | tExpression,nNumberOfMonths)	返回指定月的日期
HEADER([nWorkArea | cTableAlias])	返回当前表或指定表头部字节数
HOME([nLocation])	返回 Visual FoxPro 和 Visual Studio 目录名
HOUR(tgxpression)	返回小时
IIF(lExpression,eExpression1,eExpression2)	类似于 IF…ENDIF
INDBC(cDatabaseObjectName,cType)	指定的数据库是当前数据库时返回.T.
INDEXSEEK(eExpression[,lMovePointer[,nWorkArea | cTableAlias [,nIndexNumber | cIDXIndexFileName | cTagName]]])	不移动记录指针搜索索引表
INKEY(EnSeconds][,cHideCursor])	返回所按键的 ASCII 码
INLIST(eExpression1,eExpression2[,eExpression3…])	判断表达式是否在表达式清单中
INSMODE([lExpression])	返回或设置 INSERT 方式
INT(nExpression)	取整
ISALPHA(cExpression)	判断字符串是否以数字开头，是结果为.F.
ISBLANK(eExpression)	判断表达式是否为空格
ISCOLOR()	判断是否在彩色方式下运行
ISDIGIT(cExpression)	判断字符串是否以数字开头，是结果为.T.
ISEXCLUSIVE([TableAlias | nWorkArea | cDatabaseName[,nType]])	表或数据库以独占方式打开时返回.T.
ISFLOCKED([nWorkArea | cTableAlias])	返回表锁定状态
ISLOWER(cExpression)	判断字符串是否以小写字母开头
ISMOUSE()	有鼠标硬件时返回.T.
ISNULL(eExpression)	表达式是 NULL 值时返回.T.
ISREADONLY([nWorkArea | cTableAlias])	决定表是否以只读方式打开
ISRLOCKED([nRecordNumber,[nWorkArea | cTableAlias]])	返回记录锁定状态
ISUPPER(cExpression)	字符串是否以大写字母开头
JUSTDRIVE(cPath)	从全路径返回驱动器字符
JUSTEXT(Cpath)	从全路径返回 3 个字符的扩展名
JUSTFNAME(cFileName)	从全路径返回文件名

续表

函　　　数	功　　　能
JUSTPATH(cFileName)	返回路径
JUSTSTEM(cFileName)	返回文件主名
KEY([CDXFileName,]nIndexNumber[,nWorkArea | cTableAlias])	返回索引关键表达式
KEYMATCH(eIndexKey[,nIndexNumber[,nWorkArea |cTableAlias]])	搜索索引标识或索引文件
LASTKEY()	取最后的按键值
LEFT(cExpression,nExpression)	取字符串左子串函数
LEFTC(cExpression,nExpression)	取字符串左子串函数，用于双字节字符
LEN(cExpression)	取字符串长度函数
LENC(cExpression)	取字符串长度函数，用于双字节字符
LIKE(cExpression1,cExpression2)	取字符串包含函数
LIKEC(cExpression1,cExpression2)	取字符串包含函数，用于双字节字符
LINENO([1])	返回从主程序开始的程序执行行数
LOADPICTURE([cFileName]	创建图形对象引用
LOCFILE(cFileName[,cFileExtensions][,cFileNameCaption])	查找文件函数
LOCK([nWorkArea | cTableAlias]|[eRecordNumberList, nWorkArea | cTableAlias])	对当前记录加锁
LOG(nExpression)	求自然对数函数
LOG10(nExpression)	求常用对数函数
LOOKUP(ReturnField,eSearchExpression,SearchedField[,eTagName])	搜索表中匹配的第一条记录
LOWER(cExpression)	大写转换小写函数
LTRIM(cExpression)	除去字符串前导空格
LUPDATE([nWorkArea | cTableAlias])	返回表的最后修改日期
MAX(eExpression1,eExpression2[,eExpression3…])	求最大值函数
MCOL([cWindowName[,nScaleMode]])	返回鼠标指针在窗口中列的位置
MDX(nIndexNumber[,nWorkArea | cTableAlias])	由序号返回".CDX"索引文件名
MDY(dExpression | tExpression)	返回 month-day-year 格式日期或日期时间
MEMLINES(MemoFieldName)	返回备注型字段行数
MEMORY()	返回内存可用空间
MENU()	返回活动菜单项名
MESSAGE([1])	由 ON ERROR 所得的出错信息字符串
MESSAGEBOX(cMessageText[,nDialogBoxType[,eTitleBarText]])	显示"信息"对话框
MIN(eExpression1,eExpression2 [,eExpression3…])	求最小值函数
MINUTE(tExpression)	从日期时间表达式返回分钟
MLINE(MemoFieldName,nLineNumber[,nNumberOfCharacters])	从备注型字段返回指定行

续表

函　数	功　能
MOD(nDividend,nDivisor)	相除返回余数
MONTH(dExpression | tExpression)	求月份函数
MRKBAR(cMenuName,nMenuItemNumber |cSystemMenuItemName)	菜单项是否作标识
MRKPAD(cMenuBarName,cMenuTitleName)	菜单标题是否作标识
MROW([cWindowName[,nScaleMode]])	返回鼠标指针在窗口中行的位置
MTON(mExpression)	从货币表达式返回数值
MWINDOW([cWindowName])	鼠标指针是否指定在窗口内
NDX(nIndexNumber[,nworkArea | cTableAlias])	返回索引文件名
NEWOBJECT(cClassName[,cModule[,cInApplication[, eParameter1,eParameter2,…]]])	从 ".VCX" 类库或程序创建新类或对象
NTOM(nExpression)	数值型转换为货币型
NUMLOCK([lExpression])	返回或设置【Num Lock】键状态
OBJTOCLIENT(ObjectName,nPosition)	返回控件或与表单有关对象的位置或大小
OCCURS(cSearchExpression,cExpressionSearched)	返回字符表达式出现的次数
OEMTOANSI()	将 OEM 字符转换成 ANSI 字符集中相应字符
OLDVAL(cExpression[,cTableAlias | nWorkArea])	返回源字段值
ON(cOnCommand[,KeyLabelName])	返回发生指定情况时执行的命令
ORDER([nWorkArea | cTableAlias[,nPath]])	返回控制索引文件或标识名
OS([1 | 2])	返回操作系统名和版本号
PAD([cMenuTitle[,cMenuBarName]])	返回菜单标题
PADL(eExpression,nResultSize[,cPadCharacter])	返回串，并在左边、右边、两头加字符
PARAMETERS()	返回调用程序时的传递参数个数
PAYMENT(nPrincipal,nInterestRate,nPayments)	分期付款函数
PCOL()	返回打印机头当前列的坐标
PCOUNT()	返回经过当前程序的参数个数
PEMSTATUS(oObjectName | eClassName,cProperty | cEvent | cMethod | cObject,nAttribute)	返回属性
PI()	返回 π 常数
POPUP([cMenuName])	返回活动菜单名
PRIMARY([nIndexNumber][,nWorkArea | cTableAlias])	主索引标识时返回.T.
PRINTSTATUS()	打印机在线时返回.T.
PRMBAR(MenuName,nMenuItemNumber)	返回菜单项文本
PRMPAD(MenuBarName,MenuTitleName)	返回菜单标题文本
PROGRAM([nLevel])	返回当前执行程序的程序名

续表

函　　　　数	功　　　　能
PROMPT()	返回所选的菜单标题的文本
PROPER(cExpression)	首字母大写，其余字母小写形式
PROW()	返回打印机头当前行的坐标
PRTINFO(nPrinterSetting[,cPrinterName])	返回当前指定的打印机设置
PUTFILE([cCustomText][,cFileName][,cFileExtensions])	引用 Save As 对话框，返回指定的文件名
RAND([nSeedValue])	生成 0～1 之间一个随机数
RAT(cSearchExpression,cExpressionSearched[,nOccurrence])	返回最后一个子串位置
RATLINE(cSearchExpression,cExpressionSearched)	返回最后行号
RECCOUNT([nWorkArea | cTableAlias])	返回记录个数
RECNO([nWorkArea | cTableAlias])	返回当前记录号
RECSIZE([nWorkArea | cTableAlias])	返回记录长度
REFRESH([nRecords[,nRecordOffset]][,cTableAlias |nWorkArea])	更新数据
RELATION(nRelationNumber[,nWorkArea | cTableAlias])	返回关联表达式
REPLICATE(cExpression,nTimes)	返回重复字符串
REQUERY([nWorkArea | cTableAlias])	搜索数据
RGB(nRedValue,nGreenValue,nBlueValue)	返回颜色值
RGBSCHEME(nColorSchemeNumber[,nColorPairPosition])	返回 ROB 色彩对
RIGHT(cExpression,nCharacters)	返回字符串的右子串
RLOCK([nWorkArea | cTableAlias]|[cRecordNumberList, nWorkArea | cTableAlias])	记录加锁
ROUND(nExpression,nDecimalPlaces)	四舍五入
ROW()	光标行坐标
RTOD(nExpression)	弧度转化为角度
RTRIM(cExprcssion)	去掉字符串尾部空格
SAVEPICTURE(oObjectReference,cFileName)	创建位图文件
SCHEME(nSchemeNumber[,nColorPairNumber])	返回一个颜色对
SCOLS()	屏幕列数函数
SEC(tExpression)	返回秒数
SECONDS()	返回经过的秒数
SEEK(eExpression[,nWorkArea | cTableAlias[, nIndexNumber | cIDXIndexFileName | cTagName])	索引查找函数
Select([0 | 1 | cTableAlias])	返回当前工作区号
SET(cSETCommand[,1 | cExpression | 2 | 3])	返回指定 SET 命令的状态
SIGN(nExpression)	符号函数，返回数值为 1、-1 或 0

函　　　　　数	功　　能
SIN(nExpression)	求正弦值
SKPBAR(cMenuName,MenuItemNumber)	决定菜单项是否可用
SKPPAD(cMenuBarName,cMenuTitleName)	决定菜单标题是否可用
SOUNDEX(cExpression)	字符串语音描述
SPACE(nSpaces)	产生空格字符串
SQLCANCEL(nConnectionHandle)	取消执行 SQL 语句查询
SQRT(nExpression)	求平方根
SROWS()	返回 Visual FoxPro 主屏幕的可用行数
STR(nExpression[,nLength[,nDecimalPlaces]])	数值型转换成字符型
STRCONV(cExpression,nConversionSetting[,nLocaleID])	字符表达式转为单精度或双精度描述的串
STRTOFILE(cExpression,cFileName[,lAdditive])	将字符串写入文件
STRTRAN(cSearched,cSearchFor[,cReplacement][, nStartOccurrence][,nNumberOfOccurrences])	子串替换
TUFF(cExpression,nStartReplacement,nCharactersReplaced,cReplacement)	修改字符串
SUBSTR(cExpression,nStartPosition[,nCharactersReturned])	求子串
SYS()	返回 Visual FoxPro 的系统信息
SYS(0)	返回网络机器信息
SYS(1)	旧历函数
SYS(2)	返回当天秒数
SYS(3)	取文件名函数
SYS(5)	默认驱动器函数
SYS(6)	打印机设置函数
SYS(7)	格式文件名函数
SYS(9)	Visual FoxPro 序列号函数
SYS(10)	新历函数
SYS(11)	旧历函数
SYS(12)	内存变量函数
SYS(13)	打印机状态函数
SYS(14)	索引表达式函数
SYS(15)	转换字符函数
SYS(16)	执行程序名函数
SYS(17)	中央处理器类型函数
SYS(21)	控制索引号函数
SYS(22)	控制标识或索引名函数

续表

函　　　数	功　　　能
SYS(23)	EMS 存储空间函数
SYS(24)	EMS 限制函数
SYS(100)	SET CONSOLE 状态函数
SYS(101)	SET DEVICE 状态函数
SYS(102)	SET PRINTER 状态函数
SYS(103)	SET TALK 状态函数
SYS(1001)	内存总空间函数
SYS(1016)	用户占用内存函数
SYS(1037)	打印设置对话框函数
SYS(1270)	对象位置函数
SYS(1271)	对象的 ".SCX" 文件函数
SYS(2000)	输出文件名函数
SYS(2001)	指定 SET 命令的当前值函数
SYS(2002)	光标状态函数
SYS(2003)	当前目录函数
SYS(2004)	系统路径函数
SYS(2005)	当前源文件名函数
SYS(2006)	图形卡和显示器函数
SYS(2010)	返回 CONFIG.SYS 中文件设置
SYS(2011)	加锁状态函数
SYS(2012)	备注型字段数据块尺寸函数
SYS(2013)	系统菜单内部名函数
SYS(2014)	文件最短路径函数
SYS(2015)	唯一过程名函数
SYS(2018)	错误参数函数
SYS(2019)	Visual FoxPro 配置文件名和位置函数
SYS(2020)	返回默认盘空间
SYS(2021)	索引条件函数
SYS(2020)	簇函数
SYS(2023)	返回临时文件路径
SYS(2029)	表类型函数
SYSMETRIC(nScreenElement)	返回窗口类型显示元素的大小
TAG([CDXFileName,]nTagNumber[,nWorkArea|cTableAlias])	返回一个 ".CDX" 的标识名或 ".IDX" 索引文件名
TAGCOUNT([CDxFileName[,nExpression| cExpression]])	返回 ".CDX" 标识或 ".IDX" 索引数
TAGNO([IndexName[,CDXFileName[,nExpression |cExpression]]])	返回 ".CDX" 标识或 ".IDX" 索引位置

续表

函 数	功 能
TAN(nExpression)	正切函数
TARGET(nRelationshipNumber[,nWorkArea | cTableAlias])	被关联表的别名
TIME([nExpression])	返回系统时间
TRANSFORM(eExpression[,cFormatCodes])	按格式返回字符串
TRIM(cExpression)	去掉字符串尾部空格
TTOC(tExpression[,1 | 2])	将日期时间转换为字符串
TTOD(tExpression)	从日期时间返回日期
TXNLEVEL()	返回当前处理的级数
TXTWIDTH(cExpression[,cFontName,nFontSize[,cFontStyle]])	返回字符串表达式的长度
TYPE(cExpression)	返回表达式类型
UPDATED()	现用 InteractiveChange 或 Programmatic- Change 事件来代替
UPPER(cExpression)	小写转换大写
USED([nWorkArea | cTableAlias])	决定别名是否已用或表被打开
VAL(cExpression)	字符串转换为数值型
VARTYPE(eExpression[,lNullDataType])	返回表达式数据类型
VERSION(nExpression)	FoxPro 版本函数
WBORDER([WindowName])	窗口边框函数
WCHILD([WindowName][nChildWindow])	子窗函数
WCOLS([WindowName])	窗口列函数
WEEK(dExpression(tExpression[,nFirstWeek][,nFirstDayOfWeek])	返回一年的星期数
WEXIST(WindowName)	窗口存在函数
WFONT(nFontAttribute[,WindowName])	返回当前窗口的字体名称、类型和大小
WLAST([WindowName])	前一窗口函数
WLCOL([WindowName])	窗口列坐标函数
WLROW([WindowName])	窗口横坐标函数
WMAXIMUM([WindowName])	判断窗口是否最大的函数
WMINIMUM([WindowName])	判断窗口是否最小的函数
WONTOP([WindowName])	最前窗口函数
WOUTPUT([WindowName])	输出窗口函数
WPARENT([WindowName])	父窗函数
WROWS([WindowName])	返回窗口行数
WTITLE([WindowName])	返回窗口标题
WVISIBLE(WindowName)	判断窗口是否被激活并且未隐藏
YEAR(dExpression | tExpression)	返回日期型数据的年份

A.1   数据结构与算法

A.1.1   算法

1．算法的概念

算法是指解题方案的准确而完整的描述。

算法不等于程序，也不等于计算方法，程序的编制不可能优于算法的设计。这是因为在编写程序时要受到计算机系统运行环境的限制，程序通常还要考虑很多与方法和分析无关的细节问题。

2．算法的基本特征

① 可行性：针对实际问题而设计的算法，执行后能够得到满意的结果。

② 确定性：指算法中每一个步骤都必须有明确的定义，无二义性。并且在任何条件下，算法只有唯一的一条执行路径，即相同的输入只能得出相同的输出。

③ 有穷性：算法的有穷性是指算法必须能在有限的时间内做完。有两重含义，一是算法中的操作步骤为有限个，二是每个步骤都能在有限时间内完成。

④ 拥有足够的情报：算法中各种运算总是要施加到各个运算对象上，而这些运算对象又可能具有某种初始状态，这就是算法执行的起点或依据。因此，一个算法执行的结果总是与输入的初始数据有关，不同的输入将会有不同的结果输出。当输入不够或输入错误时，算法将无法执行或执行有错。一般说来，当算法拥有足够的情报时，此算法才是有效的；而当提供的情报不够时，算法可能无效。

综上所述，所谓算法，是一组严谨地定义运算顺序的规则，并且每一个规则都是有效的，且是明确的，此顺序将在有限的次数下终止。

3．算法的复杂度

算法复杂度主要包括时间复杂度和空间复杂度。算法时间复杂度是指执行算法所需要的计算工作量，可以用执行算法的过程中所需基本运算的执行次数来度量。算法空间复杂度是指执行这个算法所需要的内存空间。

A.1.2   数据结构的基本概念

1．什么是数据结构

数据结构是指相互有关联的数据元素的集合。数据的逻辑结构包括以下两方面：

① 表示数据元素的信息。

② 表示数据元素之间的前后件关系。

2. 数据结构作为计算机的一门学科，主要研究和讨论以下三个方面的问题：

① 数据集合中各数据元素之间所固有的逻辑关系，即数据的逻辑结构。

② 在对数据进行处理时，各数据元素在计算机中的存储关系，即数据的存储结构；数据的存储结构有顺序、链接、索引等。

- 顺序存储：把逻辑上相邻的结点存储在物理位置相邻的存储单元里，结点间的逻辑关系由存储单元的邻接关系来体现。由此得到的存储表示称为顺序存储结构。

- 链接存储：不要求逻辑上相邻的结点在物理位置上亦相邻，结点间的逻辑关系是由附加的指针字段表示的，由此得到的存储表示称为链式存储结构。

- 索引存储：除建立存储结点信息外，还建立附加的索引表来标识结点的地址。

数据的逻辑结构反映数据元素之间的逻辑关系，数据的存储结构（也称数据的物理结构）是数据的逻辑结构在计算机存储空间中的存放形式。同一种逻辑结构的数据可以采用不同的存储结构，但影响数据处理效率。

③ 对各种数据结构进行的运算。

3. 数据结构的图形表示

一个数据结构除了用二元关系表示外，还可以直观地用图形表示。在数据结构的图形表示中，对于数据集合 D 中的每一个数据元素用中间标有元素值的方框表示，一般称之为数据结点，并简称为结点；为了进一步表示各数据元素之间的前后件关系，对于关系 R 中的每一个二元组，用一条有向线段从前件结点指向后件结点。例如，一年四季的数据结构可以用如图 A．1-1 所示图形表示。反应家庭成员辈分关系的数据结构可以用图 A．1-2 所示图形表示。

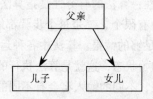

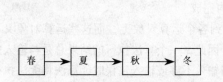

图 A.1-1　一年四季数据结构的图形表示　　图 A.1-2　家庭成员辈分关系的数据结构的图形表示

4. 线性结构和非线性结构

根据数据结构中各元素之间前后件关系的复杂程度，一般将数据结构分为线性结构与非线性结构两种。

① 线性结构（非空的数据结构）：有且只有一个根结点，且每一个结点最多有一个前件，也最多有一个后件。常见的线性结构有线性表、栈、队列和线性链表等。

② 非线性结构：不满足线性结构条件的数据结构。常见的非线性结构有树、二叉树和图等。

A.1.3　线性表及其顺序存储结构

1. 线性表的概念

线性表由一组数据元素构成，数据元素的位置只取决于自己的序号，元素之间的相对位置是线性的。线性表是一种存储结构，其存储方式分顺序和链式两种。

在复杂的线性表中，由若干项数据元素组成的数据元素称为记录，而由多个记录构成的线性表又称为文件。非线性表的结构特征如下：

① 有且只有一个根结点 a_1，它无前件。

② 有且只有一个终端结点 a_n，它无后件。

③ 除根结点与终端阶段外，其他所有结点有且只有一个前件，也有且只有一个后件。结点个数 n 称为线性表的长度，当 $n=0$ 时称为空表。

假设线形表中的第一个数据元素的存储地址（指第一个字节的地址，即首地址）为 $ADR(a_1)$，每一个数据元素占 k 个字节，则线形表中第 i 个元素 a_i 在计算机存储空间中的存储地址为：
$$ADR(a_i)=ADR(a_1)+(i-1)k$$

2．线性表的顺序存储结构具有两个基本特点：

① 线性表中所有元素所占的存储空间是连续的；

② 线性表中各数据元素在存储空间中是按逻辑顺序依次存放的。

3．顺序表的插入、删除运算

① 顺序表的插入运算：在一般情况下，在第 i（$n \geqslant i \geqslant 1$）个元素之前插入一个新元素时，首先要从最后一个（即第 n 个）元素开始，直到第 i 个元素之间共 $n-i+1$ 个元素依次向后移动一个位置，移动结束后，第 i 个位置就被空出，然后将新元素插入到第 i 项，插入结束后，线性表的长度就增加了 1。

② 顺序表的删除运算：在一般情况下，要删除第 i（$1 \leqslant i \leqslant n$）个元素时，则要从第 $i+1$ 个元素开始，直到第 n 个元素之间共 $n-i$ 个元素依次向前移动一个位置。删除结束后，线性表的长度就减小了 1。

A.1.4　栈和队列

1．栈及其基本运算

栈是限定在一端进行插入与删除运算的线性表。在栈中，允许插入与删除的一端称为栈顶，用 top 表示栈顶指针；不允许插入与删除的另一端称为栈底，用 bottom 表示栈底指针。栈顶元素总是最后被插入的元素，栈底元素总是最先被插入的元素。即栈是按照"先进后出（FILO）"或"后进先出（LIFO）"的原则组织数据的。栈具有记忆作用，其基本运算有：

① 插入元素称为入栈运算。

② 删除元素称为退栈运算。

③ 读栈顶元素是将栈顶元素赋给一个指定的变量，此时指针无变化。

栈的存储方式有两种，即顺序栈和链式栈。

2．队列及其基本运算

（1）队列的概念

队列是指允许在一端（队尾）进入插入，而在另一端（队头）进行删除的线性表。尾指针（rear）指向队尾元素，头指针（front）指向排头元素的前一个位置（队头）。队列是"先进先出"或"后进后出"的线性表，队列运算包括：

● 入队运算：从队尾插入一个元素。

● 退队运算：从队头删除一个元素。

3．循环队列及其运算

循环队列就是将队列存储空间的最后一个位置绕到第一个位置，形成逻辑上的环状空间，供队列循环使用。在循环队列中，用队尾指针 rear 指向队列中的队尾元素，用排头指针 front 指向排头元素的前一个位置。因此，从头指针 front 指向的后一个位置直到队尾指针 rear 指向的位置之间，所有的元素均为队列中的元素。

A.1.5 线性链表

1．线性链表的概念

线性表的链式存储结构称为线性链表。它是一种物理存储单元上非连续、非顺序的存储结构。线性链表不能随机存取，数据元素的逻辑顺序是通过链表中的指针链接来实现的。因此，在链式存储方式中，每个结点由两部分组成，一部分用于存放数据元素的值，称为数据域；另一部分用于存放指针，称为指针域，如图 A.1-3 所示。指针域用于指向该结点的前一个或后一个结点（即前件或后件），如图 A.1-4 所示。

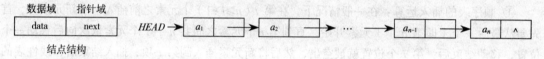

图 A.1-3　线性链表示意图　　　　　　　图 A.1-4　一个非空的线性链表示意图

线性链表分为单链表、双向链表和循环链表 3 种类型。

2．线性链表的基本运算

① 在线性链表中包含指定元素的结点之前插入一个新元素。

在线性链表中插入元素时，不需要移动数据元素，只需要修改相关结点指针即可，也不会出现"上溢"现象。

② 在线性链表中删除包含指定元素的结点。

在线性链表中删除元素时，也不需要移动数据元素，只需要修改相关结点指针即可。

③ 将两个线性链表按要求合并成一个线性链表。

④ 将一个线性链表按要求进行分解。

⑤ 逆转线性链表。

⑥ 复制线性链表。

⑦ 线性链表的排序。

⑧ 线性链表的查找。

3．循环链表及其基本运算

循环链表是在单链表的基础上增加了一个表头结点，其插入和删除运算与单链表相同。但它可以从任一结点出发来访问表中其他所有结点，并实现空表与非空表的运算统一。

A.1.6 树与二叉树

1．树的基本概念

树是一种简单的非线性结构。在树这种数据结构中，所有数据元素之间的关系具有明显的层次特性。

在树结构中，每一个结点只有一个前件，称为父结点。没有前件的结点只有一个，称为树的根结点，简称树的根。每一个结点可以有多个后件，称为该结点的子结点。没有后件的结点称为叶子结点。

在树结构中，一个结点所拥有的后件的个数称为该结点的度，所有结点中最大的度称为树的度。树的最大层次称为树的深度。

2．二叉树及其基本性质

性质 1 在二叉树的第 K 层上，最多有 $2^{k-1}(k \geq 1)$ 个结点。

性质 2 深度为 m 的二叉树最多有个 $2^m - 1$ 个结点。

性质 3 在任意一棵二叉树中，度数为 0 的结点（即叶子结点）总比度为 2 的结点多一个。

性质 4 具有 n 个结点的二叉树，其深度至少为 $[\log_1 n]+1$，其中 $[\log_2 n]$ 表示取 $\log_2$ 的整数部分。

3．满二叉树与完全二叉树

① 满二叉树：除最后一层外，每一层上的所有结点都有两个子结点。

② 完全二叉树：除最后一层外，每一层上的结点数均达到最大值；在最后一层上只缺少右边的若干结点。

根据完全二叉树的定义可知，度为 1 的结点的个数为 0 或 1。

图 A.1-5（a）表示的是满二叉树，图 A.1-5（b）表示的是完全二叉树：

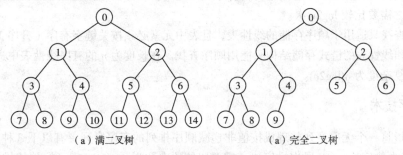

(a) 满二叉树　　　　　　　　　　(a) 完全二叉树

图 A.1-5　满二叉树和完全二叉树

4．二叉树的存储结构

在计算机中，二叉树通常采用链式存储结构。对于满二叉树与完全二叉树来说，可以按层序进行顺序存储。

5．二叉树的遍历

二叉树的遍历是指不重复地访问二叉树中的所有结点。二叉树的遍历可以分为以下 3 种：

① 前序遍历（DLR）：若二叉树为空，则结束返回。否则首先访问根结点，然后遍历左子树，最后遍历右子树；并且在遍历左右子树时，仍然先访问根结点，然后遍历左子树，最后遍历右子树。

② 中序遍历（LDR）：若二叉树为空，则结束返回。否则首先遍历左子树，然后访问根结点，最后遍历右子树；并且在遍历左、右子树时，仍然先遍历左子树，然后访问根结点，最后遍历右子树。

③ 后序遍历（LRD）：若二叉树为空，则结束返回。否则首先遍历左子树，然后遍历右子树，最后访问根结点，并且在遍历左、右子树时，仍然先遍历左子树，然后遍历右子树，最后访问根结点。

A.1.7　查找技术

查找是根据给定的某个值，在查找表中确定一个其关键字等于给定值的数据元素。查找结果若查找成功表明找到；查找不成功表明没找到。查找过程中关键字和给定值比较的平均次数称为查找长度。

1．顺序查找

从表中的第一个元素开始，将给定的值与表中逐个元素的关键字进行比较，直到两者相符，查到所要找的元素为止。否则就是表中没有要找的元素，查找不成功。

在平均情况下，利用顺序查找法在线性表中查找一个元素，大约要与线性表中一半的元素进行比较，最坏情况下需要比较 n 次。顺序查找一个具有 n 个元素的线性表，其平均复杂度为 O(n)。下列两种情况下只能采用顺序查找：

① 如果线性表是无序表（即表中的元素是无序的），则不管是顺序存储结构还是链式存储结构，都只能用顺序查找。

② 即使是有序线性表，如果采用链式存储结构，也只能用顺序查找。

2．二分法查找

先确定待查找记录所在的范围，然后逐步缩小范围，直到找到或确认找不到该记录为止。采用二分法查找必须在具有顺序存储结构的有序表中进行，二分法查找比顺序查找方法效率高，最坏的情况下，需要比较 $\log 2n$ 次。

二分法查找只适用于顺序存储的线性表，且表中元素必须按关键字有序（升序）排列。对于无序线性表和线性表的链式存储结构只能用顺序查找。在长度为 n 的有序线性表中进行二分法查找，其时间复杂度为 o($\log 2n$)。

1.1.8　排序技术

排序是指将一个无序序列整理成按值非递减顺序排列的有序序列，有以下 3 种方法：

1．交换类排序法：① 冒泡排序法，需要比较的次数为 $n(n-1)/2$；② 快速排序法。

2．插入类排序法：① 简单插入排序法，最坏情况需要 $n(n-1)/2$ 次比较；② 希尔排序法，最坏情况需要 o($n1.5$) 次比较。

3．选择类排序法：① 简单选择排序法，最坏情况需要 $n(n-1)/2$ 次比较；② 堆排序法，最坏情况需要 o($n\log_2 n$) 次比较。

习　题　一

一、选择题

1．算法的时间复杂度是指（　　　）。

　A．执行算法程序所需的时间　　　　　B．算法程序长度

　C．算法执行过程中所需要的基本运算次数　　D．算法程序中的指令条数

2．算法的空间复杂度是指（　　　）。

　A．算法程序的长度　　　　　　　　　B．算法程序中的指令条数

　C．算法程序所占的存储空间　　　　　D．算法执行过程中所需要的存储空间

3．栈和队列的共同特点是（　　　）。

　　A．都是先进先出　　　　　　　　　B．都是先进后出

　　C．只允许在端点处插入和删除元素　　D．没有共同点

4．已知 z 二叉树后序遍历序列是 DABEC，中序遍历序列是 DEBAC，其前序遍历序列是（　　　）。

　　A．ACBED　　　　　B．DECAB　　　　　C．DEABC　　　　　D．CEDBA

5．链表不具有的特点是（　　　）。

　　A．不必事先估计存储空间　　　　　　B．可随机访问任一元素

　　C．插入删除不需要移动元素　　　　　D．所需空间与线性表长度成正比

6．在深度为 5 的满二叉树中，叶子结点的个数为（　　　）。

　　A．32　　　　　　　B．31　　　　　　　C．16　　　　　　　D．15

7．下列关于栈的叙述中正确的是（　　　）。

　　A．在栈中只能插入数据　　　　　　　B．在栈中只能删除数据

　　C．栈是先进先出的线性表　　　　　　D．栈是先进后出的线性表

8．下列关于队列的叙述中正确的是（　　　）。

　　A．在队列中只能插入数据　　　　　　B．在队列中只能删除数据

　　C．队列是先进先出的线性表　　　　　D．队列是先进后出的线性表

二、填空题

1．算法的基本特征是可行性、确定性、（　　　）和拥有足够的情报。

2．在长度为 n 的有序线性表中进行二分查找。最坏的情况下，需要的比较次数为（　　　）。

3．设一棵完全二叉树共有 700 个结点，则在该二叉树中有（　　　）个叶子结点。

4．在最坏的情况下，冒泡排序的时间复杂度为（　　　）。

5．在一棵二叉树中序遍历结果为 DBEAFC，前序遍历结果为 ABDECF，则后序遍历结果为（　　　）。

A.2　程序设计基础

A.2.1　程序设计的方法与风格

程序设计的风格主要强调"清晰第一，效率第二"，应注重和考虑下述一些因素：

1．源程序文档化

程序的文档化应考虑到以下几点：

① 符号名的命名，符号名能反映它所代表的实际东西，应有一定的实际含义。

② 程序的注释分为序言性注释和功能性注释。

③ 视觉组织。利用空格、空行、缩进等技巧使程序层次清晰。

2．数据说明的方法

在编写程序时，需要注意数据说明的风格，以便使程序中的数据说明更易于理解和维护。一般应注意以下 3 点：

① 数据说明的次序规范化。

② 说明语句中变量安排有序化。

③ 使用注释来说明复杂数据的结构。

3．语句的结构构造应注意如下几个方面：

① 在一行内只写一条语句。

② 程序编写应优先考虑清晰性。

③ 程序编写要做到清晰第一，效率第二。

④ 在保证程序正确的基础上再要求提高效率。

⑤ 避免使用临时变量而使程序的可读性下降。

⑥ 避免不必要的转移。

⑦ 尽量使用库函数。

⑧ 避免采用复杂的条件语句。

⑨ 尽量减少使用"否定"条件语句。

⑩ 数据结构要有利于程序的简化。

⑪ 要模块化，使模块功能尽可能单一化。

⑫ 利用信息隐蔽，确保每一个模块的独立性。

⑬ 从数据出发去构造程序。

⑭ 不要修补不好的程序，要重新编写。

4．输入和输出应注意如下几个方面：

① 对输入数据检验数据的合法性。

② 检查输入项的各种重要组合的合法性。

③ 输入格式要简单，使得输入的步骤和操作尽可能简单。

④ 输入数据时，应允许使用自由格式。

⑤ 应允许缺省值。

⑥ 输入一批数据时，最好使用输入结束标志。

⑦ 在以交互式输入/输出方式进行输入时，要在屏幕上使用提示符明确提示输入的请求，同时在数据输入过程中和输入结束时，应在屏幕上给出状态信息。

⑧ 当程序设计语言对输入格式有严格要求时，应保持输入格式与输入语句的一致性；给所有的输出加注释，并设计输出报表格式。

A.2.2 结构化程序设计（面向过程的程序设计方法）

1．结构化程序设计方法的主要原则可以概括为自顶向下，逐步求精，模块化，限制使用 goto 语句。

2．结构化程序的基本结构可分为顺序结构、选择结构和重复结构。

① 顺序结构：一种简单的程序设计，即按照程序语句行的自然顺序，一条语句一条语句地执行程序，它是最基本、最常用的结构。

② 选择结构：又称分支结构，包括简单选择和多分支选择结构，可根据条件，判断应该选择哪一条分支来执行相应的语句序列。

③ 循环结构，可根据给定的条件，判断是否需要重复执行某一相同的或类似的程序段。

仅仅使用顺序、选择和循环 3 种基本控制结构就足以表达各种其他形式结构，从而实现任何单入口/单出口的程序。

A.2.3 面向对象的程序设计

客观世界中任何一个事物都可以被看成是一个对象，面向对象方法的本质就是主张从客观世界固有的事物出发来构造系统，提倡人们在现实生活中常用的思维来认识、理解和描述客观事物，强调最终建立的系统能够映射问题域。也就是说，系统中的对象及对象之间的关系能够如实地反映问题域中固有的事物及其关系。面向对象方法的主要优点概括如下：

① 与人类习惯的思维方法一致。

② 稳定性好。

③ 可重用性好。

④ 易于开发大型软件产品。

⑤ 可维护性好。

面向对象的程序设计主要考虑的是提高软件的可重用性。对象是面向对象方法中最基本的概念，可以用来表示客观世界中的任何实体，对象是实体的抽象。面向对象的程序设计方法中的对象是系统中用来描述客观事物的一个实体；它是构成系统的一个基本单位，由一组表示其静态特征的属性和它可执行的一组操作组成，是属性和方法的封装体。

属性，即对象所包含的信息，它在设计对象时确定，一般只能通过执行对象的操作来改变。操作描述了对象执行的功能。所以，操作也称为方法或服务，是对象的动态属性。

一个对象由对象名、属性和操作 3 部分组成。其基本特点是标识惟一性、分类性、多态性、封装性和模块独立性好。

信息隐蔽是通过对象的封装性来实现的。

消息是一个实例与另一个实例之间传递的信息。消息的组成包括：

① 接收消息的对象的名称。

② 消息标识符，也称消息名。

③ 零个或多个参数。

在面向对象方法中，一个对象请求另一个对象为其服务的方式是通过发送消息完成。

继承是指能够直接获得已有的性质和特征，继承分单继承和多重继承。单继承指一个类只允许有一个父类，多重继承指一个类允许有多个父类。

类的继承性是类之间共享属性和操作的机制，它提高了软件的可重用性。类的多态性是指同样的消息被不同的对象接受时可导致完全不同的行动的现象。

习 题 二

一、选择题

1. 结构化程序设计主要强调的是（   ）。

   A. 程序的规模   B. 程序的易读性

   C. 程序的执行效率   D. 程序的可移植性

2. 对简历良好的程序设计风格，下面描述正确的是（　　　　）。

  A．程序应简答、清晰、可读性好　　　　B．符号名的命名只要符合语法

  C．充分考虑程序执行效率　　　　　　　D．程序的注释可有可无

3. 在面向对象方法中，一个对象请求另一个对象为其服务的方式是通过发送（　　　）。

  A．调用语句　　　　　B．命令　　　　　C．口令　　　　　D．消息

4. 信息隐蔽的概念与下述哪一种概念直接相关？（　　）

  A．软件结构定义　　　B．模块独立性　　　C．模块类型化　　　D．模块耦合度

5. 结构化程序设计的 3 种结构是（　　　　）。

  A．顺序结构、选择结构、转移结构　　　　B．分支结构、等价结构、循环结构

  C．多分支结构、赋值结构、等价结构　　　D．顺序结构、选择结构、循环结构

6. 下面对对象概念描述错误的是（　　　　）。

  A．任何对象都必须有继承性　　　　　　B．对象是属性和方法的封装体

  C．对象间的通信*信息传递　　　　　　　D．操作是对象的动态属性

二、填空题

1. 源程序文档化要求程序应加注释，注释一般分为序言性注释和_____。

2. 通常，将软件产品从提出、实现、使用维护到停止使用退役的过程称为_____。

3. 数据库管理系统常见的数据模型有层次模型、网状模型和_____ 3 种。

4. 在面向对象方法中，信息隐蔽是通过对象的_____性来实现的。

5. 类是一个支持集成的抽象数据类型，而对象是类的_____。

A.3　软件工程基础

A.3.1　软件工程基本概念

1．软件概念

计算机软件是包括程序、数据及相关文档的完整集合。

2．软件危机与软件工程

软件工程源自软件危机。所谓软件危机是泛指在计算机软件的开发和维护过程中所遇到的一系列严重问题。具体地说，在软件开发和维护过程中，软件危机主要表现在：

① 软件需求的增长得不到满足。用户对系统不满意的情况经常发生；

② 软件开发成本和进度无法控制。开发成本超出预算，开发周期大大超过规定日期的情况经常发生；

③ 软件质量难以保证；

④ 软件不可维护或维护程度非常低；

⑤ 软件的成本不断提高；

⑥ 软件开发生产率的提高跟不上硬件的发展和应用需求的增长。

总之，可以将软件危机可以归结为成本、质量、生产率等问题。

软件工程的主要思想是将工程化原则运用到软件开发过程，它包括方法、工具和过程 3 个要素。方法是完成软件工程项目的技术手段；工具是支持软件的开发、管理、文档生成；过程支持

软件开发的各个环节的控制、管理。

软件工程通常包含以下 4 种基本活动：

P（plan）：软件规格说明。规定软件的功能及运行时的限制。

D（do）：软件开发。产生满足规格说明的软件。

C（check）：软件确认。确认软件能够满足客户提出的要求。

A（action）：软件演讲。为满足客户的变更要求，软件必须在使用过程中演讲。

3. 软件生命周期

将软件产品从提出、实现、使用维护到停止使用退役的过程称为软件的生命周期。软件生命周期分为软件定义、软件开发及软件运行维护 3 个阶段。软件生命周期中所花费最多的阶段是软件运行维护阶段。

4. 软件工程的目标和与原则

① 软件工程研究的内容：软件开发技术和软件工程管理。

② 软件工程目标：在给定成本、进度的前提下，开发出具有有效性、可靠性、可理解性、可维护性、可重用性、可适应性、可移植性、可追踪性和可互操作性且满足用户需求的产品。

③ 软件工程需要达到的基本目标应是付出较低的开发成本；达到要求的软件功能；取得较好的软件性能；开发的软件易于移植；需要较低的维护费用；能按时完成开发，及时交付使用。

④ 软件工程原则：抽象、信息隐蔽、模块化、局部化、确定性、一致性、完备性和可验证性。

5. 软件开发工具与软件开发环境

（1）软件开发工具

软件开发工具的完善和发展将促使软件开发方法的进步和完善，促进软件开发的高速度和高质量。软件开发工具的发展是从单项工具的开发逐步向集成工具发展的，软件开发工具为软件工程方法提供了自动的或半自动的软件支撑环境。同时，软件开发方法的有效应用也必须得到相应工具的支持，否则方法将难以有效的实施。

（2）软件开发环境

软件开发环境（或称软件工程环境）是全面支持软件开发全过程的软件工具集合。

计算机辅助软件工程（computer aided software engineering，CASE）将各种软件工具、开发机器和一个存放开发过程信息的中心数据库组合起来，形成软件工程环境。它将极大降低软件开发的技术难度并保证软件开发的质量。

A.3.2 结构化分析方法

1. 需求分析

软件需求是指用户对目标软件系统在功能、行为、性能、设计约束等方面的期望。需求分析的任务是发现需求、求精、建模和定义需求过程。常见的需求分析方法有：

① 结构化需求分析方法。

② 面向对象的分析方法。

需求分析的任务就是导出目标系统的逻辑模型，解决"做什么"的问题。需求分析一般分为需求获取、需求分析、编写需求规格说明书和需求评审 4 个步骤进行。

2．结构化分析方法

结构化分析方法是结构化程序设计理论在软件需求分析阶段的应用。结构化分析方法的实质是着眼于数据流，自顶向下，逐层分解，建立系统的处理流程，以数据流图和数据字典为主要工具，建立系统的逻辑模型。结构化分析的常用工具有：

① 数据流图（DFD）。

② 数据字典（DD）。

③ 判定树。

④ 判定表。

数据流图是以图形的方式描绘数据在系统中流动和处理的过程，它反映了系统必须完成的逻辑功能，是结构化分析方法中用于表示系统逻辑模型的一种工具。数据流图中主要图形元素有加工、数据流、存储文件、源，潭。

数据字典是对所有与系统相关的数据元素的一个有组织的列表，以及精确的、严格的定义，使得用户和系统分析员对于输入、输出、存储成分和中间计算结果有共同的理解。其作用是对数据流图中出现的被命名的图形元素的确切解释。数据字典是结构化分析方法的核心。

3．软件需求规格说明书（SRS）

软件需求规格说明书是需求分析阶段的最后成果，通过建立完整的信息描述、详细的功能和行为描述、性能需求和设计约束的说明、合适的验收标准，给出对目标软件的各种需求。

A.3.3 结构化设计方法

1．软件设计的基本原理

从技术观点来看，软件设计包括软件结构设计、数据设计、接口设计、过程设计。

从工程角度来看，软件设计分两步完成，即概要设计和详细设计。

软件设计的基本原理包括抽象、模块化、信息隐蔽和模块独立性。

模块分解的主要指导思想是信息隐蔽和模块独立性。模块的耦合性和内聚性是衡量软件的模块独立性的两个定性指标。

① 内聚性：一个模块内部各个元素间彼此结合的紧密程度的度量。

按内聚性由弱到强排列，内聚可以分为以下几种：偶然内聚、逻辑内聚、时间内聚、过程内聚、通信内聚、顺序内聚及功能内聚。

② 耦合性：模块间互相连接的紧密程度的度量。

按耦合性由高到低排列，耦合可以分为以下几种：内容耦合、公共耦合、外部耦合、控制耦合、标记耦合、数据耦合以及非直接耦合。一个设计良好的软件系统应具有高内聚、低耦合的特征。

在结构化程序设计中，模块划分的原则是模块内具有高内聚度和模块间具有低耦合度。

2．总体设计（概要设计）和详细设计

（1）总体设计（概要设计）

软件概要设计的基本任务是设计软件系统结构、数据结构及数据库设计、编写概要设计文档和概要设计文档评审。常用的软件结构设计工具是结构图，也称程序结构图，其基本符号如图A.3-1 所示。

模块用一个矩形表示，箭头表示模块间的调用关系。在结构图中还可以用带注释的箭头表示

模块调用过程中来回传递的信息。还可用带实心圆的箭头表示传递的是控制信息，空心圆箭心表示传递的是数据信息。

图 A.3-1 程序结构图的基本符号

经常使用的结构图有传入模块、传出模块、变换模块和协调模块。它们的含义分别是：

- 传入模块：从下属模块取得数据，经处理再将其传送给上级模块。
- 传出模块：从上级模块取得数据，经处理再将其传送给下属模块。
- 变换模块：从上级模块取得数据，进行特定的处理，转换成其他形式，再传送给上级模块。
- 协调模块：对所有下属模块进行协调和管理的模块。

程序结构图的例图及有关术语列举如下：

- 深度：表示控制的层数。
- 上级模块、从属模块：上、下两层模块 a 和 b，且有 a 调用 b，则 a 是上级模块，b 是从属模块。
- 宽度：整体控制跨度（最大模块数的层）的表示。
- 扇入：调用一个给定模块的模块个数。
- 扇出：一个模块直接调用的其他模块数。
- 原子模块：树中位于叶子结点的模块。

面向数据流的设计方法定义了一些不同的映射方法，利用这些方法可以把数据流图变换成结构图表示软件的结构。

数据流的类型大体可以分为两种类型，即变换型和事务型。

（2）详细设计

详细设计是为软件结构图中的每一个模块确定实现算法和局部数据结构，用某种选定的表达工具表示算法和数据结构的细节。详细设计的任务是确定实现算法和局部数据结构，不同于编码或编程。常用的详细设计（也称为过程设计）工具有以下几种：

- 图形工具：程序流程图、N-S（方盒图）、PAD（问题分析图）和 HIPO（层次图+输入/处理/输出图）。
- 表格工具：判定表。
- 语言工具：PDL（伪码）。

A.3.4 软件测试

1. 软件测试定义

使用人工或自动手段来运行或测定某个系统的过程，其目的在于检验它是否满足规定的需求或是弄清预期结果与实际结果之间的差别。软件测试的目的是尽可能地多发现程序中的错误，不能也不可能证明程序没有错误。软件测试的关键是设计测试用例，一个好的测试用例能找到迄今为止尚未发现的错误。

2．软件测试方法

软件测试方法分静态测试方法和动态测试方法两种：

① 静态测试：包括代码检查、静态结构分析、代码质量度量。不实际运行软件，主要通过人工进行。

② 动态测试：基于计算机的测试，主要包括白盒测试方法和黑盒测试方法。

● 白盒测试。该方法也称为结构测试或逻辑驱动测试。它是根据软件产品的内部工作过程，检查内部成分，以确认每种内部操作符合设计规格要求。测试的基本原则是保证所测模块中每一独立路径至少执行一次；保证所测模块所有判断的每一分支至少执行一次；保证所测模块每一循环都在边界条件和一般条件下至少各执行一次；验证所有内部数据结构的有效性。白盒测试法的测试用例是根据程序的内部逻辑来设计的，主要用软件的单元测试，主要方法有逻辑覆盖、基本路径测试等。

● 黑盒测试。该方法也称为功能测试或数据驱动测试，是对软件已经实现的功能是否满足需求进行测试和验证。黑盒测试主要诊断功能不对或遗漏、接口错误、数据结构或外部数据库访问错误、性能错误、初始化和终止条件错误。

黑盒测试不关心程序内部的逻辑，只是根据程序的功能说明来设计测试用例，主要方法有等价类划分法、边界值分析法、错误推测法等，主要用软件的确认测试。

3．软件测试步骤

软件测试过程一般按 4 个步骤进行，即单元测试、集成测试、确认测试和系统测试。

A.3.5　程序的调试

程序调试的任务是诊断和改正程序中的错误，主要在开发阶段进行，调试程序应该由编制源程序的程序员来完成。其调试的基本步骤为：

① 错误定位。

② 纠正错误。

③ 回归测试。软件的调试后要进行回归测试，防止引进新的错误。

软件调试可分为静态调试和动态调试。静态调试主要是指通过人的思维来分析源程序代码和排错，是主要的调试手段；而动态调试是辅助静态调试的。对软件主要的调试方法可以采用以下方法：

① 强行排错法：主要通过内存全部打印排错、在程序特定部位设置打印语句和自动调试工具 3 种方法。

② 回溯法：发现错误，分析错误征兆并确定发现"症状"的位置。一般用于小程序。

③ 原因排除法：通过演绎、归纳和二分法来实现的。

习 题 三

一、选择题

1. 在软件生命周期中，能准确地确定软件系统必须做什么和必须具备那些功能的阶段是（　　）。

　A．概要设计　　　　　B．详细设计　　　　　C．可行性研究　　　　　D．需求分析

2. 下面不属于软件工程的 3 个要素是（　　　）。

　　A．工具　　　　　　　B．过程　　　　　　　C．方法　　　　　　　D．环境

3. 检查软件产品是否符合需求定义的过程为（　　　）。

　　A．确认测试　　　　　B．继承测试　　　　　C．验证测试　　　　　D．验收测试

4. 软件生命周期中所花费用最多的阶段是（　　　）。

　　A．详细设计　　　　　B．软件编码　　　　　C．软件测试　　　　　D．软件维护

5. 数据流图用于抽象描述一个软件的逻辑模型，数据流图由一些特定的图符构成。下列图符名标识的图符不属于数据流图合法图符的是（　　　）。

　　A．控制流　　　　　　B．加工　　　　　　　C．数据存储　　　　　D．源和潭

6. 下面不属于软件设计原则的是（　　　）。

　　A．抽象　　　　　　　B．模块化　　　　　　C．自底向上　　　　　D．信息隐蔽

7. 下列工具中为需求分析的常用工具是（　　　）

　　A．PAD　　　　　　　B．PFD　　　　　　　C．N–S　　　　　　　D．DFD

8. 软件测试的目的是（　　　）。

　　A．发现错误　　　　　B．改正错误　　　　　C．改善软件的性能　　D．变成测试

二、填空题

1. 软件是程序、数据和_____的集合。

2. 软件工程研究的主要内容包括_____技术和软件工程管理。

3. Jackson 方法是一种面向_____机构化方法。

4. 数据流图的类型有变换型和_____。

A.4　数据库设计基础

A.4.1　数据库系统的基本概念

1．数据、数据库、数据管理系统

①　数据：描述事物的符号记录。

②　数据库（DB）：数据的集合，具有统一的结构形式并存放于统一的存储介质内，是多种应用数据的集成，并可被各个应用程序所共享。

③　数据库管理系统（DBMS）：一种系统软件，负责数据库中的数据组织、数据操纵、数据维护、控制及保护和数据服务等，是数据库的核心。

④　数据库管理员（DBA）：对数据库进行规划、设计、维护、监视等的专业管理人员。

⑤　数据库系统（DBS）：由数据库（数据）、数据库管理系统（软件）、数据库管理员（人员）、硬件平台（硬件）、软件平台（软件）5 个部分构成的运行实体。

⑥　数据库应用系统：由数据库系统、应用软件及应用界面组成。

数据库技术的根本目标是解决数据的共享问题。

2．数据库系统的发展

数据库管理发展至今已经历了三个阶段，即人工管理阶段、文件系统阶段和数据库系统阶段。

下表是数据管理三个阶段的比较。

		人工管理阶段	文件系统阶段	数据库系统阶段
背景	应用背景	科学计算	科学计算、管理	大规模管理
	硬件背景	无直接存取存储设备	磁盘、磁鼓	大容量磁备盘
	软件背景	没有操作系统	有文件系统	有数据库管理系统
	处理方式	批处理	联机实时处理、批处理	联机实时处理、分布处理、批处理
特点	数据的管理者	用户（程序员）	文件系统	数据库管理系统
	数据面向的对象	某一应用程序	某一应用	现实世界
	数据的共享程度	无共享，冗余度极大	共享性差，冗余度大	共享性高，冗余度小
	数据的独立性	不独立，完全依赖于程序	独立性差	具有高度的物理独立性和一定的逻辑独立性
	数据的结构化	无结构	记录内有结构，整体无结构	整体结构化，用数据模型描述
	数据控制能力	应用程序本身控制	应用程序自己控制	由数据库管理系统提供数据安全性、完整性、并发控制和恢复能力

3．数据库系统的基本特点

① 数据的高集成性。

② 数据的高共享性与低冗余性。

③ 数据独立性。数据独立性是数据与程序间的互不依赖性，即数据库中数据独立于应用程序而不依赖于应用程序。也就是说，数据的逻辑结构、存储结构与存取方式的改变不会影响应用程序。数据独立性一般分为物理独立性与逻辑独立性两级。

4．数据统一管理与控制

数据统一管理与控制主要包含以下 3 个方面：

① 数据的完整性检查：检查数据库中数据的正确性以保证数据的正确。

② 数据的安全性保护：检查数据库访问者以防止非法访问。

③ 并发控制：控制多个应用的并发访问所产生的相互干扰以保证其正确性。

5．数据库系统的内部结构体系

① 数据库系统的三级模式：概念模式、外模式、内模式。

② 数据库系统的两级映射：概念模式/内模式的映射、外模式/概念模式的映射。

A.4.2　数据模型

1．数据模型的概念

数据模型是数据特征的抽象，它从抽象层次上描述了系统的静态特征、动态行为和约束条件，为数据库系统的信息表示与操作提供一个抽象的框架。其描述的内容有 3 个部分，即数据结构、数据操作与数据约束。

数据模型按不同的应用层次可分成概念模型、逻辑数据模型和物理模型。

2．实体联系模型及 E-R 图

（1）E-R 模型的基本概念

① 实体：现实世界中的事物。

② 属性：事物的特性。

③ 联系：现实世界中事物间的关系。实体集的关系有一对一、一对多、多对多的联系。

E-R 模型 3 个基本概念之间的联接关系一个是实体集（联系）与属性间的联接关系；另一个是实体（集）与联系。E-R 模型的基本成分是实体和联系。

（2）E-R 模型的图示法

① 实体集：用矩形表示。

② 属性：用椭圆形表示。

③ 联系：用菱形表示。

④ 实体集与属性间的联接关系：用无向线段表示。

⑤ 实体集与联系间的联接关系：用无向线段表示。

（3）数据库管理系统常见的数据模型有层次模型、网状模型和关系模型 3 种。

关系模型采用二维表来表示，简称表，由表框架及表的元组组成。一个二维表就是一个关系。二维表的表框架由 n 个命名的属性组成，n 称为属性元数。每个属性有一个取值范围称为值域。表框架对应了关系的模式，即类型的概念。在表框架中按行可以存放数据，每行数据称为元组，实际上，一个元组是由 n 个元组分量所组成，每个元组分量是表框架中每个属性的投影值。同一个关系模型的任两个元组值不能完全相同。

（4）关系中的数据约束

① 实体完整性约束：要求关系的主键中属性值不能为空值，因为主键是唯一决定元组的，如为空值则其唯一性就成为不可能的了；

② 参照完整性约束：关系之间相互关联的基本约束，不允许关系引用不存在的元组，即在关系中的外键要么是所关联关系中实际存在的元组，要么为空值；

③ 用户定义的完整性约束：反映某一具体应用所涉及的数据必须满足的语义要求。

3．从 E-R 图导出关系数据模型

数据库的逻辑设计的主要工作是将 E-R 图转换成指定 RDBMS（关系数据库管理系统）中的关系模式。首先，从 E-R 图到关系模式的转换是比较直接的，实体与联系都可以表示成关系，E-R 图中属性也可以转换成关系的属性，实体集也可以转换成关系。

A.4.3　关系代数

1．关系

关系是由若干个不同的元组所组成，因此关系可视为元组的集合。n 元关系是一个 n 元有序组的集合。

关系模型的基本运算为插入、删除、修改、查询（包括投影、选择、笛卡儿积运算）。

2．集合运算及选择、投影、连接运算

① 并（∪）：关系 R 和 S 具有相同的关系模式，R 和 S 的并是由属于 R 或属于 S 的元组构成的集合。

② 差（—）：关系 R 和 S 具有相同的关系模式，R 和 S 的差是由属于 R 但不属于 S 的元组构成的集合。

③ 交（∩）：关系 R 和 S 具有相同的关系模式，R 和 S 的交是由属于 R 且属于 S 的元组构成的集合。

④ 广义笛卡儿积（×）：设关系 R 和 S 的属性个数分别为 n、m，则 R 和 S 的广义笛卡尔积是一个有（$n+m$）列的元组的集合。每个元组的前 n 列来自 R 的一个元组，后 m 列来自 S 的一个元组，记为 $R \times S$。

根据笛卡儿积的定义，有 n 元关系 R 及 m 元关系 S，它们分别有 p、q 个元组，则关系 R 与 S 经笛卡儿积记为 $R \times S$，该关系是一个 $n+m$ 元关系，元组个数是 $p \times q$，由 R 与 S 的有序组组合而成。

⑤ 在关系型数据库管理系统中，基本的关系运算有选择、投影与联接 3 种操作。

A.4.4　数据库设计方法和步骤

① 数据库设计阶段包括：需求分析、概念分析、逻辑设计、物理设计。

② 数据库设计的每个阶段都有各自的任务，即：

- 需求分析阶段：这是数据库设计的第一个阶段，任务主要是收集和分析数据，这一阶段收集到的基础数据和数据流图是下一步设计概念结构的基础。
- 概念设计阶段：分析数据间内在语义关联，在此基础上建立一个数据的抽象模型，即形成 E–R 图。
- 数据库概念设计的过程包括选择局部应用、视图设计和视图集成。
- 逻辑设计阶段：将 E–R 图转换成指定 RDBMS 中的关系模式。
- 物理设计阶段：对数据库内部物理结构作调整并选择合理的存取路径，以提高数据库访问速度及有效利用存储空间。

习 题 四

一、选择题

1. 在数据管理技术的发展过程中，经历了人工管理阶段、文件系统阶段和数据库系统阶段。其中数据独立性最高的阶段是（　　　）。

   A．数据库系统　　　　B．文件系统　　　　　C．人工管理　　　　　D．数据项管理

2. 下述关于数据库系统的叙述正确的是（　　　）。

   A．数据库系统减少了数据冗余

   B．数据库系统避免了一切冗余

   C．数据库系统中数据的一致性是指数据类型一致

   D．数据库系统比文件系统能管理更多的数据

3. 数据库系统的核心（　　　）。

   A．数据库　　　　　　B．数据库管理系统　　C．数据模型　　　　　D．软件工具

4. 用树形结构来表示实体之间联系的模型称为（　　　）。

   A．关系模型　　　　　B．层次模型　　　　　C．网状模型　　　　　D．数据模型

5. 关系表中的每一横行称为一个（　　　）。

   A．元组　　　　　　　B．字段　　　　　　　C．属性　　　　　　　D．码

6. 按条件 f 对关系 R 进行选择，其关系代数表达式是（　　　）。

   A．R|×|R　　　　　　B．R|×|R　　　　　　C．σ f(R)　　　　　D．π f(R)

7. 关系数据管理系统能实现的专门关系运包括（   ）。
   A. 排序、索引、统计 B. 选择、投影、连接
   C. 关联、更新、排序 D. 显示、打印、制表

8. 在关系数据库中，用来表示实体之间联系的是（   ）。
   A. 树结构 B. 网结构 C. 线性表 D. 二维表

9. 数据库设计包括两个方面的设计内容，它们是（   ）。
   A. 概念设计和逻辑设计 B. 模式设计和内模式设计
   C. 内模式设计和物理设计 D. 结构特性设计和行为特性设计

10. 将 E-R 图转换到关系模式时，实体与联系都可以表示成（   ）。
   A. 属性 B. 关系 C. 键 D. 域

二、填空题

1. 一个项目具有一个项目主管，一个项目主管可管理多个项目，则"实体项目主管"与"实体项目"的联系属于_____的联系。

2. 数据独立性分为逻辑独立性和物理独立性. 当数据的存储结构改变时，其逻辑结构可以不变。因此，基于逻辑结构的应用程序不必修改，称为_____。

3. 数据库系统中实现各种数据管理功能的核心软件称为_____。

4. 关系模型的完整性规则是对关系的某种约束条件，包括实体完整性、_____和自定义完整性。

5. 在关系模型中，把数据看成一个二维表，每一个二维表称为一个_____。

参 考 答 案

习题一

一、选择题

1. C 2. D 3. C 4. D 5. B 6. B 7. D 8. C

二、填空题

1. 有穷性 2. $\log 2n$ 3. 350 4. $n(n-1)/2$ 5. DEBFCA

习题二

一、选择题

1. B 2. A 3. A 4. B 5. D 6. A

二、填空题

1. 功能性 2. 软件生命周期 3. 关系模型 4. 封闭 5. 实例

习题三

一、选择题

1. D 2. D 3. A 4. D 5. A 6. C 7. D 8. B

二．填空题

1．文档　　　2．软件开发　　　3．数据流　　　4．事务型

习题四

一．选择题

1．A　2．A　3．B　4．B　5．A　6．C　7．B　8．D　9．A　10．B

三．填空题

1．一对多(或 1:N)　　2．逻辑独立性　　3．数据库管理系统

4．参照完整性　　5．关系

参 考 文 献

[1] 王珊，陈红. 数据库系统原理教程[M]. 北京：清华大学出版社，2005.

[2] 崔巍. 数据库系统及应用[M]. 北京：高等教育出版社，2003.

[3] 郝方，舒成. Visual FoxPriuo 教程[M]. 北京：清华大学出版社，2002.

[4] 王利. Visual FoxPro 教程[M]. 北京：高等教育出版社，2005.

[5] 蔡伟，刘立志. Visual FoxPro 6.0 应用开发实例[M]. 北京：人民邮电出版社，2000.

[6] 教育部考试中心. 全国计算机等级考试二级教程：公共基础知识 2008 版[M]. 北京：高等教育出版社，2007.

[7] 吕新平. 二级公共基础知识实战训练教程：全国计算机等级考试辅导丛书[M]. 西安：西安交通大学出版社，2006.

笔记栏

笔 记 栏